Sabine Hossenfelder

DAS HÄSSLICHE UNIVERSUM

Warum unsere Suche nach Schönheit
die Physik in die Sackgasse führt

Aus dem Englischen
von Gabriele Gockel
und Sonja Schuhmacher,
Kollektiv Druck-Reif

S. FISCHER

Erschienen bei S. FISCHER

Die Originalausgabe erschien unter dem Titel
»Lost in Math. How Beauty Leads Physics Astray«
im Verlag Basic Books, New York
© Sabine Hossenfelder 2018

Für die deutschsprachige Ausgabe:
© 2018 S. Fischer Verlag GmbH,
Hedderichstr. 114, D-60596 Frankfurt am Main

Gesamtherstellung: CPI books GmbH, Leck
Printed in Germany
ISBN 978-3-10-397246-7

Inhalt

Vorwort 9

Erstes Kapitel
Die verborgenen Regeln der Physik 11
> In welchem ich feststelle, dass ich die Physik nicht mehr verstehe. Ich spreche mit Freunden und Kollegen, merke, dass ich nicht die Einzige bin, die ratlos ist, und schicke mich an, die Vernunft wieder auf den Boden zurückzuholen.

Zweites Kapitel
What a Wonderful World 31
> In welchem ich eine Menge Bücher über Tote lese und herausfinde, dass jeder hübsche Ideen mag, dass aber hübsche Ideen zuweilen nicht recht funktionieren. Bei einer Konferenz packt mich die Sorge, dass Physiker im Begriff sind, die wissenschaftliche Methode zu verwerfen.

Drittes Kapitel
Zur Lage der Nation 62
> In welchem ich zehn Jahre Ausbildung auf ein paar Seiten zusammenfasse und über die glorreichen Tage der Teilchenphysik plaudere.

Viertes Kapitel
Risse im Fundament... 93
   In welchem ich mich mit Nima Arkani-Hamed treffe und mir alle Mühe gebe zu akzeptieren, dass erstens die Natur nicht natürlich ist, dass zweitens alles, was wir herausfinden, toll ist und dass drittens sich keiner einen Dreck darum schert, was ich denke.

Fünftes Kapitel
Ideale Theorien 119
   In welchem ich das Ende der Wissenschaft suche und feststelle, dass die Phantasie der theoretischen Physiker endlos ist. Ich fliege nach Austin, lasse einen Vortrag von Steven Weinberg über mich ergehen und erkenne, dass wir Vieles nur machen, um der Langeweile zu entkommen.

Sechstes Kapitel
Die unbegreifliche Begreifbarkeit der Quantenmechanik................ 159
   In welchem ich über den Unterschied zwischen Mathematik und Magie nachsinne.

Siebtes Kapitel
Eine für Alles... 183
   In welchem ich versuche herauszufinden, ob sich irgendjemand für die Naturgesetze interessieren würde, wenn sie nicht schön wären. Ich mache Zwischenstopp in Arizona, wo mir Frank Wilczek seine kleine Theorie von etwas erläutert, dann fliege ich nach Maui und höre, was Garrett Lisi zu sagen hat. Ich mache Bekanntschaft mit hässlichen Tatsachen und zähle Physiker.

Achtes Kapitel
Der Weltraum, unendliche Weiten 223
> In welchem ich versuche, einen Stringtheoretiker zu verstehen, und mir das fast gelingt.

Neuntes Kapitel
Das Universum, alles, was da ist, und der ganze Rest 254
> In welchem ich die vielen Erklärungen bewundere, warum niemand die Teilchen sieht, die wir erfinden.

Zehntes Kapitel
Wissen ist Macht 289
> In welchem ich zu dem Schluss komme, dass die Welt ein besserer Ort wäre, wenn alle auf mich hören würden.

Anhang A 309
Anhang B 311
Anhang C 314
Danksagung 320
Anmerkungen 322
Register 346

Vorwort

Sie waren sich so sicher. Sie hatten Milliarden darauf verwettet. Jahrzehntelang erzählten sie uns, sie wüssten, wo die nächsten Entdeckungen zu erwarten seien. Sie bauten Teilchenbeschleuniger, schossen Satelliten ins All und installierten Detektoren in unterirdischen Bergwerken. Die Welt machte sich bereit für den nächsten großen Triumph der Physik. Doch der Durchbruch, den die Physiker erwarteten, blieb aus. Die Experimente ergaben nichts Neues.

Es war nicht die Mathematik, die die Physiker im Stich gelassen hatte; es war die Art und Weise, wie sie die Mathematik einsetzten. Sie glaubten, Mutter Natur sei elegant und einfach und liefere uns gütig Hinweise. Sie meinten, ihr Flüstern zu hören, wo sie doch nur mit sich selbst redeten. Nun aber sprach die Natur und sagte laut und deutlich: nichts.

Theoretische Physik ist der Inbegriff einer mathematiklastigen, schwer verständlichen Disziplin. Doch obwohl dies ein Buch über Mathematik ist, werden Sie darin sehr wenig Mathematik finden. Lässt man Gleichungen und Fachausdrücke beiseite, wird Physik zu einer Sinnsuche – einer Suche, die eine unerwartete Wende genommen hat. Welche Gesetze auch immer unser Universum beherrschen, sie sind anders, als die Physiker gedacht hatten. Sie sind anders, als ich gedacht hatte.

»Das hässliche Universum« erzählt davon, wie die gegenwärtige

Forschung von ästhetischen Urteilen bestimmt wird. Es erzählt zugleich von mir selbst, als Reflexion über den Sinn und Nutzen dessen, was man mich gelehrt hat. Aber es erzählt auch von den vielen anderen Physikern, die mit demselben Widerspruch zu kämpfen haben: Wir glauben, dass die Naturgesetze schön sind, aber ist zu glauben nicht gerade das, was Naturwissenschaftler vermeiden sollten?

Erstes Kapitel
Die verborgenen Regeln der Physik

In welchem ich feststelle, dass ich die Physik nicht mehr verstehe. Ich spreche mit Freunden und Kollegen, merke, dass ich nicht die Einzige bin, die ratlos ist, und schicke mich an, die Vernunft wieder auf den Boden zurückzuholen.

Das Dilemma des guten Wissenschaftlers

Ich erfinde neue Naturgesetze; damit bestreite ich meinen Lebensunterhalt. Ich bin eine von etwa zehntausend Forschern, deren Aufgabe darin besteht, unsere Theorien zur Teilchenphysik zu präzisieren. Im Tempel des Wissens sind wir diejenigen, die im Keller graben und die Fundamente einer gründlichen Prüfung unterziehen. Wir untersuchen die Risse, die Verdacht erregenden Bestandteile der vorhandenen Theorien, und wenn wir auf etwas stoßen, ziehen wir Experimentatoren hinzu, um tiefere Schichten freizulegen. Im vergangenen Jahrhundert erwies sich diese Arbeitsteilung zwischen Theoretikern und Experimentatoren als sehr fruchtbar. Meine Generation hat damit nun erstaunlich wenig Erfolg.

In den zwanzig Jahren meiner Beschäftigung mit theoretischer Physik sah ich die meisten Wissenschaftler, die ich kenne, Karriere machen, indem sie Dinge untersuchten, die niemand je gesehen hat. Sie haben wahnwitzige Theorien ausgebrütet wie die, dass unser Universum nur eines in einer unendlichen Zahl von Universen sei, die zusammen ein »Multiversum« bilden. Sie haben Dutzende neuer Teilchen erfunden und erklärt, wir seien Projektionen eines Raums höherer Dimension, der durch Wurmlöcher hervorgebracht werde, die weit voneinander entfernte Orte miteinander verbänden.

Diese Thesen sind zwar höchst umstritten, aber äußerst beliebt; sie sind spekulativ, aber faszinierend; schön, aber nutzlos. Die meisten Thesen lassen sich so schwer überprüfen, dass sie praktisch unüberprüfbar sind. Andere sind sogar theoretisch unüberprüfbar. Und alle werden von Theoretikern vertreten, die davon überzeugt sind, dass ihre mathematischen Formeln einen Kern der Wahrheit über die Natur enthalten. Ihre Theorien sind, so glauben sie, zu gut, um falsch zu sein.

Die Erfindung neuer Naturgesetze – die Weiterentwicklung von Theorien – wird nicht in Seminaren gelehrt und auch nicht in Lehrbüchern erklärt. Physiker erlernen sie zum Teil beim Studium der Wissenschaftsgeschichte, doch das meiste übernehmen sie von älteren Kollegen, Freunden und Mentoren, Vorgesetzten und Kritikern. Von einer Generation an die nächste weitergegeben, beruht der Großteil dieser Kunst auf Erfahrung, einer mühsam erworbenen Intuition für das, was funktioniert. Aufgefordert, die Aussichten einer neu erfundenen, aber noch nicht geprüften Theorie zu beurteilen, greifen Physiker auf Begriffe wie Natürlichkeit, Einfachheit oder Eleganz sowie auf Schönheit zurück. Diese verborgenen Prinzipien sind überall in der Grundlagenphysik zu finden und von unschätzbarer Bedeutung. Und sie stehen im krassen Widerspruch zum wissenschaftlichen Imperativ der Objektivität.

Die verborgenen Prinzipien haben uns einen Bärendienst erwiesen. Obwohl wir eine Fülle neuer Naturgesetze aufgestellt haben, bleiben sie allesamt unbestätigt. Und während ich Zeugin wurde, wie meine Disziplin in die Krise geriet, rutschte ich selbst in eine Krise. Ich bin mir nicht mehr sicher, ob das, was wir in der Grundlagenphysik machen, Wissenschaft ist. Und wenn nicht, warum verschwende ich dann meine Zeit damit?

***

Ich habe mich für die Physik entschieden, weil ich das menschliche Verhalten nicht verstand. Weil die Mathematik Klartext redet. Mir gefiel die Reinheit, die unzweideutige Vorgehensweise, die Herrschaft der Mathematik über die Natur. Was mich jetzt, zwei Jahrzehnte später, daran hindert, die Physik zu verstehen, ist, dass ich noch immer das menschliche Verhalten nicht verstehe.

»Wir können keine exakten mathematischen Regeln nennen, die Auskunft darüber geben, ob eine Theorie attraktiv ist oder nicht«, meint Gian Francesco Giudice. »Dennoch überrascht es, dass Schönheit und Eleganz einer Theorie von Menschen aus verschiedenen Kulturen universell erkannt werden. Wenn ich Ihnen sage: ›Schauen Sie, ich habe einen neuen Artikel geschrieben, und meine Theorie ist schön‹, muss ich Ihnen keine Einzelheiten meiner Theorie nennen; Sie verstehen schon, warum ich so begeistert bin, nicht wahr?«

Ich verstehe es nicht. Deshalb unterhalte ich mich mit ihm. Warum sollte es die Naturgesetze kümmern, was ich schön finde? Eine derartige Verbindung zwischen mir und dem Universum scheint mir ziemlich mystisch, romantisch und überhaupt nicht meinem Charakter entsprechend.

Aber schließlich glaubt Gian nicht, es interessiere die Natur, was *ich* schön finde, sondern was *er* schön findet.

»Meistens ist es einfach ein gutes Gefühl«, sagt er, »nichts, was man in mathematischen Begriffen abbilden könnte: Es ist das, was man als physikalische Intuition bezeichnet. Es besteht ein wichtiger Unterschied zwischen dem, was Physiker, und dem, was Mathematiker als schön ansehen. Es ist die richtige Mischung zwischen dem Erklären empirischer Fakten und der Anwendung von Grundprinzipien, die eine physikalische Theorie erfolgreich und schön macht.«

Gian ist Leiter der Theorieabteilung am CERN, dem Conseil Européen pour la Recherche Nucléaire (Europäische Organisation für Kernforschung). CERN betreibt den gegenwärtig größten Teilchenbeschleuniger, den Großen Hadron-Speicherring (LHC, Large Hadron Collider), der der Menschheit den bislang tiefsten Einblick in die elementaren Bausteine der Materie ermöglicht: ein 6 Milliarden Dollar teurer unterirdischer Ring zur Beschleunigung von Protonen, die man mit beinahe Lichtgeschwindigkeit aufeinanderprallen lässt.

Im LHC vereinigen sich Extreme: suprakalte Magneten, ultrahohes Vakuum und Computercluster, die während der Experimente etwa drei Gigabytes an Daten – etwa so viel wie mehrere tausend E-Books – pro Sekunde aufzeichnen. Der LHC hat tausende Wissenschaftler zusammengeführt, die in jahrzehntelanger Forschung und mit Milliarden von Hightech-Komponenten nur ein Ziel anstreben: herauszufinden, woraus wir gemacht sind.

»Die Physik ist ein subtiles Spiel«, fährt Gian fort, »und ihre Gesetze aufzuspüren verlangt nicht nur Rationalität, sondern auch ein subjektives Urteil. Für mich ist dieser irrationale Aspekt der Grund, warum die Physik so ein Vergnügen und so aufregend ist.«

Ich telefoniere von meiner Wohnung aus mit ihm, um mich herum stapeln sich Kartons. Meine Arbeit in Stockholm ist zu Ende; es ist Zeit, weiterzuziehen und mich nach einem neuen Forschungsstipendium umzuschauen.

Als ich mein Studium abgeschlossen hatte, dachte ich, diese Wissenschaftsgemeinde sei eine Heimat, eine Familie gleichgesinnter Forscher, die versuchen, die Natur zu verstehen. Aber dann entfremdete ich mich zunehmend von Kollegen, die einerseits die Bedeutung unvoreingenommener empirischer Urteile predigen, andererseits aber ihre Lieblingstheorien anhand ästhetischer Kriterien verteidigen.

»Wenn man eine Lösung für ein Problem findet, an dem man gearbeitet hat, erlebt man eine Art innerer Erregung«, sagt Gian. »Es ist der Augenblick, in dem man plötzlich die Struktur hinter den eigenen Überlegungen erkennt.«

Gian hat sich bei seiner Forschungsarbeit auf die Entwicklung neuer Theorien der Teilchenphysik konzentriert, von denen man sich verspricht, dass sie die Probleme vorhandener Theorien lösen. Er hat einer Methode den Weg bereitet, mit der sich quantifizieren lässt, wie natürlich eine Theorie ist; ein mathematischer Maßstab, an dem man ablesen kann, wie sehr eine Theorie von zufälligen Gegebenheiten abhängt.[1] Je natürlicher eine Theorie ist, desto weniger zufällige Gegebenheiten erfordert sie und desto überzeugender ist sie.

»Die Schönheit einer physikalischen Theorie muss etwas sein, das in unserem Gehirn fest verankert und nicht nur ein soziales Konstrukt ist. Sie ist etwas, das eine innere Saite in uns anschlägt«, meint Gian. »Auf eine schöne Theorie zu stoßen hat dieselbe emotionale Wirkung, wie vor einem Kunstwerk zu stehen.«

Nicht, dass ich nicht wüsste, wovon er spricht; ich weiß nur nicht, warum das von Bedeutung sein soll. Denn ich bezweifle, dass mein Schönheitssinn ein zuverlässiger Führer ist, wenn es darum geht, elementare Naturgesetze zu entdecken, Gesetze, die das Verhalten von Entitäten bestimmen, die ich niemals, weder jetzt noch in Zukunft, direkt sinnlich wahrnehmen kann. Wäre dieser Schönheitssinn in meinem Gehirn verankert, hätte er sich im Lauf der natürlichen Selektion als nützlich erweisen müssen. Aber welchen evolutionären Vorteil hat es jemals gehabt, die Quantengravitation zu erklären?

Auch wenn es eine hohe Kunst ist, schöne Werke zu schaffen, ist Wissenschaft nicht Kunst. Wir entwickeln keine Theorien, um emotionale Reaktionen hervorzurufen; wir suchen Erklärungen für das, was wir beobachten. Wissenschaft ist ein planvolles Unternehmen, die Mängel der menschlichen Erkenntnis zu überwinden und die Irrtümer der Intuition zu vermeiden. In der Wissenschaft geht es nicht um Emotionen – es geht um Zahlen und Gleichungen, Daten und Diagramme, Fakten und Logik.

Wahrscheinlich wollte ich von ihm einen Beweis, wie sehr ich mich irrte.

Als ich Gian frage, was er von den jüngsten LHC-Daten halte, sagt er: »Wir sind ziemlich perplex.« Endlich etwas, das ich verstehe.

Scheitern

In den ersten Jahren seines Betriebs lieferte der LHC ein Teilchen, das als Higgs-Boson bezeichnet wird und dessen Existenz bereits in den 1960er Jahren vorausgesagt wurde. Meine Kollegen und ich hegten große Hoffnungen, dass das Milliarden-Dollar-Projekt mehr bringen würde als nur die Bestätigung dessen, was niemand anzweifelte. Wir hatten einige vielversprechende Risse in den Fundamenten gefunden, die uns davon überzeugten, der LHC werde weitere, bislang unentdeckte Teilchen produzieren. Wir irrten uns. Der LHC entdeckte nichts, was unsere neuerfundenen Naturgesetze stützen würde.

Unsere Freunde in der Astrophysik schnitten nicht besser ab. In den 1930er Jahren hatten sie herausgefunden, dass Galaxienhaufen viel mehr Masse enthielten, als alle sichtbare Materie zusammengenommen ergeben würde. Selbst wenn man eine große Ungenauigkeit in den Daten zulässt, wird ein neuer Typ »Dunkler Materie« benötigt, um die Beobachtungen zu erklären. Die Zahl der Belege für die Gravitationskraft der Dunklen Materie wächst, so dass wir sicher sind, dass es sie gibt. Woraus sie besteht, ist allerdings nach wie vor ein Rätsel. Astrophysiker glauben, es handle sich um eine Spielart von Teilchen, die es hier auf unserer Erde nicht gibt und die weder Licht absorbieren noch aussenden. So erdachten sie neue Naturgesetze, unbestätigte Theorien als Leitlinien für die Konstruktion von Detektoren, die ihre Ideen auf den Prüfstand stellen sollten. Seit den 1980er Jahren jagen Dutzende Experimentierteams diesen hypothetischen Teilchen der Dunklen Materie nach. Aber sie finden keine. Die neuen Theorien sind nach wie vor unbestätigt.

Genauso trostlos sieht es in der Kosmologie aus, wo Physiker vergeblich zu verstehen suchen, warum sich das Universum mit wachsender Geschwindigkeit ausdehnt, ein Phänomen, das auf »Dunkle Energie« zurückgeführt wird. Sie können mathematisch nachweisen, dass dieses seltsame Substrat nichts anderes ist als die Energie des leeren Raums, und doch sind sie nicht in der Lage, die Menge dieser Energie zu berechnen. Es ist einer der Risse in den Grundlagen, durch die Physiker hindurchzuspähen versuchen, doch bisher können sie nichts entdecken, was ihre neuen Theorien zur Erklärung Dunkler Energie stützt.

Unterdessen möchten unsere Kollegen von der Quantenphysik eine Theorie verbessern, die keinerlei Mängel aufweist, und zwar aufgrund der Überzeugung, dass mit mathematischen Strukturen, die nicht mit messbaren Entitäten in Einklang stehen, etwas nicht stimmen kann. Es ärgert sie, dass »niemand die Quantenmechanik versteht«, wie Richard Feynman, Niels Bohr und andere Helden der Physik des letzten Jahrhunderts beklagten. In der Grundlagenforschung zur Quantenphysik möchten die Wissenschaftler bessere Theorien erfinden, weil sie wie alle glauben, sie blickten durch den richtigen Riss. Doch leider bestätigen alle Experimente die Voraussagen der unverständlichen Theorie des letzten Jahrhunderts. Und die jüngeren Theorien? Sie sind nach wie vor nichts als ungeprüfte Spekulationen.

Auf diese letztlich fehlgeschlagenen Versuche, neue Naturgesetze zu finden, wurde enorm viel Mühe verwendet. Seit nunmehr über dreißig Jahren sind keine Fortschritte mehr in der Grundlagenphysik zu verzeichnen.

***

Sie möchten also wissen, was die Welt zusammenhält, wie das Universum entstand und welche Gesetze unser Dasein bestimmen? Der Antwort am nächsten kommt man, wenn man dem Pfad der Tatsachen hinunter in die Kellergewölbe der Wissenschaft folgt. Und zwar so weit, bis die Faktenlage dünn wird und die Weiterreise von Theoretikern blockiert wird, die darüber streiten, wessen Theorie schöner ist. Dann wissen Sie, dass Sie sich auf der Ebene der Grundlagen befinden.

Die Grundlagen der Physik sind diejenigen Bestandteile unserer Theorien, die, soweit wir gegenwärtig wissen, nicht mehr von etwas Einfacherem abgeleitet werden können. An diesem tiefsten Punkt finden wir heute Raum, Zeit und 25 Teilchen samt Gleichungen, die ihr Verhalten bestimmen. Gegenstand meines Forschungsbereichs sind Teilchen, die sich durch Raum und Zeit bewegen, sich gelegentlich berühren oder Zusammensetzungen bilden. Man darf sich diese Teilchen nicht als kleine Kugeln vorstellen, das sind sie nicht, und zwar wegen der Quantenmechanik (mehr dazu später). Sie gleichen eher Wolken, die jegliche Form annehmen können.

In der Grundlagenphysik beschäftigen wir uns also nur mit Teilchen, die nicht weiter zerlegt werden können und die wir deshalb »Elementarteilchen« nennen. Soweit bislang bekannt, haben sie keine eigene Struktur. Aber sie können sich zu Atomen, Molekülen und Proteinen zusammensetzen – und schaffen auf diese Weise die ungeheure Vielfalt an Strukturen, die wir um uns herum wahrnehmen. Aus diesen 25 Teilchen sind Sie, ich und alles andere gemacht.

Aber die Teilchen selbst sind gar nicht so interessant. Interessant sind die Beziehungen zwischen ihnen, die Prinzipien, die ihre Wechselwirkungen bestimmen, die Struktur der Gesetze, die das Universum entstehen ließen und unsere Existenz ermöglicht haben. In diesem Spiel beschäftigen wir uns mit den Regeln, nicht mit den Spielsteinen. Und das Wichtigste, was wir gelernt haben, ist die Tatsache, dass die Natur nach den Regeln der Mathematik spielt.

Aus Mathematik gemacht

In der Physik bestehen Theorien aus Mathematik. Wir verwenden die Mathematik nicht, weil wir all jene abschrecken wollen, die nicht mit Differentialgeometrie und gradierter Lie-Algebra vertraut sind. Wir verwenden sie, weil wir Dummköpfe sind. Die Mathematik sorgt dafür, dass wir ehrlich bleiben, und sie verhindert, dass wir uns selbst und andere belügen. Mit Mathematik kann man Fehler machen, aber nicht lügen.

Als theoretische Physiker haben wir die Aufgabe, mathematische Methoden zu entwickeln, um damit entweder Beobachtungen zu beschreiben oder Voraussagen zu machen, die experimentelle Strategien begründen. Bei der Entwicklung von Theorien erzwingt die Mathematik logische Genauigkeit und innere Konsistenz; sie gewährleistet, dass die Theorien unzweideutig und Schlussfolgerungen reproduzierbar sind.

Der Erfolg der Mathematik in der Physik ist enorm, folglich wird dieser Qualitätsmaßstab heute rigoros umgesetzt. Die Theorien, die wir heute bilden, sind Reihen von Annahmen – mathematische Relationen oder Definitionen samt ihren Interpretationen, die die Mathematik mit beobachtbaren Dingen in der realen Welt verbinden.

Aber wir entwickeln Theorien nicht, indem wir Annahmen treffen und dann in einer Folge von Theoremen und Beweisen beobachtbare Folgerungen daraus ableiten. In der Physik beginnen Theorien meist als lose Flickwerke von Ideen. Das Chaos zu ordnen, das Physiker bei der Theorieentwicklung hervorbringen, und eine saubere Reihe von Annahmen zu erstellen, aus denen die gesamte Theorie abgeleitet werden kann, bleibt häufig unseren Kollegen in der mathematischen Physik überlassen – einem Zweig der Mathematik, nicht der Physik.

Physiker und Mathematiker haben sich größtenteils auf eine gute Arbeitsteilung geeinigt, bei der sich Erstere über die Pingeligkeit der Letzteren und diese sich über die Schlampigkeit der Ersteren beklagen. Doch beide Seiten sind sich zumindest darin einig, dass der Fortschritt auf dem einen Gebiet auch den Fortschritt auf dem anderen fördert. Von der Wahrscheinlichkeitstheorie bis zur Chaos- und zur Quantenfeldtheorie als Grundlage der modernen Teilchenphysik sind Mathematik und Physik stets Hand in Hand gegangen.

Aber Physik ist nicht Mathematik. Abgesehen davon, dass eine tragfähige Theorie in sich konsistent sein muss (also nicht zu Schlussfolgerungen führt, die einander widersprechen), muss sie auch mit der Beobachtung übereinstimmen (darf also nicht in Widerspruch zu den Daten stehen). In meinem Bereich der Physik, in dem es um die Grundfragen geht, ist dies eine strikte Forderung. Es gibt so viele Daten, dass schlichtweg nicht alle Berechnungen für neuaufgestellte Theorien durchgeführt werden können. Aber das ist auch nicht notwendig, weil es einen kürzeren Weg gibt: Zunächst wird belegt, dass eine neue Theorie im Rahmen der Messgenauigkeit mit den bestätigten alten Theorien in Einklang steht und somit deren Voraussagen reproduziert. Sodann müssen wir nur noch berechnen, was die neue Theorie darüber hinaus erklären kann.

Den Nachweis zu führen, dass eine neue Theorie alle Voraussagen tragfähiger alter Theorien reproduziert, kann äußerst schwierig sein. Das liegt daran, dass eine neue Theorie unter Umständen ein völlig anderes mathematisches Rahmenwerk benutzt, das scheinbar gar nichts mit dem der alten Theorie zu tun hat. Um zu zeigen, dass beide trotzdem zu denselben Voraussagen für bereits existierende Beobachtungen führen, ist es häufig erforderlich, die neue Theorie entsprechend umzuformulieren. In Fällen, bei denen die neue Theorie den mathematischen Rahmen der alten unmittelbar wiederverwendet, ist dies einfach. Ein völlig neues Rahmenwerk kann jedoch ein großes Hindernis darstellen.

So rang etwa Einstein jahrelang um den Beweis, dass die Allgemeine Relativitätstheorie (seine neue Gravitationstheorie) die zutreffenden Voraussagen ihrer Vorläuferin, der Newton'schen Gravitationstheorie, reproduzierte. Das Problem bestand nicht darin, dass seine Theorie falsch war, sondern darin, dass er nicht wusste, wie er Newtons Gravitationspotential aus seiner eigenen Theorie ableiten sollte. Einstein hatte mathematisch alles richtig gemacht, aber es fehlte der Nachweis für die Übereinstimmung mit der realen Welt.

Erst nach mehreren Fehlschlägen stieß er auf den richtigen Weg dorthin. Die richtige Mathematik zu haben reicht noch nicht, um eine richtige Theorie zu finden.

Es gibt aber noch andere Gründe, warum wir in der Physik auf die Mathematik zurückgreifen. Abgesehen davon, dass sie uns zur Ehrlichkeit zwingt, bietet sie auch die sparsamste und präziseste Terminologie, die wir kennen. Sprache ist dehnbar, und ihre Bedeutung hängt ab von Kontext und Interpretation. Die Mathematik hingegen kümmert sich nicht um Kultur oder Geschichte. Wenn tausend Menschen ein Buch lesen, lesen sie tausend verschiedene Bücher. Wenn aber tausend Menschen eine Gleichung lesen, lesen sie alle ein und dieselbe Gleichung.

Der Hauptgrund jedoch, warum wir in der Physik mit Mathematik arbeiten, ist der, dass wir es können.

Beneidenswerte Physik

Obwohl logische Schlüssigkeit eine Grundanforderung an jede wissenschaftliche Theorie ist, eignen sich nicht alle Disziplinen für die mathematische Modellierung – die Verwendung einer so exakten Sprache ist nicht sinnvoll, wenn die Daten nicht die entsprechende Exaktheit aufweisen. Und von allen Wissenschaftsbereichen hat es die Physik mit dem einfachsten System zu tun und eignet sich daher in idealer Weise für die mathematische Modellierung.

In der Physik sind Studien in hohem Maße reproduzierbar. Im Experiment können wir die Umgebung gut kontrollieren, und wir wissen, welche Effekte zu vernachlässigen sind, ohne dass die Genauigkeit darunter leidet. Die Ergebnisse der Psychologie zum Beispiel sind hingegen schwer reproduzierbar, weil keine zwei Menschen gleich sind und man nur selten genau weiß, welche Launen beim Probanden mit im Spiel sind. Dieses Problem haben wir in der Physik nicht. Heliumatome werden nicht hungrig und sind montags wie freitags gleich gut gelaunt.

Diese Präzision macht die Physik so erfolgreich, aber auch so schwierig. Für den Laien mögen die vielen Gleichungen unzugänglich sein, der Umgang damit ist aber nur eine Frage der Bildung und der Gewohnheit. Die Mathematik zu verstehen ist nicht das, was Physik so schwierig macht. Die eigentliche Schwierigkeit besteht darin, die richtige Mathematik zu finden. Man kann nicht einfach etwas hernehmen, was nach Mathematik aussieht, und es eine Theorie nennen. Es ist der Anspruch, dass die Theorie konsistent ist, sowohl in sich als auch konsistent mit der experimentellen Beobachtung – jeder einzelnen Beobachtung –, der das ganze Unterfangen so schwierig macht.

Die theoretische Physik ist eine hochentwickelte Disziplin. Die Theorien, mit denen wir heute arbeiten, haben eine enorme Zahl experimenteller Tests bestanden. Und jedes Mal, wenn sie einen weiteren Test durchliefen, wurde es ein wenig schwieriger, etwas an ihnen zu verbessern. Eine neue Theorie muss alle erfolgreichen Voraussagen der gegenwärtig vorhandenen Theorien liefern und darüber hinaus noch ein wenig besser sein.

Seit Physiker Theorien entwickeln, um existierende oder bevorstehende Experimente zu erklären, bedeutet Erfolg, mit dem geringstmöglichen Aufwand die richtigen Zahlen zu bekommen. Doch je mehr Beobachtungen unsere Theorien beschreiben konnten, desto schwieriger wurde es, eine vorgeschlagene Weiterentwicklung zu überprüfen. Von der Voraussage des Neutrinos bis zu dessen Entdeckung dauerte es fünfundzwanzig Jahre, bis zur Bestätigung des Higgs-Bosons vergingen fast fünfzig Jahre, und das tatsächliche Aufspüren der Gravitationswellen erfolgte erst nach hundert Jahren. Heute reicht das Berufsleben eines Naturwissenschaftlers womöglich nicht mehr aus, um ein neues grundlegendes Naturgesetz zu überprüfen. Dies zwingt Theoretiker dazu, sich auf andere Kriterien als die empirische Adäquatheit zu stützen, um zu entscheiden, welchen Forschungsweg sie einschlagen. Die ästhetische Attraktivität ist eines dieser Kriterien.

Bei unserer Suche nach neuen Ideen spielt Schönheit in vielerlei Hinsicht eine Rolle. Sie ist Leitlinie, Belohnung und Motivation. Und sie stellt eine systematische Verzerrung der Wahrnehmung dar.

Unsichtbare Freunde

Die Umzugsleute haben meine Kisten weggetragen, von denen ich die meisten erst gar nicht ausgepackt hatte, weil ich wusste, dass ich hier nicht bleiben würde. Aus den leeren Schränken weht mich die Erinnerung an frühere Umzüge an. Ich rufe meinen Freund und Kollegen Michael Krämer an, Physikprofessor in Aachen.

Michael arbeitet im Bereich der Supersymmetrie, kurz »Susy«. Susy sagt eine Vielzahl noch unentdeckter Elementarteilchen voraus, jeweils einen Partner für die bereits bekannten Teilchen und noch einige mehr. Von den vorgeschlagenen neuen Naturgesetzen ist Susy gegenwärtig das beliebteste. Tausende meiner Kollegen setzten bei der Wahl ihrer Laufbahn darauf. Doch bislang konnte man keins dieser zusätzlichen Teilchen ausfindig machen.

»Ich glaube, anfangs habe ich an Susy gearbeitet, weil sich während meiner Studienzeit Mitte bis Ende der 1990er Jahre alle Welt darauf stürzte«, sagt Michael.

Die Mathematik bei Susy sieht ganz ähnlich aus wie bei den bereits etablierten Theorien, und der Standardlehrplan für Physikstudenten ist eine gute Vorbereitung für die Arbeit an Susy. »Es war ein klar umrissener Rahmen; daher war es leicht«, erklärt Michael. Er hatte eine gute Wahl getroffen. Michael erhielt 2004 eine Anstellung und ist heute Leiter der von der Deutschen Forschungsgemeinschaft finanzierten Forschungsgruppe »New Physics« am Large Hadron Collider.

»Außerdem gefallen mir Symmetrien. Deshalb war die Sache attraktiv für mich.«

***

Wie bereits erwähnt, haben wir bei unserer Suche nach einer Antwort auf die Frage, woraus die Welt besteht, 25 verschiedene Elementarteilchen gefunden. Die Supersymmetrie ergänzt diese Sammlung durch eine Reihe noch unentdeckter Partnerteilchen, eins für jedes der bereits bekannten sowie einige zusätzliche Teilchen. Diese supersymmetrische Vervollständigung ist verlockend, weil die bekannten Teilchen in zwei verschiedene Kategorien fallen, die Fermionen und die Bosonen (benannt nach Enrico Fermi und Satyendranath Bose), und die Supersymmetrie erklärt, wie diese beiden Kategorien zusammengehören.

Fermionen sind extreme Individualisten. Sosehr man es auch versucht, man wird nie zwei von ihnen dazu bringen, sich am selben Ort in derselben Weise zu verhalten – es muss stets einen Unterschied zwischen ihnen geben. Bosonen hingegen haben diesen Anspruch nicht und kommen gern zu einem gemeinsamen Tanz zusammen. Deshalb sitzen Elektronen, die Fermionen sind, auf getrennten Schalen um einen Atomkern. Wären sie Bosonen, würden sie stattdessen auf derselben Schale zusammensitzen, so dass das Universum keine Chemie hätte – und keine Chemiker, da unsere eigene Existenz auf der Weigerung der kleinen Fermionen beruht, ihren Platz mit anderen zu teilen.

Der Theorie der Supersymmetrie zufolge bleiben die Naturgesetze unverändert, wenn Bosonen gegen Fermionen ausgetauscht werden. Das bedeutet, dass jedes bekannte Boson einen fermionischen und jedes bekannte Fermion einen bosonischen Partner haben muss. Doch abgesehen von dieser unterschiedlichen Zugehörigkeit müssen die Partnerteilchen identisch sein.

Da keines der bereits bekannten Teilchen diesen Anspruch erfüllt, wurde gefolgert, dass sie keine supersymmetrischen Paare bilden. Also muss es Teilchen geben, die noch ihrer Entdeckung harren. Es ist, als hätten wir eine Sammlung nicht zusammenpassender Töpfe und Deckel und wären überzeugt, dass die passenden Teile irgendwo zu finden sein müssen.

Doch leider lässt sich aus den Gleichungen der Supersymmetrie nicht die Masse der jeweiligen Susy-Partner ablesen. Da für die Erzeugung von Teilchen umso mehr Energie nötig ist, je schwerer sie sind, lässt sich ein Teilchen mit größerer Masse nicht so leicht auffinden wie ein leichteres Exemplar. Bislang wissen wir nur, dass die Superpartner, wenn sie denn existieren, so schwer sind, dass die Energie in unseren Experimenten bislang nicht ausreicht, um sie zu erzeugen.

Es spricht vieles für die Supersymmetrie. Abgesehen von der durch sie gewonnenen Erkenntnis, dass Bosonen und Fermionen zwei Seiten ein und derselben Medaille sind, trägt Susy auch zur Vereinigung elementarer Kräfte bei und könnte mehrere numerische Koinzidenzen erklären. Darüber hinaus besitzen manche supersymmetrischen Teilchen genau die richtigen Eigenschaften für Dunkle Materie. Mehr dazu werde ich in den späteren Kapiteln darlegen.

***

Die Hypothese der Supersymmetrie fügt sich so genau in die bestehenden Theorien, dass zahlreiche Physiker von ihrer Richtigkeit überzeugt sind. »Trotz der Bemühungen vieler hundert Physiker, die auf der Suche nach diesen Teilchen Experimente durchgeführt haben, konnten keine Superpartner beobachtet oder entdeckt werden«, schreibt der Physiker Dan Hooper vom Forschungszentrum für Teilchenphysik Fermilab bei Chicago. Doch »dies schreckte die theoretischen Physiker nicht ab, die leidenschaftlich daran festhalten, dass die Natur so beschrieben werden kann – als supersymmetrisch. Für viele dieser Wissenschaftler ist die Supersymmetrie einfach zu schön und zu elegant, als dass sie nicht Teil unseres Universums sein könnte. Sie löst zu viele Probleme und passt allzu natürlich in unsere Welt. Für diese wahren Gläubigen müssen die Superpartnerteilchen einfach existieren.«[2]

Hooper ist nicht der Einzige, der darauf hinweist, wie ausgeprägt diese Überzeugung ist. »Vielen theoretischen Physikern fällt es schwer zu glauben, dass die Supersymmetrie nicht irgendwo in der Natur eine Rolle spielt«, stellt der Physiker Jeff Forshaw fest.[3] Und in einer Ausgabe des *Scientific American* von 2014 stützen die Teilchenphysiker Maria Spiropolu und Joseph Lykken ihre Hoffnung, dass der Beweis eines Tages erbracht wird, mit der Aussage, es sei »nicht übertrieben zu sagen, dass die meisten Teilchenphysiker der Welt glauben, die Supersymmetrie *müsse* richtig sein« (Hervorhebung durch die Autoren).[4] Noch attraktiver wird Susy durch die Tatsache, dass eine Symmetrie zwischen Bosonen und Fermionen lange als unmöglich galt, weil ein mathematischer Beweis dies auszuschließen schien.[5] Doch kein Beweis ist besser als seine Voraussetzungen. Wie sich herausstellte, ist die Supersymmetrie, lockert man die Voraussetzungen, die größtmögliche Symmetrie, die in existierende Theorien eingebaut werden kann.[6] Und wie könnte die Natur eine so schöne Idee nicht umsetzen?

***

»Für mich war der schönste Aspekt von Susy stets der, dass sie die größtmögliche Symmetrie darstellte«, erinnert sich Michael. »Ich fand das faszinierend. Als ich von dieser Ausnahme erfuhr, dachte ich: ›Oh das ist interessant‹, weil mir dieser Gedanke – man geht von Symmetrien aus und findet die richtigen Naturgesetze, selbst wenn man nicht genau weiß, warum es funktioniert – als ein starkes Prinzip erschien. Deshalb hielt ich es für lohnend, die Sache weiterzuverfolgen.«

Als ich Ende der 1990er Jahre studierte, standen die einfachsten Susy-Modelle bereits im Widerspruch zu den vorhandenen Daten, und der Prozess der Bildung komplexerer und dennoch handhabbarer Modelle hatte begonnen.[7] Ich sah darin ein Arbeitsgebiet, in dem man nichts Neues formulieren konnte, solange man die vorausgesagten Teilchen noch nicht entdeckt hatte. So beschloss ich, mich von Susy fernzuhalten, bis dieser Fall eingetreten war.

Aber er trat nicht ein. Mit dem Großen Elektron-Positron-Speicherring (LEP, Large Electron Positron Collider), der bis 2000 in Betrieb war, wurde kein Beweis für Susy erbracht. Und auch im Tetravon, einem Speicherring, der höhere Energien erreichte als der LEP und bis 2011 lief, wurde man nicht fündig. Der noch stärkere LHC, bei dem der alte Tunnel des LEP benutzt wurde, läuft seit 2008, aber auch hier hat sich Susy bislang nicht blicken lassen.

Dennoch befürchte ich, es könnte vielleicht ein schwerer Fehler gewesen sein, dass ich nicht in das Arbeitsgebiet eingestiegen bin, das nicht wenige meiner Kollegen als so vielversprechend ansahen und von dem sie nach wie vor überzeugt sind.

Jahrelang ging man davon aus, dass im LHC etwas Neues passieren muss, da sonst die beste existierende Beschreibung der Teilchenphysik – das Standardmodell – nach den Maßstäben, wie sie unter anderem von Gian Francesco Giudice eingeführt wurden, nicht natürlich wäre. Die mathematischen Formeln zur Messung der Natürlichkeit basieren auf dem Glauben, dass eine Theorie mit sehr großen oder sehr kleinen Zahlen nicht schön ist.

Wir werden in diesem Buch der Frage nachgehen, ob dieser Glaube berechtigt ist. Vorerst genügt es zu sagen, dass er weite Verbreitung gefunden hat. Giudice erklärte in einem Artikel von 2008: »Der Gedanke der Natürlichkeit ... entwickelte sich durch eine ›kollektive Bewegung‹ der Wissenschaftsgemeinde«, die dessen »Bedeutung für die Existenz der Physik jenseits des Standardmodells zunehmend betonte«.[8] Und je gründlicher sie die Natürlichkeit untersuchten, desto überzeugter waren sie, dass baldmöglichst neue Erkenntnisse nötig seien, um hässliche numerische Koinzidenzen zu vermeiden.

»Im Rückblick überrascht es, wie stark dieses Natürlichkeitsargument hervorgehoben wurde«, sagt Michael. »Die Leute wiederholten nur immer wieder dasselbe Argument, ohne wirklich darüber nachzudenken. Sie sagten ständig dasselbe, zehn Jahre lang. Es ist wirklich erstaunlich, dass dies der Hauptmotor für einen so großen Teil der Modellbildung war. Heute finde ich das seltsam. Ich denke immer noch, dass Natürlichkeit reizvoll ist, aber ich bin nicht mehr davon überzeugt, dass sie auf eine neue Physik am LHC verweist.«

Der LHC beendete seinen ersten Durchlauf im Februar 2013 und wurde dann für ein Upgrade abgeschaltet. Der zweite Durchlauf mit höherer Energie begann im April 2015. Inzwischen haben wir Oktober, und in den kommenden Monaten erwarten wir vorläufige Ergebnisse dieses zweiten Durchlaufs.

»Du solltest mit Arkani-Hamed sprechen«, meint Michael. »Er ist Anhänger der Natürlichkeitstheorie – ein sehr interessanter Typ, ausgesprochen einflussreich, vor allem in den USA – ganz erstaunlich. Er arbeitet für eine Weile an etwas und gewinnt Anhänger, und im folgenden Jahr wendet er sich dann etwas anderem zu. Vor zehn Jahren widmete er sich diesem Modell natürlicher Susy und schwärmte so überzeugend davon, dass alle anfingen, daran zu forschen. Und dann schreibt er zwei Jahre später diesen Artikel über unnatürliche Susy!«

Nima Arkan-Hamed machte sich Ende der 1990er Jahre einen Namen, als er zusammen mit Savas Dimopoulos und Gia Dvali die These formulierte, dass unser Universum noch weitere Dimensionen haben könnte, die zu winzig kleinen Schleifen zusammengerollt sind, aber gerade noch groß genug, um mit Teilchenbeschleunigern aufgespürt zu werden.[9] Der Gedanke, dass zusätzliche Dimensionen existieren, ist nicht neu, sondern kam bereits in den 1920er Jahren auf.[10] Die geniale Leistung von Arkani-Hamed und seinen Mitarbeitern bestand in der These, diese Dimensionen seien groß genug, um möglicherweise bald nachweisbar zu sein, was tausende Physiker dazu animierte, weitere Einzelheiten zu berechnen und zu veröffentlichen. Die Begründung dafür, warum der LHC die zusätzlichen Dimensionen offenbaren werde, war Natürlichkeit. »Natürlichkeit verlangt, dass das Eindringen der Teilchen in die Extradimensionen nicht zu weit jenseits des TeV-Bereichs angesiedelt werden kann«, erklärten die Autoren in ihrem ersten Werk zu dem, was heute mit deren Initialen ADD-Modell bezeichnet wird.* Bis heute wurde der Artikel mehr als fünftausendmal zitiert und ist damit einer der meistzitierten Aufsätze in der Geschichte der Physik.

Als ich 2002 bei meinem selbst gewählten Thema für eine Doktorarbeit über eine Variante der Theorie der Extradimensionen aus den 1920er Jahren in einer Sackgasse steckte, überzeugte mich mein Doktorvater, mich stattdessen dem gegenwärtigen Stand der Forschung zuzuwenden. Und so schrieb auch ich Artikel über die Suche nach Extradimensionen am LHC. Aber der LHC hat keinen Beweis für diese weiteren Dimensionen erbracht. Ich begann, die Argumente zu hinterfragen, die auf dem Prinzip der Natürlichkeit basieren. Nima Arkani-Hamed wechselte unterdessen von großen Extradimensionen zu Susy und ist heute Professor für Physik am Institute for Advanced Studies in Princeton.

Ich nahm mir vor, mit Nima zu sprechen.

»Er ist natürlich viel schwerer zu erreichen als ich. Wahrscheinlich reagiert er nicht so ohne weiteres auf E-Mails«, meint Michael. »Er steuert die ganze Landschaft der Teilchenphysik in den USA. Und er meint, dass wir einen 100-TeV-Ringspeicher brauchen, um die Na-

---

* Die Abkürzung eV steht für Elektronenvolt und ist ein Maß für Energie. Ein TeV sind 10^{12} oder eine Trillion eV. Der LHC kann maximal rund 14 TeV erzeugen. Daher sagt man, der LHC »testet den TeV-Bereich«.

türlichkeit zu testen. Und jetzt bauen vielleicht die Chinesen seinen Beschleuniger – wer weiß!«

Da immer deutlicher wird, dass der LHC nicht den erwarteten Beweis für schönere Naturgesetze liefert, verlegen die Teilchenphysiker erneut ihre Hoffnungen auf den nächstgrößeren Beschleuniger. Nima setzt sich mit seinem ganzen Einfluss für den Bau eines neuen Teilchenbeschleunigers in China ein.

Doch was auch immer bei höheren Energien noch entdeckt werden könnte, die Tatsache, dass der LHC bislang keine neuen Elementarteilchen gefunden hat, bedeutet nach den Maßstäben der Physiker, dass die richtige Theorie unnatürlich ist. Ja, wir haben uns in eine widersprüchliche Situation gebracht, in der nach unseren eigenen Schönheitsanforderungen die Natur selbst unnatürlich ist.

»Ob ich besorgt bin? Ich weiß nicht. Ich bin eher irritiert«, sagt Michael. »Ich bin wirklich irritiert. Vor dem LHC dachte ich, es muss etwas geschehen. Aber jetzt? Ich bin irritiert.« Das klingt vertraut.

KURZ GESAGT

- Physiker arbeiten viel mit Mathematik und sind wirklich stolz darauf, dass es so gut funktioniert.
- Aber Physik ist nicht Mathematik, und für die Entwicklung einer Theorie sind Daten als Leitfaden unverzichtbar.
- In manchen Gebieten der Physik gibt es seit Jahrzehnten keine neuen Daten.
- Weil Experimente keine Leitlinien liefern, bedienen sich Theoretiker ästhetischer Kriterien.
- Funktioniert das nicht, sind sie irritiert.

Zweites Kapitel
What a Wonderful World

In welchem ich eine Menge Bücher über Tote lese und herausfinde, dass jeder hübsche Ideen mag, dass aber hübsche Ideen zuweilen nicht recht funktionieren. Bei einer Konferenz packt mich die Sorge, dass Physiker im Begriff sind, die wissenschaftliche Methode zu verwerfen.

Woher wir kommen

In der Schule habe ich Geschichte gehasst, aber mittlerweile ist mir klargeworden, wie nützlich es ist, Tote zu zitieren, um meine Ansichten zu untermauern. Ich will nicht so tun, als könnte ich einen historischen Abriss über die Rolle des Schönen in der Wissenschaft geben, weil mich eigentlich die Zukunft mehr interessiert als die Vergangenheit und auch, weil andere dies bereits geleistet haben.[1] Aber wenn wir uns klarmachen wollen, wie sich die Physik verändert hat, muss ich zeigen, wie sie früher ausgesehen hat.

Bis zum Ende des 19. Jahrhunderts war es üblich, dass Wissenschaftler die Schönheit der Natur als Zeichen der Göttlichkeit deuteten. Während sie Erklärungen suchten – und fanden –, für die früher die Kirche zuständig gewesen war, nutzten sie die unerklärliche, in den Naturgesetzen sichtbare Harmonie, um den Religiösen zu versichern, dass die Wissenschaft für das Übernatürliche keine Gefahr darstellt.

Um die Jahrhundertwende, als sich die Wissenschaft von der Religion trennte und professioneller wurde, schrieben die Forscher die Schönheit der Naturgesetze nicht länger göttlichem Einfluss zu. Sie staunten über die Harmonie in den Regeln, die das Universum regieren, ließen aber die Deutung dieser Harmonie offen oder kennzeichneten ihren Glauben zumindest als persönliche Meinung.

Im 20. Jahrhundert verwandelte sich ästhetische Attraktivität, die zuvor ein schönes Beiwerk der wissenschaftlichen Theorie gewesen war, in eine Leitlinie für die Theoriebildung, bis ästhetische Prinzipien schließlich zur mathematischen Anforderung wurden. Heute denken wir nicht mehr darüber nach, ob Beweise auf Schönheit gründen – ihr nichtwissenschaftlicher Ursprung hat sich praktisch »in der Mathematik verloren«.

Zu den Ersten, die quantitative Naturgesetze formulierten, gehörte der deutsche Mathematiker und Astronom Johannes Kepler (1571–1630), dessen Arbeit stark von seinen religiösen Überzeugungen geprägt war. Kepler entwarf ein Modell für das Sonnensystem, in dem sich die damals bekannten Planeten – Merkur, Erde, Mars, Jupiter und Saturn – auf kreisförmigen Bahnen um die Sonne bewegten. Der Radius ihrer Umlaufbahnen wurde durch regelmäßige, ineinandergesteckte Polyeder bestimmt – die platonischen Körper –, und die so ermittelten Abstände zwischen den Planeten passten gut zu den Beobachtungen. Es war eine hübsche Idee: »Es ist absolut notwendig, dass das Werk eines vollkommenen Schöpfers von größter Schönheit ist«, meinte Kepler.

Mit Hilfe von Tafeln, aus denen die exakten Positionen der Planeten hervorgingen, kam Kepler später zu der Überzeugung, sein Modell sei falsch, und folgerte, die Planeten bewegten sich auf ellipsen-, statt auf kreisförmigen Bahnen um die Sonne. Seine neue Idee stieß prompt auf Ablehnung: Sie verletzte die ästhetischen Vorstellungen seiner Zeit.

Kritik kam insbesondere von Galileo Galilei (1564–1642), der glaubte, dass nur »kreisförmige Bewegung auf natürliche Weise Körpern gerecht werden kann, die feste Bestandteile eines bestmöglich angeordneten Universums sind«.[2] David Fabricius, ebenfalls Astronom, klagte: »Mit Eurer Ellipse schafft Ihr die Kreisförmigkeit und Ebenmäßigkeit der Bewegungen ab, was mir umso absurder erscheint, je gründlicher ich darüber nachdenke.« Fabricius zog es vor, die Planetenbahnen durch »Epizyklen« zu ergänzen, kleinere Kreisbewegungen um die kreisförmigen Planetenbahnen herum. »Wenn Ihr nur die vollkommene Kreisbahn bewahren und Eure elliptische Bahn durch einen weiteren kleinen Epizyklus rechtfertigen könntet«, schrieb Fabricius an Kepler, »wäre das viel besser.«[3]

Aber Kepler hatte recht. Die Planeten bewegen sich in Ellipsen um die Sonne.

Nachdem er sich aufgrund der Indizien gezwungen sah, die schönen Polyeder aufzugeben, gelangte Kepler spät im Leben zu der Einschätzung, dass die Planeten auf ihrem Weg Musik erzeugen. In seinem Werk *Harmonices mundi libri V* (Fünf Bücher zur Harmonik der Welt) von 1619 ordnete er den Planeten Melodien zu und kam zu dem Schluss: »die Erde singt Mi-Fa-Mi« (E-F-E, Anm. d. Ü.). Es war nicht seine beste Arbeit. Aber Keplers Analyse der Planetenbahnen legte das Fundament für die späteren Studien Isaac Newtons (1643–1727), des ersten Wissenschaftlers, der strikt auf Mathematik setzte.

Newton glaubte an die Existenz eines Gottes, dessen Einfluss er in den Regeln erkannte, denen die Natur folgt: »Das überaus schöne System der Sonne, der Planeten und Kometen kann nur aus dem Rat und der Herrschaft eines intelligenten Wesens hervorgehen«, schrieb er 1726. »Jede neu entdeckte Wahrheit, jedes Experiment oder Theorem ist ein neuer Spiegel der Schönheit Gottes.«[4] Seither wurden Newtons Gravitations- und Bewegungsgesetze generalüberholt, aber als Annäherungen sind sie noch heute gültig.

Newton und seine Zeitgenossen scheuten sich nicht, Religion und Wissenschaft zu vermengen – damals war dieses Vorgehen gang und gäbe. Am umfassendsten tat dies wohl Gottfried Wilhelm Leibniz (1646–1716), der zur selben Zeit, aber unabhängig von Newton die Infinitesimalrechnung entwickelte. Leibniz glaubte, die Welt, in der wir leben, sei »die beste aller möglichen Welten« und alles Übel, das es gebe, sei notwendig. Nach seiner Meinung beruhen alle Unzulänglichkeiten der Welt darauf, dass wir mit der allgemeinen Harmonie des Universums und den verborgenen Gründen für das Verhalten Gottes nicht genügend vertraut seien.[5] Mit anderen Worten ist das Hässliche, laut Leibniz, hässlich, weil wir nicht verstehen, was Schönheit ist.

Leibniz' Argumentation ist, so gern Philosophen und Theologen darüber debattieren, nicht zu gebrauchen, solange wir nicht definieren, was »die beste aller Welten« überhaupt bedeuten soll. Aber die zugrundeliegende Idee, unser Universum sei in gewisser Weise optimal, fasste in der Wissenschaft Fuß und marschierte durch die Jahrhunderte. Als man sie mathematisch ausdrückte, wuchs sie zu einer Riesin heran, auf deren Schultern sämtliche modernen physikalischen Theorien stehen.[6] Die Theorien von heute unterscheiden sich nur darin, inwieweit sie von einem System fordern, es solle sich auf die »beste« Weise verhalten. Einsteins Allgemeine Relativitätstheorie zum Beispiel lässt sich aus der Forderung herleiten, die Krümmung der Raumzeit müsse so gering wie möglich sein; ähnliche Methoden existieren für andere Wechselwirkungen. Dennoch haben die Physiker von heute alle Mühe, ein übergreifendes Prinzip zu finden, dem zufolge unser Universum das »beste« ist – ein Problem, auf das wir später noch zurückkommen.

Wie wir hierher geraten sind

Während die Jahrhunderte verstrichen und die Mathematik an Einfluss gewann, verwies man in der Physik immer seltener auf Gott oder sah ihn in Einheit mit den Naturgesetzen. Ende der 1930er Jahre glaubte Max Planck (1858–1947): »Die Heiligkeit der unfassbaren Gottheit überträgt sich auf die Heiligkeit der fassbaren Symbole.« An der Wende zum 20. Jahrhundert hatte sich die Schönheit allmählich in ein Leitprinzip für die theoretische Physik verwandelt, ein Vorgang, der durch die Entwicklung des Standardmodells gefestigt wurde. Hermann Weyl (1885–1955), ein Mathematiker, der bedeutende Beiträge zur Physik leistete, bekannte sich ohne schlechtes Gewissen zu seinen nicht gerade wissenschaftlichen Methoden: »Meine Arbeit versucht immer, das Wahre mit dem Schönen zu vereinen; aber wenn ich mich zwischen beiden entscheiden musste, wählte ich gewöhnlich das Schöne.«[7] Der Astrophysiker Edward Arthur Milne (1896–1950), ein einflussreicher Kritiker der Allgemeinen Relativitätstheorie, hielt »Schönheit für eine Straße zum Wissen oder vielmehr [für] das einzige Wissen, das zu besitzen sich lohnt«. In einem Vortrag vor dem Natural Science Club der Universität Cambridge im Jahr 1922 beklagte er das Umsichgreifen hässlicher Forschung:

> Man muss nur die alten, vor etwa 50 Jahren erschienenen wissenschaftlichen Periodika durchsehen, und schon stößt man auf Dutzende Publikationen, die nichts zur Erweiterung der wissenschaftlichen Erkenntnisse beigetragen haben und es auch niemals gekonnt hätten, bloße Pilze am Stamm des Baums der Wissenschaft, die ebenso wie Pilze stets wiederauftauchen, nachdem man sie entfernt hat ... [Wenn aber eine Publikation] in uns jene Gefühle weckt, die wir mit Schönheit assoziieren, dann bedarf es keiner weiteren Rechtfertigung, dann ist sie kein Pilz, sondern eine Blüte. Das ist ein Kopfbahnhof der Wissenschaft, das Ende einer Forschungslinie, in dem die Wissenschaft ihr ultimatives Ziel erreicht. Die hässlichen Publikationen sind es, die der Rechtfertigung bedürfen.[8]

Paul Dirac (1902–1984), ein Nobelpreisträger, nach dem eine Gleichung benannt ist, ging noch einen Schritt weiter und gab klare Anweisungen: »Der in der Forschung Tätige sollte in seinem Ringen darum, die elementaren Naturgesetze in mathematischer Form auszudrücken, vor allem nach mathematischer Schönheit streben.«[9] Als er bei einem anderen Anlass gebeten wurde, seine Philosophie der Physik zusammenzufassen, trat er an die Tafel und schrieb: »Physikalische Gesetze sollten mathematische Schönheit besitzen.«[10] Der Historiker Helge Kragh schloss seine Dirac-Biographie mit der Feststellung, »nach 1935 trug [Dirac] nur noch wenig von bleibendem Wert für die Physik bei. In diesem Zusammenhang ist der Hinweis nicht unerheblich, dass das Prinzip der mathematischen Schönheit sein Denken erst in der späteren Zeit beherrschte.«[11]

Albert Einstein, den wir hier nicht erst vorstellen müssen, verstieg sich zu der Behauptung, das Denken allein könne die Naturgesetze enthüllen, und meinte, uns ermögliche »reine mathematische Konstruktion, die Begriffe und die sie verbindenden Gesetze zu entdecken, die uns den Schlüssel zum Verständnis der Naturphänomene liefern [...] da in gewissem Sinne reines Denken die Wirklichkeit erfassen kann«.[12]

Der Gerechtigkeit halber muss gesagt werden, dass er bei anderen Anlässen durchaus betonte, Beobachtungen seien unverzichtbar.

Jules Henri Poincaré, der sowohl die Mathematik als auch die Physik mit seinen Beiträgen bereicherte, sich aber vor allem mit der Entdeckung des deterministischen Chaos einen Namen machte, pries den praktischen Nutzen der Schönheit: »Daher sehen wir, dass uns die Sorge um das Schöne zu derselben Auswahl führt wie die Sorge um das Nützliche.«[13] Poincaré betrachtete die »Denkökonomie« – ein von Ernst Mach geprägter Begriff – ebenso als »eine Quelle der Schönheit wie als praktischen Vorteil«. Der menschliche Sinn für Ästhetik, so erklärte er, »spielt die Rolle des feinen Siebs«, das dem Forscher hilft, eine gute Theorie zu entwickeln, und »diese Harmonie ist zugleich eine Befriedigung unserer ästhetischen Anforderungen und eine Hilfe für den Verstand, den sie stützt und leitet«.[14]

Und Werner Heisenberg, einer der Begründer der Quantenmechanik, glaubte kühn, Schönheit könne Wahrheit erfassen: »Wenn man durch die Natur zu mathematischen Formen von großer Einfachheit und Schönheit geführt wird [...] so kann man eben nicht umhin zu glauben, dass sie ›wahr‹ sind, dass sie einen echten Zug der Natur darstellen.«[15] Seine Frau erinnert sich:

In einer Mondnacht, ganz ergriffen von den Gesichten, die er hatte, lief er mit mir durch den Göttinger Hainberg und versuchte mir seine neuen Erkenntnisse zu erklären. Er sprach von dem Wunder der Symmetrie als dem Urmuster der Schöpfung, von Harmonien, von der Schönheit der Einfachheit und ihrer inneren Wahrheit.[16]

Hüten Sie sich vor Mondscheinspaziergängen mit theoretischen Physikern – manchmal geht die Begeisterung mit uns durch.

Woraus wir gemacht sind

In den 1980er Jahren, als ich ein Teenager war, gab es nicht viele populärwissenschaftliche Bücher über die zeitgenössische theoretische Physik oder, Gott bewahre, Mathematik. Fündig wurde man jedoch in den Biographien der Toten. Während ich in der Bibliothek in Büchern blätterte, malte ich mir aus, theoretischer Physiker zu sein, in einem Ledersessel sitzend eine Pfeife zu schmauchen, großen Gedanken nachzuhängen und mir gedankenverloren über den Bart zu streichen. Irgendetwas an diesem Bild stimmte nicht ganz. Aber die Botschaft, dass Mathe plus Nachdenken die Natur entschlüsseln könne, beeindruckte mich tief. Wenn das eine Kunst war, die man erlernen konnte, dann wollte ich sie erlernen.

Eines der wenigen populärwissenschaftlichen Bücher über moderne Physik war zu jener Zeit Anthony Zees *Magische Symmetrie*. Zee, damals wie heute Physikprofessor an der University of California, Santa Barbara, schrieb: »Meine Kollegen von der Grundlagenphysik und ich, wir empfinden uns als die geistigen Nachfahren Albert Einsteins: Ebenso wie er sind auch wir auf der Suche nach der Ästhetik in der Physik.« Und er legte das Programm dar: »Besonders in diesem Jahrhundert haben [die Physiker] ihre Ansprüche in dieser Hinsicht immer höher geschraubt [...] Nicht länger zufrieden mit der Erklärung ›dieses oder jenes Phänomens‹, sind sie von zunehmendem Vertrauen erfüllt, daß der Natur ein Entwurf von wunderbarer Einfachheit zugrunde liegt.«

Nicht nur sind sie durchdrungen vom Glauben an die Schönheit, sondern sie haben auch Mittel und Wege gefunden, ihren Glauben mathematisch darzustellen: »Die Physiker haben das Konzept der Symmetrie als objektives Kriterium für die Beurteilung des Bauplans der Natur entwickelt«, schrieb Zee. »Von zwei Theorien halten sie diejenige für schöner, die symmetrischer ist: Für Physiker ist Schönheit *gleichbedeutend* mit Symmetrie.«[17]

***

Für den Physiker ist Symmetrie ein Ordnungsprinzip, das unnötige Wiederholungen vermeidet. Jede Art von Muster, Ähnlichkeit oder Ordnung kann mathematisch als Ausdruck von Symmetrie begriffen werden. Das Vorliegen einer Symmetrie enthüllt stets eine Redundanz und erlaubt Vereinfachung. Daher erklären Symmetrien mehr und brauchen dafür weniger.

Zum Beispiel kann ich, statt zu sagen, der Himmel sieht heute im Westen und im Osten blau aus, ebenso im Norden und im Süden, im Südwesten und so weiter, einfach sagen, er sieht in allen Himmelsrichtungen blau aus. Die Unabhängigkeit von der Richtung ist eine Rotationssymmetrie, und sie erlaubt uns zu sagen, wie ein System in einer Richtung aussieht, gefolgt von der Aussage, das gelte auch für alle anderen Richtungen. Der Vorteil ist, wir benötigen dafür weniger Wörter oder, im Falle unserer Theorien, weniger Gleichungen.

Die Symmetrien, mit denen Physiker zu tun haben, sind abstraktere Versionen dieses einfachen Beispiels, wie etwa Drehungen um mehrere Achsen innerhalb von mathematischen Räumen. Aber es funktioniert immer auf die gleiche Weise: Finden Sie eine Transformation, unter der die Naturgesetze unveränderlich bleiben, und Sie haben eine Symmetrie entdeckt. Eine solche Symmetrietransformation kann alles sein, wofür man eine eindeutige Vorgehensweise angeben kann – eine Verschiebung, eine Drehung, eine Spiegelung oder jede andere Operation, die einem einfällt. Wenn diese Prozedur die Naturgesetze weiter gelten lässt, dann haben Sie eine Symmetrie gefunden. Damit sparen Sie sich die Mühe, alle Veränderungen erklären zu müssen, die durch die Prozedur entstehen; stattdessen können Sie einfach angeben, dass sich nichts verändert. Das ist Machs »Denkökonomie«.

In der Physik nutzen wir viele unterschiedliche Symmetrieformen, aber sie haben eines gemeinsam: Sie sind starke verbindende Prinzipien, denn sie erklären, dass Dinge, die zunächst sehr unterschiedlich schienen, eigentlich zusammengehören, verbunden durch eine Symmetrietransformation. Häufig ist es aber gar nicht so einfach, die korrekte Symmetrie zu entdecken, mit der sich große Datenmengen vereinfachen lassen.

Der erstaunlichste Erfolg, der mit Symmetrieprinzipien erzielt wurde, dürfte die Entwicklung des Quarkmodells gewesen sein. Seit dem Aufkommen der Teilchenbeschleuniger in den 1930er Jahren haben Physiker unter wachsendem Energieeinsatz Teilchen aufeinanderprallen lassen. Mitte der 1940er Jahre erreichten sie Energien, mit denen sich die Struktur des Atomkerns eingehender untersuchen ließ, und die Zahl der Teilchen stieg rasant. Zunächst entdeckte man die geladenen Pionen und Kaonen. Dann folgten die neutralen Pionen und Kaonen, die ersten Deltaresonanzen, ein Teilchen namens Lambda, die geladenen Sigma- und Rho-Teilchen, ein Omega, das Eta, das K*, das Phi-Meson – und das war nur der Anfang. Enrico Fermi erwiderte auf Leon Ledermans Frage, wie er die jüngste Entdeckung eines Teilchens namens K-0-2 beurteile: »Junger Mann, wenn ich mir die Namen dieser Teilchen merken könnte, wäre ich Botaniker geworden.«[18]

Insgesamt spürten Physiker hunderte Teilchen auf, die allesamt instabil waren und rasch zerfielen. Diese Teilchen standen in keiner erkennbaren Beziehung zueinander, was die Hoffnung der Physiker enttäuschte, die fundamentalen Bestandteile der Materie würden einfacheren Naturgesetzen gehorchen. In den 1960er Jahren rückte die Unterbringung dieses »Teilchenzoos« in einer umfassenden Theorie zur obersten Priorität in der Forschungsagenda auf.

Ein damals beliebter Ansatz war, den Wunsch nach Erklärung beiseitezulassen und die Eigenschaften der Teilchen auf einer großen Tafel zu sammeln – der Streumatrix oder S-Matrix –, die das genaue Gegenteil von Schönheit und Ökonomie darstellt. Dann trat Murray Gell-Mann auf den Plan. Er identifizierte die korrekten Eigenschaften der Partikel, nämlich Hyperladung und Isospin, und es stellte sich heraus, dass all die Teilchen durch symmetrische Muster klassifiziert werden konnten: durch sogenannte Multipletts.

Wie sich später zeigte, bedeuteten die Regelmäßigkeiten der Multipletts, dass sich die beobachteten Teilchen aus noch kleineren Entitäten zusammensetzten, die – aus damals nicht recht bekannten Gründen – einzeln noch nie aufgespürt worden waren. Gell-Mann nannte diese kleineren Bestandteile »Quarks«.[19] Die leichteren der zusammengesetzten Teilchen, sogenannte Mesonen, bestehen aus zwei Quarks, und die schwereren Teilchen, sogenannte Baryonen, aus drei Quarks. (Alle Mesonen sind instabil. Zu den Baryonen gehören auch die Neutronen und Protonen, die den Atomkern bilden.) Wenn man die Symmetrie in den resultierenden Mustern einmal erkannt hat, dann fällt sie einem sofort ins Auge (siehe Abb. 1). Interessanterweise waren, als Gell-Mann seine Idee vorstellte, mehrere der Multipletts noch nicht vollständig. Die Bedingung der Symmetrie veranlasste ihn daher, die fehlenden Teilchen vorherzusagen, die zur Vervollständigung des Musters benötigt wurden, insbesondere ein Meson, das unter dem Namen Omega-Minus bekannt ist. Es wurde später mit den von Gell-Mann berechneten Eigenschaften entdeckt, und er erhielt 1969 den Nobelpreis. Die Schönheit hatte über den hässlichen, postmodernen S-Matrix-Ansatz gesiegt.

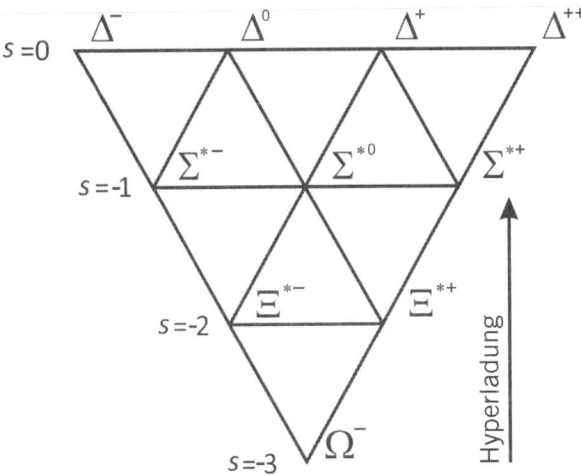

Abb. 1: Das Baryonen-Dekuplett ist ein Beispiel für den Einsatz von Symmetrien in der theoretischen Physik. Gell-Mann nutzte dessen Unvollständigkeit, um das Omega-Minus (Ω^-), das Teilchen an der unteren Spitze, vorherzusagen.

Diese Episode war nur der Auftakt für eine Serie von Erfolgen, die mittels Symmetrien erzielt wurden. Symmetrieprinzipien lenkten auch die Entwicklung und schließlich Vereinheitlichung der elektromagnetischen Wechselwirkung mit der schwachen Kernkraft zur elektroschwachen Wechselwirkung. Ebenso wurde die starke Kernkraft durch eine Symmetrie zwischen Elementarteilchen erklärt. Und im Rückblick konnte auch Einsteins Spezielle und Allgemeine Relativitätstheorie als Ausdruck von Symmetriebedingungen aufgefasst werden.

***

Der moderne Glaube an die wegweisende Macht der Schönheit beruht auf ihrem Einsatz bei der Entwicklung des Standardmodells und der Allgemeinen Relativitätstheorie. Zumeist wird sie mit Erfahrungswerten begründet: Man hat bemerkt, dass sie funktioniert, und da scheint es vernünftig, sie weiterhin zu nutzen. Gell-Mann selbst meint, dass »in der Grundlagenphysik eine schöne oder elegante Theorie mit höherer Wahrscheinlichkeit richtig ist als eine Theorie, die unelegant ist«.[20] Lederman, der junge Mann, der Fermi nach dem Teilchen K-0-2 fragte, erhielt später ebenfalls den Nobelpreis, und auch er wurde zum Anhänger des Schönen: »Wir meinen, dass man die Natur am besten mit Gleichungen beschreibt, die so einfach, schön, kompakt und allgemeingültig wie möglich sind.«[21]

Steven Weinberg, der für die Vereinigung der elektromagnetischen und schwachen Wechselwirkung mit dem Nobelpreis ausgezeichnet wurde, zieht gern eine Analogie zur Pferdezucht: Der Pferdezüchter »sieht ein Pferd an und sagt: ›Das ist ein schönes Pferd.‹ Mag sein, dass er damit eine rein ästhetische Regung ausdrückt, aber ich glaube, da steckt mehr dahinter. Der Pferdezüchter hat eine Menge Pferde gesehen, und aus seiner Erfahrung mit Pferden weiß er, es gehört zu der Sorte Pferd, die Rennen gewinnt.«[22]

Aber so wie die Erfahrung mit Pferden wenig beim Bau eines Rennwagens hilft, ist die Erfahrung mit den Theorien des vergangenen Jahrhunderts womöglich kaum hilfreich, um bessere Theorien aufzustellen. Und ohne Rechtfertigung durch Erfahrungswerte ist die Schönheit so subjektiv wie eh und je. Dieser offenkundige Konflikt mit der wissenschaftlichen Methode ist den Physikern der Gegenwart bewusst, und dennoch ist die Nutzung ästhetischer Kriterien zur allgemein akzeptierten Praxis geworden. Und je stärker sich ein Themengebiet der experimentellen Überprüfung entzieht, desto bedeutungsvoller ist die ästhetische Attraktivität seiner Theorien.

In der Grundlagenphysik, die sich von allen Wissenschaften am wenigsten um experimentelle Überprüfung schert, ist der Einfluss von Schönheitsurteilen besonders ausgeprägt. Meine Kollegen machen sich kaum noch die Mühe zu leugnen, dass sie Theorien, die ihnen hübsch erscheinen, größere Aufmerksamkeit widmen. Auf ihre archetypische Warnung vor subjektiven Einschätzungen folgt unweigerlich ein »Aber« und ein Hinweis auf die gängige Praxis. Frank Wilczek zum Beispiel, der mit David Gross und Hugh David Politzer 2004 den Nobelpreis für die gemeinsame Arbeit an der starken Wechselwirkung erhielt, schreibt in seinem Buch *A Beautiful Question*, dass »unser grundlegendes Schönheitsempfinden nicht unbedingt direkt an die grundlegenden Funktionsweisen der Natur angepasst ist«. Aber sobald »wir die Schönheit im Herzen der Welt gekostet haben, hungern wir nach mehr. Bei dieser Suche gibt es, wie ich meine, keine verheißungsvollere Führerin als die Schönheit selbst.«[23]

Gerard 't Hooft (ebenfalls Nobelpreisträger) formulierte als Erster ein mathematisches Kriterium für Natürlichkeit, das mittlerweile die Forschung in der theoretischen Teilchenphysik vorantreibt. Er warnt: »Schönheit ist ein gefährliches Konzept, weil sie Menschen immer in die Irre führen kann. Wenn Sie eine Theorie haben, die schöner ist als zunächst erwartet, dann ist das ein Hinweis, dass Sie auf dem richtigen Weg sein, dass Sie recht haben könnten. Aber es ist keineswegs eine Garantie. Mag sein, dass eine Theorie in Ihren Augen schön ist, aber sie könnte dennoch falsch sein. Daran kann man nichts ändern.« Allerdings: »Gewiss, wenn wir von neuen Theorien erfahren und sehen, wie schön und einfach sie sind, dann haben sie einen enormen Vorteil. Wir glauben, dass solche Theorien weit größere Erfolgschancen haben.«[24]

In seinem Buch *Das elegante Universum* versichert Stringtheoretiker Brian Greene (der keinen Nobelpreis erhalten hat) dem Leser: »Nun entscheiden aber ästhetische Urteile nicht über den wissenschaftlichen Diskurs.« Dann fährt er fort: »Richtig ist aber auch, dass sich die eine oder andere Entscheidung theoretischer Physiker auf ein ästhetisches Urteil gründet – darauf, welche Theorien in ihrem Aufbau ähnliche Eleganz und Schönheit besitzen, wie sie unsere Erfahrungswelt aufweist [...] Bislang hat sich diese Methode als nützliches und Erkenntnis förderndes Hilfsmittel erwiesen.«[25]

Abstrakte Mathematik ist schwer zu vermitteln, und die menschliche Suche nach Schönheit könnte als Marketinghilfe für populärwissenschaftliche Bücher abgetan werden. Aber die populären Bücher leisten mehr, als dass sie nur ein schwieriges Thema zugänglich machen – sie offenbaren, wie theoretische Physiker denken und arbeiten.

Worin die Schönheit liegt

Die Triumphe des letzten Jahrhunderts sind im Denken der Forscher, die sich nun dem Pensionsalter nähern, noch ganz frisch, und ihre Betonung der Schönheit hat die folgende Generation – meine Generation, die erfolglose Generation – stark beeinflusst. Wir arbeiten mit den inzwischen formalisierten ästhetischen Idealen der Vergangenheit: der Symmetrie, der großen vereinheitlichten Theorie und der Natürlichkeit.

Es scheint nur vernünftig, auf Erfahrungen zurückzugreifen und das zu versuchen, was früher funktioniert hat. Wir wären ja auch dumm, wenn wir nicht den Rat unserer Vorgänger beherzigen würden. Dumm wären wir aber auch, wenn wir uns daran klammern würden. Und ich bin skeptisch und werde mit jedem Nullresultat skeptischer. Schönheit ist eine tückische Führerin, die schon oft Physiker auf Abwege geführt hat.

***

Dass diese Zusammenhänge bei aller mathematischen Abstraktion einen ganz unglaublichen Grad von Einfachheit aufweisen, wie es auch schon Plato sich nicht schöner hätte träumen lassen, ist dabei ein Geschenk, das man eben nur hinnehmen kann. Denn solche Zusammenhänge kann man nicht erfinden, die sind vom Anfang der Welt an dagewesen.

Dies schrieb Heisenberg 1958 in einem Brief an seine Schwägerin Edith.[26] Die schönen Zusammenhänge, auf die Heisenberg hier anspielt, sind jedoch nicht jene aus seiner Theorie der Quantenmechanik. Nein, in diesem Abschnitt seines Lebens versuchte er vergebens, eine vereinheitlichte Theorie zu entwickeln, die heute kaum mehr als eine Fußnote in den Geschichtsbüchern darstellt.

Und wenn wir Heisenbergs erfolgreiche Ideen betrachten, stellen wir fest, dass seine wissenschaftlichen Arbeiten nicht gerade als Wunder an Schönheit gelten können. Sein Zeitgenosse Erwin Schrödinger bemerkte dazu: »Ich wusste natürlich von [Heisenbergs] Theorie, aber ich fühlte mich von der mir schwierig scheinenden Methode der transzendentalen Algebra und dem Mangel an Anschaulichkeit abgeschreckt, um nicht zu sagen abgestoßen.«[27]

Nicht dass Heisenberg mit Schrödingers Ideen freundlicher umgesprungen wäre. In einem Brief an Wolfgang Pauli schrieb er: »Je mehr ich über den physikalischen Teil von Schrödingers Theorie nachdenke, desto abscheulicher finde ich ihn. Was Schrödinger über die Anschaulichkeit seiner Theorie schreibt ... ich finde es Mist.«[28] Am Ende erwiesen sich sowohl Heisenbergs als auch Schrödingers Ansatz als Teile derselben Theorie.

Das Aufkommen der Quantenmechanik war nicht das einzige Versagen der Schönheit in der Physik. Die bereits vorher erwähnten platonischen Körper, die Kepler für die Berechnung der Umlaufbahnen der Planeten benutzte, von denen wir schon gehört haben, sind vielleicht das bekannteste Beispiel für den Konflikt zwischen ästhetischen Idealen und den Tatsachen. Ein jüngerer Fall aus der ersten Hälfte des 20. Jahrhunderts ist die Steady-State- oder Gleichgewichtstheorie für das Universum.

Im Jahr 1927 fand Georges Lemaître eine Lösung für die Gleichungen der Allgemeinen Relativitätstheorie, die ihn zu der These führte, dass sich ein materiegefülltes Universum wie das unsere ausdehnt. Daraus folgerte er, das Universum müsse einen Anfang haben – den

Urknall. Als Einstein erstmals mit dieser Lösung konfrontiert wurde, teilte er Lemaître mit, er finde den Gedanken »abscheulich«.[29] Er selbst hatte stattdessen einen zusätzlichen Term in seine Gleichungen eingeführt – die kosmologische Konstante –, um das Universum in einen statischen Zustand zu zwingen. Doch 1930 zeigte Arthur Eddington, der an den ersten experimentellen Überprüfungen der Allgemeinen Relativitätstheorie maßgeblich mitgewirkt hatte, dass Einsteins kosmologische Konstante in Wirklichkeit instabil ist: Bereits die geringste Verschiebung der Materieverteilung würde zum Kollaps oder zur Expansion des Universums führen. Diese Instabilität sowie Edwin Hubbles Beobachtungen, die Lemaîtres Idee stützten, veranlassten Einstein 1931, die Ausdehnung des Universums in seine Theorie einzubeziehen.

Dennoch fehlte es der Kosmologie noch über Jahrzehnte an Daten, und sie bot daher eine Spielwiese für philosophische und ästhetische Debatten. Insbesondere Arthur Eddington hielt an Einsteins statischem Universum fest, weil er glaubte, die kosmologische Konstante stelle eine neue Naturkraft dar. Lemaîtres Idee verwarf er mit der Begründung, dass »mich die Vorstellung eines Anfangs der Welt abstößt«.

In seinen späten Jahren entwickelte er eine »grundlegende Theorie«, die die statische Kosmologie mit der Quantenmechanik zusammenführen sollte. Bei diesem Versuch schweifte er in seinen eigenen Kosmos ab: »In der Wissenschaft haben wir zuweilen bezüglich der richtigen Lösung eines Problems Überzeugungen, die wir hegen und pflegen, aber nicht rechtfertigen können; wir werden von einem inneren Gefühl für die Tauglichkeit der Dinge beeinflusst.« Wegen wachsender Unstimmigkeit mit den Daten wurde Eddingtons grundlegende Theorie nach seinem Tod im Jahr 1944 nicht mehr weiterverfolgt.

Die Idee eines unveränderlichen Universums erfreute sich dennoch weiterhin großer Beliebtheit. Um sie mit der beobachteten

Ausdehnung zu vereinbaren, stellten Hermann Bondi, Thomas Gold und Fred Hoyle 1948 die These auf, zwischen den Galaxien entstehe unentwegt neue Materie. In diesem Fall würden wir in einem ewig expandierenden Universum leben, das weder Anfang noch Ende kennt.

Insbesondere Fred Hoyle wurde durch ästhetische Überlegungen motiviert. Er verspottete Lemaître als den »Urknallmann« und gab zu: »Ich habe ästhetische Vorbehalte gegen den Urknall.«[30] Als der Amerikaner George Smoot 1992 die Messungen der Temperaturschwankungen in der kosmischen Hintergrundstrahlung bekanntmachte, die gegen die Steady-State-Theorie sprachen, wollte sich Hoyle (der 2001 starb) damit nicht abfinden. Er arbeitete die Daten in sein Modell ein und machte eine »quasi Steady-State-Kosmologie« daraus. Seine Erklärung für den Erfolg von Lemaîtres Idee lautete: »Wissenschaftler mögen den ›Urknall‹ vor allem deshalb, weil sie im Schatten des Buches Genesis stehen.«[31]

Ästhetische Ideale stehen auch am Anfang der vielleicht merkwürdigsten Episode in der Geschichte der Physik: der Popularität der »Wirbeltheorie«, die dazu dienen sollte, die Vielfalt der Atome durch unterschiedliche Arten von Knoten zu erklären.[32] Die Knotentheorie ist ein interessantes Gebiet der Mathematik, das heute in der Physik praktische Anwendung findet, aber zur Erklärung der Atomstruktur kann sie wenig beitragen. Dennoch hingen der Wirbeltheorie auf ihrem Höhepunkt 25 Wissenschaftler an – die meisten aus Großbritannien, aber einige auch aus den Vereinigten Staaten –, die zwischen 1870 und 1890 mehrere Dutzend Abhandlungen dazu schrieben. Für die damalige Zeit war dies eine recht ansehnliche und produktive Gemeinschaft.

Die Verfechter der Wirbeltheorie ließen sich trotz des Fehlens von Beweisen durch die Schönheit der Theorie überzeugen. 1883 bezeichnete Oliver Lodge in einer kurzen Besprechung für die Zeitschrift *Nature* die Wirbeltheorie als »schön« und als »eine Theorie, über die man beinah wagen könnte zu sagen, sie verdiene es, wahr zu sein«.[33] Albert Michelson (der später den Nobelpreis erhalten sollte) schrieb 1903, die Wirbeltheorie »sollte wahr sein, selbst wenn sie es nicht ist«.[34] Ein weiterer Fan war James Clerk Maxwell, der meinte:

> Aber die beste Empfehlung für die [Wirbel-]Theorie ist, von einem philosophischen Standpunkt aus, dass ihr Erfolg bei der Erklärung von Phänomenen nicht vom Einfallsreichtum abhängt, mit dem ihre Erfinder »den Anschein wahren«, indem sie erst eine hypothetische Kraft einführen und dann eine weitere. Wenn das Wirbelatom erst einmal in Bewegung gesetzt ist, sind all seine Eigenschaften absolut festgelegt und bestimmt durch die Bewegungsgesetze der primitiven Flüssigkeit, die in den Grundgleichungen vollständig ausgedrückt sind ... Die Schwierigkeiten dieser Methode sind enorm, aber der Ruhm, sie zu überwinden, wäre einzigartig.[35]

Ungeachtet dessen, was sie hätte sein sollen, war die Wirbeltheorie mit den Messungen der atomaren Substruktur und dem Aufkommen der Quantenmechanik überholt.

Und die Wissenschaftsgeschichte ist nicht nur reich an schönen Ideen, die sich als falsch erwiesen, sondern wir haben umgekehrt auch all die hässlichen Ideen, die sich als richtig herausstellten.

Maxwell zum Beispiel mochte die Elektrodynamik, so wie er sie sah, nicht besonders, weil er ihr kein mechanisches Modell zugrunde legen konnte. Damals sah der Schönheitsstandard ein uhrwerkartiges mechanisches Universum vor, in Maxwells Theorie *sind* jedoch elektromagnetische Felder einfach – sie sind nicht aus irgendetwas anderem gemacht, es gibt keine Zahnräder oder Kerben, keine Flüssigkeiten oder Ventile. Maxwell war mit seiner eigenen Theorie unzufrieden, weil er meinte: Erst »wenn ein physikalisches Phänomen vollständig als eine Veränderung in der Konfiguration und Bewegung eines materiellen Systems beschrieben werden kann, darf die dynamische Erklärung dieses Phänomens als vollständig gelten«. Maxwell versuchte viele Jahre lang, elektrische und magnetische Felder so zu erklären, dass sie in die mechanische Weltsicht passen würden. Leider vergeblich.

Das mechanische Weltbild war damals im Trend. William Thomson (später Lord Kelvin) dachte, nur wenn Physiker ein mechanisches Modell vorlegten, könnten sie wirklich behaupten, einen bestimmten Gegenstand verstanden zu haben.[36] Seinem Schüler Paul Ehrenfest zufolge empfand Ludwig Boltzmann »offenbar heftiges ästhetisches Vergnügen, wenn er seine Vorstellungskraft mit einem Durcheinander an in Wechselwirkung stehenden Bewegungen, Kräften und Reaktionen spielen ließ, bis ein Punkt erreicht war, an dem sie tatsächlich verstanden werden konnten«.[37] Nachfolgende Physikergenerationen stellten einfach fest, dass solche tiefer liegenden mechanistischen Erklärungen überflüssig sind, und sie gewöhnten sich daran, mit Feldern zu arbeiten.

Ein halbes Jahrhundert später hatte die Quantenelektrodynamik – die quantisierte Version von Maxwells Elektrodynamik – ebenfalls unter einem scheinbaren Mangel an ästhetischer Attraktivität zu leiden. Die Theorie führte zu unendlichen Werten, die mit Hilfe provisorischer Methoden entfernt werden mussten, und zwar nur deshalb, um brauchbare Ergebnisse zu erhalten. Das war ein pragmatischer Ansatz, der Dirac überhaupt nicht gefiel: »Neuere Arbeiten von Lamb, Schwinger, Feynman und anderen waren sehr erfolgreich ..., aber die resultierende Theorie ist eine hässliche und unvollständige und kann nicht als eine befriedigende Lösung für das Problem des Elektrons gelten.«[38] Auf die Frage nach seiner Meinung über die neueren Entwicklungen in der Quantenelektrodynamik erklärte Dirac: »Ich hätte meinen können, die neuen Ideen seien richtig, wären sie nicht so hässlich gewesen.«[39]

In den folgenden Jahrzehnten fand man bessere Methoden für den Umgang mit unendlichen Werten. Die Quantenelektrodynamik legt, wie sich herausstellte, ein gutes Benehmen an den Tag, sobald die unendlichen Werte eindeutig durch die Einführung von zwei Parametern entfernt werden, die experimentell bestimmt sein müssen: die Masse und die Ladung des Elektrons. Diese Methoden der »Renormalisierung« werden bis in die Gegenwart angewendet. Und trotz Diracs Missbilligung gehört die Quantenelektrodynamik noch heute zum Fundament der Physik.

Mein historischer Exkurs zeigt: Ästhetische Kriterien funktionieren, solange sie funktionieren. Der aussagekräftigste Beweis für die Nutzlosigkeit der Ästhetik als erfahrungsbasierter Leitstern ist vielleicht, dass kein theoretischer Physiker zweimal mit dem Nobelpreis ausgezeichnet wurde.[40]

Warum einem Theoretiker trauen?

Es ist Dezember, ich befinde mich in München am Center for Mathematical Philosophy und nehme an einer Konferenz teil, die Antworten auf die Frage verspricht: »Warum einer Theorie vertrauen?« Das Treffen wird von dem österreichischen Philosophen Richard Dawid organisiert, dessen jüngstes Buch *String Theory and the Scientific Method* unter Physikern für Unruhe sorgte.[41]

Die Stringtheorie ist derzeit die populärste Idee für eine vereinheitlichte Theorie der Wechselwirkungen. Sie postuliert, das Universum und sein gesamter Inhalt bestünden aus kleinen vibrierenden Strings, die entweder kreisförmig geschlossen sind oder lose Enden haben, die sich strecken oder kringeln, teilen oder verschmelzen können. Und damit ist alles erklärt: Materie, Raumzeit und ja, auch Sie. Das ist wenigstens die Idee. Die Stringtheorie kann bisher keine experimentellen Nachweise vorlegen, die für sie sprächen. Der Historiker Helge Kragh verglich sie, auf derselben Konferenz, mit der Wirbeltheorie.[42]

Richard Dawid nimmt in seinem Buch die Stringtheorie als Beispiel für eine »nichtempirische Theoriebewertung«. Damit meint er, dass bei der Wahl einer guten Theorie deren Potential, Beobachtungen zu beschreiben, nicht das einzige Kriterium sei. Er behauptet, dass gewisse Kriterien, die nicht auf Beobachtungen beruhen, durchaus philosophisch vernünftig seien, und folgert daraus, dass die wissenschaftliche Methode ergänzt werden sollte, so dass Hypothesen mit rein theoretischen Begründungen bewertet werden können. Dawids Beispiele für diese nichtempirische Bewertung – Argumente, die in der Regel von Stringtheoretikern zugunsten ihrer Theorie angeführt werden – sind 1. das Fehlen alternativer Erklärungen, 2. die Verwendung mathematischer Methoden, die sich bereits bewährt haben, und 3. die Entdeckung unerwarteter Zusammenhänge.

Dawid will damit nicht unbedingt sagen, dass diese Kriterien angewendet werden *müssen*, sondern hebt lediglich hervor, dass sie angewendet *werden*, und er liefert eine Rechtfertigung dafür. Die Unterstützung durch den Philosophen wurde von den Stringtheoretikern begrüßt. Von anderen weniger.

Als Antwort auf die von Dawid vorgeschlagene Abwandlung der wissenschaftlichen Methode warnten die Kosmologen Joe Silk und George Ellis vor einem »Bruch mit einer jahrhundertelangen philosophischen Tradition, die wissenschaftliche Erkenntnisse als empirisch definiert«; überdies drückten sie in einem vielgelesenen Kommentar in der Zeitschrift *Nature* ihre Befürchtung aus, die theoretische Physik riskiere, »zum Niemandsland zwischen Mathematik, Physik und Philosophie zu werden, das keine der jeweils gestellten Anforderungen wirklich erfüllt«.[43]

Diesen Befürchtungen kann ich noch weitere hinzufügen. Wenn wir uns mit einer neuen Philosophie abfinden, die die Auswahl von Theorien auf der Grundlage von allem Möglichen, nur nicht auf der von Fakten fördert, warum sollten wir dann bei der Physik haltmachen? Ich sehe eine Zukunft vor mir, in der Klimawissenschaftler Modelle anhand von Kriterien auswählen, die sich irgendein Philosoph ausgedacht hat. Diese Vorstellung treibt mir den Angstschweiß auf die Stirn.

Aber der Hauptgrund, warum ich an dieser Konferenz teilnehme, ist, dass ich Antworten auf die Fragen möchte, die für mich die Anziehungskraft der Physik ausgemacht haben. Ich möchte wissen, wie das Universum seinen Anfang genommen hat, ob Zeit aus einzelnen Momenten besteht und ob wirklich alles mathematisch erklärt werden kann. Ich erwarte nicht, dass Philosophen diese Fragen beantworten. Aber vielleicht haben sie recht, und der Grund, warum wir keine Fortschritte machen, liegt darin, dass unsere nichtempirische Theoriebewertung völlig versagt.

Die Philosophen sehen es ganz richtig, wenn sie sagen, dass wir zur Formulierung von Theorien nicht nur Kriterien verwenden, die auf Beobachtungen beruhen. Dass die Wissenschaft Hypothesen entwickelt und sie anschließend überprüft, ist nur ein Teil der Geschichte. Alle denkbaren Hypothesen zu prüfen ist einfach nicht machbar; daher widmen sich die meisten wissenschaftlichen Unternehmungen heute – von Master- und Doktorarbeiten über Peer Reviews bis hin zum wissenschaftlichen Verhaltenskodex – zuvorderst der Identifizierung guter Hypothesen. Die Maßstäbe der einzelnen Forschungsgebiete unterscheiden sich erheblich, und jedes Gebiet setzt eigene Qualitätsfilter ein, aber wir alle haben welche. In unserer Praxis, wenn nicht in unserer Philosophie, ist die Theoriebewertung zur Vorauswahl von Hypothesen schon seit langem fester Bestandteil der wissenschaftlichen Methode. Sie erspart uns nicht die experimentelle Überprüfung, aber sie ist unverzichtbar, um überhaupt zur experimentellen Überprüfung zu gelangen.

In der Grundlagenphysik haben wir daher immer Theorien mit Begründungen ausgewählt, die nicht auf experimenteller Überprüfung beruhen. Wir mussten das tun, weil unser Ziel oft nicht darin besteht, vorhandene Daten zu erklären, sondern Theorien zu entwickeln, die, wie wir hoffen, später überprüft werden – wenn wir jemanden dafür gewinnen können, dies zu tun. Aber wie sollen wir entscheiden, an welcher Theorie wir arbeiten, bevor sie überprüft wird? Und wie sollen Experimentatoren entscheiden, für welche Theorie sich ein Testverfahren lohnt? Selbstverständlich benutzen wir nichtexperimentelle Bewertungen. Nur glaube ich im Gegensatz zu Richard Dawid nicht, dass die von uns genutzten Kriterien sehr philosophisch wären. Vielmehr sind sie hauptsächlich sozialer und ästhetischer Natur. Und ich bezweifle, dass sie selbstkorrigierend sind. Schönheitsargumente haben uns in der Vergangenheit enttäuscht, und ich fürchte, ich werde derzeit Zeugin eines weiteren Fehlschlags.

»Na und?«, sagen Sie vielleicht. »Ist es nicht am Ende immer gutgegangen?« Das stimmt. Aber auch wenn man einmal beiseitelässt, dass wir schon weiter sein könnten, wenn sich Wissenschaftler nicht von der Schönheit hätten ablenken lassen – die Physik hat sich verändert, und sie verändert sich auch weiterhin. In der Vergangenheit haben wir uns durchgewurstelt, weil sich theoretische Physiker aufgrund der Datenlage gezwungen sahen, schlecht durchdachte ästhetische Ideale zu überarbeiten. Aber zunehmend benötigen wir erst einmal Theorien, um zu entscheiden, welche Experimente am ehesten neue Phänomene enthüllen werden, Experimente, deren Durchführung Jahrzehnte dauert und Milliarden Dollar kostet. Die Daten fallen uns nicht mehr in den Schoß – wir müssen wissen, woher wir sie bekommen, und wir können es uns nicht leisten, überall zu suchen. Zudem müssen Theoretiker, je schwieriger neue Experimente werden, desto stärker darauf achten, nicht blindlings in eine Sackgasse zu laufen, während sie einem schönen Traum nachhängen. Neue Anforderungen verlangen neue Methoden. Aber welche Methoden?

Ich hoffe, die Philosophen haben einen Plan.

***

Die Konferenz findet im Hauptgebäude der Ludwig-Maximilians-Universität in München statt, das ursprünglich 1840 fertiggestellt und nach seiner teilweisen Zerstörung im Zweiten Weltkrieg wieder aufgebaut wurde. Die Decke wird von Rundbögen getragen, und die Fußböden sind aus Marmor; die Korridore sind von Säulen flankiert, hin und wieder dekoriert mit einem Buntglasfenster oder einem Feuerlöscher. Im Konferenzraum starren tote Männer aus goldgerahmten Ölgemälden auf uns herab. Die Tagung beginnt pünktlich um 10 Uhr.

An unserem Workshop nimmt Gordon »Gordy« Kane teil, ein amerikanischer Teilchenphysiker. Gordy hat mehrere populärwissenschaftliche Bücher über Teilchenphysik und Supersymmetrie (Susy) verfasst. Bekannt ist er überdies für seine Bemühungen, die Stringtheorie mit dem Standardmodell in Einklang zu bringen. Er behauptet, er könne aus der Stringtheorie den Schluss ableiten, dass supersymmetrische Teilchen im LHC-Teilchenbeschleuniger am CERN auftauchen müssten.

Während Kanes Vortrag entbrennt ein Streit unter den Physikern. Einige von ihnen debattieren mit Kane, bis sich ein Philosoph laut beklagt, er wolle den Rest des Vortrags hören. »Das ist ein Teil dessen, was wir als wissenschaftliche Methode bezeichnen«, knurrt David Gross, ein langjähriger Verfechter der Stringtheorie, der Richard Dawids Buch »von Herzen« empfiehlt, sich dann aber wieder setzt.[44] Zweifel bleiben bestehen, ob Kanes Voraussagen tatsächlich aus der Stringtheorie folgen oder ob er zusätzliche, sorgfältig ausgewählte Annahmen benutzt, um zu reproduzieren, was wir bereits über das Standardmodell wissen.

Mag sein, dass Gordy Kane die Strenge seiner Herleitung übertrieben dargestellt hat, aber er leistet harte Arbeit, denn er ist einer der wenigen, die versuchen, einen Weg zurück von der schönen Idee der Stringtheorie zur chaotischen Realität der Teilchenphysik zu finden. Kanes Weg führt über die Supersymmetrie, die ein notwendiger Bestandteil der Stringtheorie ist. Würde man Superpartner finden, wäre damit die Richtigkeit der Stringtheorie noch nicht erwiesen, aber es wäre ein erster Meilenstein bei der Verbindung der Stringtheorie mit dem Standardmodell.

In seinem Buch von 2001 beschrieb Gordy Kane Supersymmetrie als »wundervoll, schön und einzigartig«, und damals zeigte er sich zuversichtlich, dass der LHC Superpartner entdecken würde. Seine Zuversicht gründete auf einem Natürlichkeitsargument. Wenn man annimmt, dass die Supersymmetrietheorie nur hübsche Zahlen enthält – weder sehr große noch sehr kleine – kann man die Massen der Superpartner schätzen. »Glücklicherweise sind die erwarteten Massen sehr klein und implizieren daher, dass die Superpartner bald entdeckt werden sollten«, schrieb Kane in diesem Buch und erklärte weiter, dass »die Massen der Superpartner nicht viel größer sein können als die Masse des Z-Bosons, wenn dieser Ansatz brauchbar ist«. Das heißt, wenn Superpartner existieren, dann hätte der LHC sie längst sehen müssen.

***

Kanes Schätzung beruht auf einem der wichtigsten Motive für die Theorie der Supersymmetrie: Sie umgeht die Notwendigkeit einer Feinabstimmung der Masse des Higgs-Bosons – das ist eines von 25 Teilchen des Standardmodells. Dieses Argument kann stellvertretend für viele ähnliche stehen, denen wir später noch begegnen werden, und deshalb nehmen wir es genauer unter die Lupe.

Das Higgs-Boson ist das einzige bekannte Teilchen dieses Typs, und es leidet unter einem speziellen mathematischen Problem, gegen das die anderen Elementarteilchen immun sind: Quantenfluktuationen leisten einen enormen Beitrag zur Higgs-Masse. Solche Beiträge sind normalerweise klein, aber beim Higgs-Teilchen führen sie zu einer Masse, die viel größer ist, als tatsächlich beobachtet wird – die Abweichung liegt bei einem Faktor von 10^{14}. Das ist also nicht ein bisschen daneben, sondern dramatisch, unzulässig falsch.*

Dass die Mathematik für die Masse des Higgs-Bosons ein falsches Ergebnis liefert, ist leicht zu beheben. Man kann die Theorie korrigieren, indem man einen Term subtrahiert, so dass die verbleibende Differenz die Masse angibt, die wir beobachten. Eine solche Berichtigung ist möglich, weil keiner der beiden Terme separat messbar ist, sondern nur ihre Differenz. Dieser Vorgang erfordert allerdings, dass der subtrahierte Term vorsichtig gewählt wird, so dass er beinahe, aber nicht exakt, den Beitrag der Quantenfluktuationen wegkürzt.

Für dieses vorsichtige Wegkürzen benötigt man eine Zahl, die mit der durch die Quantenfluktuationen generierten Zahl auf 14 Stellen identisch ist, bei der 15. Stelle aber von ihr abweicht. Dass ein sich so stark ähnelndes Zahlenpaar zufällig auftaucht, ist höchst unwahrscheinlich. Stellen Sie sich vor, Sie ziehen zweimal ein Los aus einer gigantischen Schüssel mit Lotterielosen, die mit jeder möglichen 15stelligen Zahl versehen sind. Wenn Sie zwei Zahlen ziehen, die bis auf die 15. Stelle identisch sind, möchte man meinen, dass es dafür eine Erklärung gibt – vielleicht waren die Lose nicht gut durchgemischt, oder vielleicht hat Ihnen jemand einen Streich gespielt.

Ähnlich geht es Physikern angesichts des seltsam kleinen Unterschieds zwischen zwei großen Zahlen, der erforderlich ist, um die korrekte Higgs-Masse anzugeben – er verlangt nach einer Erklärung. Wenn es um Naturgesetze geht, ziehen wir aber keine Lose mit Zahlen aus einer Schüssel. Wir haben nur diese Gesetze, und wir können nicht sagen, wie wahrscheinlich oder unwahrscheinlich sie sind. Dass die Higgs-Masse nach einer Erklärung verlangt, ist daher tatsächlich ein Gefühl und keine Tatsache.

Physiker nennen eine Zahl, die eine Erklärung zu fordern scheint,

---

* Nur zur Erinnerung: eine 10 mit einem hochgestellten x ist eine Eins gefolgt von x Nullen. Zum Beispiel: $10^2 = 100$.

»fein abgestimmt«, während eine Theorie ohne fein abgestimmte Zahlen »natürlich« ist.* Als natürlich wird häufig auch eine Theorie bezeichnet, wenn sie nur Zahlen nahe bei 1 verwendet. Beide Konzepte der Natürlichkeit gleichen sich, denn wenn zwei Zahlen nah beieinanderliegen, dann ist ihre Differenz sehr viel kleiner als 1.

Zusammenfassend kann man sagen, dass sehr große, sehr kleine oder sehr nah beieinanderliegende Zahlen nicht natürlich sind. Im Standardmodell ist die Higgs-Masse nicht natürlich und daher hässlich.

Die Supersymmetrie trägt erheblich zur Verbesserung der Situation bei, weil sie übertrieben große Beiträge aus Quantenfluktuationen zur Higgs-Masse unterbindet. Dies geschieht, indem sie das erforderliche vorsichtige Wegkürzen großer Beiträge erzwingt, ohne eine Feinabstimmung zu benötigen. Stattdessen gibt es lediglich bescheidenere Beiträge aus den Massen der Superpartner. Die Annahme, alle Massen seien natürlich, impliziert, dass die ersten Superpartner bei Energien auftauchen sollten, die nicht zu weit vom Higgs-Teilchen selbst entfernt sind. Denn wenn die Superpartner viel schwerer als das Higgs-Teilchen wären, dann müssten ihre Beiträge durch einen fein abgestimmten Term gekürzt werden, um eine kleinere Higgs-Masse zu erhalten. Das ist zwar möglich, es scheint aber absurd, die Supersymmetrie fein abzustimmen, weil ein Hauptmotiv für Susy darin besteht, die Feinabstimmung zu vermeiden.

Falls Sie mir in der Quantenmathematik nicht mehr folgen konnten, die Argumentation geht so: Kleine Zahlen gefallen uns nicht, daher haben wir eine Methode erfunden, sie entbehrlich zu machen, und wenn dieses Vorgehen richtig ist, dann sollten wir neue Teilchen sehen. Das ist keine Voraussage, das ist ein Wunsch. Und doch sind

---

* »Feinabstimmung« hat in der Kosmologie eine etwas andere Bedeutung. Darauf kommen wir später noch zurück.

diese Argumente inzwischen so verbreitet, dass die Teilchenphysik sie ohne Zögern ins Feld führt.

Dass mit schweren Superpartnern die Probleme mit der Natürlichkeit wiederkehren, war der Hauptgrund, warum viele Physiker glaubten, die neuen Teilchen müssten im LHC auftauchen. »Wenn Susy existiert, dann verlangen die wichtigsten Motive dafür Susy-Teilchen im TeV-Bereich« – das ist ein Beispiel aus einer Vortragsreihe, die Carlos Wagner 2005 am Enrico Fermi Institute in Chicago hielt; ich zitiere es lediglich stellvertretend für Aussagen, die ich Dutzende Male in Seminaren gehört habe.[45] »Theoretiker lieben Susy wegen ihrer Eleganz«, schrieb Leon Lederman, kurz bevor der LHC in Betrieb ging. »Der LHC wird uns ermöglichen, festzustellen, ob Susy existiert oder nicht: Selbst wenn ›Squarks‹ und ›Gluinos‹ [zwei Superpartner-Typen] 2,5 TeV schwer sein sollten, der LHC wird sie finden.«[46]

Das Higgs-Teilchen wurde mit einer Masse von ungefähr 124 GeV gefunden. Superpartner sind jedoch nicht aufgetaucht und auch sonst nichts, was das Standardmodell nicht erklären könnte. Das heißt, wir wissen jetzt, dass die Masse der Superpartner, falls sie existieren, fein abgestimmt sein muss. Natürlichkeit, so scheint es, ist schlichtweg irrelevant.

Dass sich die Natürlichkeitsargumente als falsch erwiesen haben, hinterlässt bei den Teilchenphysikern Ratlosigkeit, wie es weitergehen soll. Ihr Leitstern, dem sie so sehr vertrauten, hat sie im Stich gelassen.

***

Der LHC-Teilchenbeschleuniger nahm 2008 seine Arbeit auf. Jetzt haben wir Dezember 2015, und im krassen Gegensatz zu Gordy Kanes Voraussage von 2001 wurden noch keine Anzeichen für Supersymmetrie entdeckt. Nach zweijährigen Aufrüstungsarbeiten startete zu Beginn dieses Jahres ein weiterer Lauf, diesmal mit einer Energie von 13 TeV. Die Ergebnisse dieses Laufs kennen wir noch nicht, also gibt es nach wie vor Hoffnung.

Auf der Konferenz finde ich in der Pause Zeit, um Gordy zu fragen, wie er die derzeitige Situation beurteilt. »Was hast du gedacht, als im LHC keine Superpartner aufgetaucht sind?«

»Es gab keinen Grund, warum sie im ersten Durchlauf auftauchen sollten«, sagt Gordy. »Kein einziges Motiv, abgesehen von diesem naiven Natürlichkeitsargument. Aber sobald man nach einer Theorie fragt, die Voraussagen macht, schaut man auf die Stringtheorie. Sie müssen nicht im ersten Durchlauf auftauchen. Vielleicht zeigen sie sich im zweiten.«

Das ist es, was den echten Wissenschaftler auszeichnet: die Fähigkeit, sich an neue Ergebnisse anzupassen.

»Was ist, wenn sie auch im zweiten Durchlauf nicht auftauchen?«

»Dann ist dieses Modell falsch. Ich weiß nicht recht. Ich müsste mir genau überlegen, was falsch ist. Weil die Voraussagen des Modells so allgemein sind, rechne ich damit, dass Superpartner auftauchen. [Wenn nicht], würde ich die Daten sicherlich ernst nehmen und überlegen, was an dem Modell verändert werden kann. Jetzt weiß ich noch gar nichts. Aber ich würde dann einige Zeit investieren, um zu sehen, ob wir auf etwas stoßen, was verändert werden könnte.«

Nach den ersten Tagen auf dem Workshop in München ist mir klargeworden, dass hier niemand praktische Ratschläge parat hat, wie es weitergehen soll. Vielleicht habe ich von den Philosophen zu viel erwartet.

Was ich jedoch lerne, ist, dass Karl Poppers Idee, wissenschaftliche Theorien müssten so gebaut sein, dass sie falsifizierbar sind, längst überholt ist. Ich freue mich, das zu hören, denn es ist eine Philosophie, die in der Wissenschaft sowieso niemand gebrauchen konnte, es sei denn als rhetorisches Mittel. Eine Idee zu falsifizieren ist nämlich so gut wie nie möglich, weil Ideen immer modifiziert oder erweitert werden können, um neu hinzukommende Erkenntnisse zu berücksichtigen. Wir falsifizieren eine Theorie nicht, wir »entplausibilisieren« sie: Eine immer wieder angepasste Theorie wird zunehmend schwierig und undurchsichtig – um nicht zu sagen hässlich –, und schließlich verlieren die Fachleute das Interesse. Wie viel nötig ist, um eine Idee zu entplausibilisieren, hängt davon ab, inwieweit man bereit ist, eine Theorie ständig an widersprechende Erkenntnisse anzupassen.

Ich frage Gordy: »Glaubst du, die Eleganz einer Theorie ist etwas, auf das Theoretiker achten – und dass sie darauf achten *sollten*?«

»Sie achten darauf. Ich habe es getan«, erwidert er. »Damit ich bei der Arbeit ein gutes Gefühl habe und sie aufregend bleibt.« Er macht eine kurze Pause. »Ich möchte nicht unbedingt sagen, man ›sollte‹. Mit Vorbehalt *sollte* ich die Dinge tun, bei denen ich ein gutes Gefühl habe. Aber bei diesem ›Sollen‹ geht es mehr um das gute Gefühl als um ein logisches Prinzip. Wenn es einen besseren Weg gibt, sollte jemand ihn gehen. Aber ich bezweifle, dass es einen besseren Weg gibt, und dieser hier vermittelt immerhin ein gutes Gefühl.«

KURZ GESAGT

- Wissenschaftler haben sich lange Zeit von der Schönheit leiten lassen. Sie war nicht immer ein guter Leitstern.
- In der theoretischen Physik sind Symmetrien sehr nützlich. Gegenwärtig gelten sie als schön.
- Teilchenphysiker finden eine Theorie schön, wenn sie nur »natürliche« Zahlen enthält – Zahlen, die in der Nähe von 1 liegen. Eine unnatürliche Zahl bezeichnet man als »fein abgestimmt«.
- Wenn uns Daten fehlen und wir eine Theorie brauchen, um zu entscheiden, wo wir nach neuen Daten suchen sollen, können Fehler bei der Theoriebildung in eine Sackgasse führen.

- Einige Philosophen schlagen vor, die wissenschaftliche Methode so abzuschwächen, dass Wissenschaftler Theorien auch nach anderen Kriterien auswählen können als ihrer Fähigkeit, Beobachtungen zu beschreiben.

- Die Frage, wie es trotz mangelnder Daten weitergehen und ob die wissenschaftliche Methode abgeändert werden soll, ist auch jenseits der Grundlagenphysik relevant.

Drittes Kapitel
Zur Lage der Nation

In welchem ich zehn Jahre Ausbildung auf ein paar Seiten zusammenfasse und über die glorreichen Tage der Teilchenphysik plaudere.

Die Physiker und wie sie die Welt sehen

Das Erstaunlichste an der Hochenergiephysik ist, dass man überhaupt klarkommt, ohne etwas darüber zu wissen.

Zum Beispiel Kalzium, eine Substanz in Ihren Knochen. Das Kalziumatom besteht aus 20 Neutronen und 20 Protonen, die im Atomkern – dem Nukleus – gebunden und von 20 Elektronen umgeben sind. Die Elektronen sind Fermionen und bilden separate Schalen rund um den Kern. Die Struktur dieser Schalen bestimmt die chemischen Eigenschaften von Kalzium.

Die Protonen und Neutronen im Kern können jedoch nicht stillhalten: Sie sind ständig in Bewegung, verlagern sich, stoßen aneinander und emittieren und absorbieren dabei kraftübertragende Teilchen, die für Zusammenhalt sorgen. In der subatomaren Welt herrscht niemals Ruhe. Doch ungeachtet des regen Treibens verhalten sich Kalziumatome alle gleich. Glück für Sie, denn sonst würden sich womöglich Ihre Knochen auflösen.

Intuitiv ist Ihnen schon ein Leben lang klar, dass, was immer Neutronen im Inneren von Atomen anstellen, nicht besonders wichtig sein kann, sonst hätten Sie schon davon gehört. Aber wenn man darüber nachdenkt, ist eine solche Folgenlosigkeit absolut erstaunlich. Warum führt diese ganze atomare Substruktur angesichts der

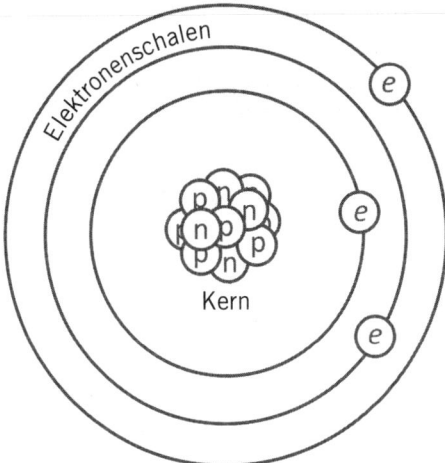

Abb. 2: Das Modell der Atomhülle, in dem Elektronen (e) auf separaten Schalen rund um den Atomkern sitzen, der aus Protonen (p) und Neutronen (n) besteht. Es ist ein Beispiel für die Skalentrennung. Was die Teilchen im Kern tun, hat keinen Einfluss auf die Elektronenschalen und die chemischen Eigenschaften des Atoms.

enormen Zahl einzelner Bestandteile nicht zu einem Verhalten, das äußerst schwer zu fassen ist? Warum sind die Atome alle einander so ähnlich? Die vielen Teilchen, aus denen sie bestehen, machen jeweils, was sie wollen, und dennoch folgen Atome bemerkenswert einfachen Gesetzen – so einfach, dass sie sich im Periodensystem allein aufgrund der Struktur ihrer Elektronenschalen feinsäuberlich einordnen lassen.

Die Natur geht offenbar sehr freundlich auf unseren Wunsch zu verstehen ein. Was immer im Atomkern geschieht, bleibt im Atomkern; wir sehen nur das Endergebnis. Manche Atome binden sich an Wasserstoff, andere nicht – aber was genau im Atomkern vor sich geht, hat nichts mit dieser Bindung zu tun. Manche Atome bilden periodische Gitter, andere nicht – und was im Atomkern geschieht, hat keinen Einfluss auf die Gitterstruktur.

Nicht nur bei Atomen können wir außer Acht lassen, was die Bestandteile tun. Die Eigenschaften zusammengesetzter Teilchen wie etwa Neutronen und Protonen sind ebenfalls nahezu unberührt durch die Bewegung der Quarks und Gluonen, aus denen sie bestehen. Und wenn wir zum Beispiel beschreiben, wie Atome auf einer Wasseroberfläche an Pollenkörner stoßen (Brown'sche Bewegung), reicht es aus, sich die Atome als Teilchen zu denken und zu ignorieren, dass sie aus kleineren Komponenten bestehen. Im größeren Maßstab ist es dasselbe: Die Umlaufbahnen der Planeten hängen nicht von der planetaren Struktur ab, und – zoomen wir uns noch weiter weg – im kosmologischen Maßstab können selbst Galaxien so behandelt werden, als wären sie Teilchen ohne Komponenten.

Das soll nicht heißen, dass Ereignisse in geringer Distanz überhaupt keinen Einfluss darauf hätten, was in großer Entfernung geschieht; es ist nur, dass die Details keine große Rolle spielen. Große Dinge bestehen aus kleineren Dingen, und die Gesetze für die größeren Dinge folgen aus den Gesetzen für die kleineren Dinge. Überraschend ist, dass die Gesetze für die großen Dinge einfach sind.

Sehr viele Informationen über die kleineren Dinge sind, wie sich herausstellt, für das Verständnis der größeren Dinge nicht relevant. Wir sagen, dass sich die Teilchenphysik, die sich mit kurzen Distanzen beschäftigt, von der Physik der großen Distanzen »entkoppelt« oder dass sich die »Skalen trennen«. Diese Skalentrennung ist der Grund, warum Sie durchs Leben gehen, ohne die geringste Ahnung von Quarks oder dem Higgs-Teilchen zu haben oder – zum Entsetzen der Physikprofessoren in aller Welt – zu wissen, was die Quantenfeldtheorie überhaupt ist.

Diese Skalentrennung hat weitreichende Folgen. Sie bedeutet, dass wir ungefähre Naturgesetze ersinnen können, die bei einer gegebenen Auflösung ein System hinreichend exakt beschreiben, und diese Gesetze dann überarbeiten, wenn wir die Auflösung vergrößern. Die ungefähren Gesetze, die nur bei einer bestimmten Auflösung gelten, heißen »effektive Gesetze«.

Vermindert man die Auflösung, ist es oft praktisch, die Gegenstände anzupassen, mit denen sich die Theorie beschäftigt, und ebenso die Eigenschaften, die wir ihnen zuschreiben. In der Theorie könnte es bei geringerer Auflösung sinnvoller sein, viele kleine Bestandteile zu einem größeren Gegenstand zusammenzufassen, diesem großen Gegenstand einen Namen zu geben und ihm Eigenschaften zuzuordnen. Somit können wir von Atomen und ihrer Hüllenstruktur, von Molekülen und ihren Schwingungsmodi und von Metallen und ihrer Leitfähigkeit sprechen – obgleich es in der zugrundeliegenden Theorie weder Atome noch Metalle oder deren Leitfähigkeit gibt, sondern nur Elementarteilchen.

Jede Auflösungsebene hat daher ihre eigene Sprache, die auf dieser Ebene die sinnvollste Formulierung darstellt. Wir nennen diese auflösungsabhängigen Gegenstände und ihre Eigenschaften »emergent«. Den Vorgang, der die Theorie der kurzen Distanzen mit jener der größeren Distanzen in Beziehung setzt, bezeichnet man auch als »Grobe Körnung« (Abb. 3).

»Emergent« ist das Gegenteil von »grundlegend«, was heißt, dass ein Gegenstand nicht weiter zerlegt und seine Eigenschaften nicht aus einer präziseren Theorie abgeleitet werden können. Ob etwas grundlegend ist, hängt vom momentanen Wissensstand ab. Was heute grundlegend ist, kann morgen schon nicht mehr grundlegend sein. Was emergent ist, wird hingegen emergent bleiben.

Materie besteht aus Molekülen, die wiederum aus Atomen bestehen, und diese setzen sich aus den Teilchen des Standardmodells zusammen. Die Standardmodellteilchen plus Raum und Zeit sind, nach derzeitigem Kenntnisstand, grundlegend – sie bestehen nicht aus etwas anderem. In der Grundlagenphysik versuchen wir herauszufinden, ob es etwas noch Grundlegenderes gibt.

Als Physikerin werde ich oft des Reduktionismus bezichtigt, als könnte man sich aussuchen, ob man diese Position bezieht. Aber es handelt sich dabei nicht um eine Philosophie, sondern um eine

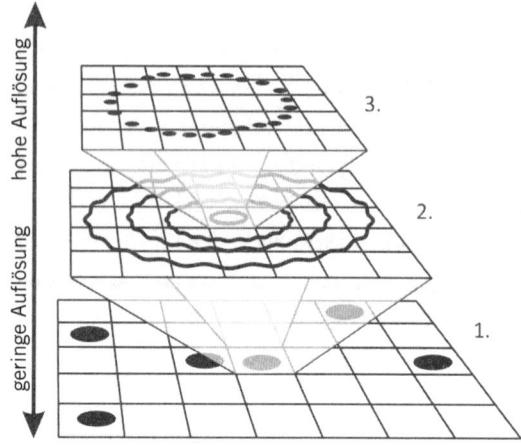

Abb. 3: Illustration der Groben Körnung. Die Gegenstände mit geringer Auflösung und ihre Gesetze (Ebene 1) können durch die Gegenstände mit mittlerer oder hoher Auflösung und ihre Gesetze (Ebene 2 oder 3) beschrieben werden, aber nicht umgekehrt. Ebenen mit geringerer Auflösung gehen aus Ebenen mit höherer Auflösung hervor.

Eigenschaft der Natur, die durch Experimente nachgewiesen wurde. Wir haben diese Auflösungsschichten und ihre Gesetze aus zahllosen Beobachtungen gewonnen und festgestellt, dass sie unsere Welt enorm gut beschreiben. Die effektive Feldtheorie sagt uns, dass wir im Prinzip die Theorie für große Skalen aus der Theorie für kleine Skalen ableiten können, aber nicht umgekehrt.

Dass in der Geschichte der Wissenschaft diese hierarchische Struktur nach und nach zum Vorschein gekommen ist, veranlasst heute zahlreiche Physiker zu dem Glauben, es müsse eine grundlegende Theorie geben, aus der sich alles andere ableitet – eine Weltformel oder »Theorie von Allem«. Diese Hoffnung ist verständlich. Wenn Sie ein Jahrhundert lang an einem Monster-Wunderball herumgelutscht hätten, würden Sie nicht auch hoffen, endlich zum Kaugummi vorzudringen?

Alles fließt

Effektive Gesetze, die von der Auflösung abhängen, eröffnen eine Sichtweise, die zeigt, warum Natürlichkeit schön ist. Zu diesem Zweck weisen Physiker jeder Theorie einen Platz in einem abstrakten »Theorienraum« zu, der sich gut dazu eignet, Beziehungen zwischen unterschiedlichen Theorien abzubilden. Da Theorien von der Auflösung abhängig sind, zeichnet jede von ihnen, wenn sich die Auflösung verändert, eine Kurve im Theorienraum (Abb. 4). Die Kurven aller Theorien insgesamt bezeichnet man als »Theorienfluss«.

Im Theorienraum bedeutet Natürlichkeit, dass eine Theorie geringerer Auflösung nicht zu sehr von einer Theorie höherer Auflösung (die als grundlegender angenommen wird) abhängen sollte. Die Idee ist, dass ganz gleich welche Parameter wir auch für die grundlegendere Theorie höherer Auflösung wählen, die Physik bei geringerer Auf-

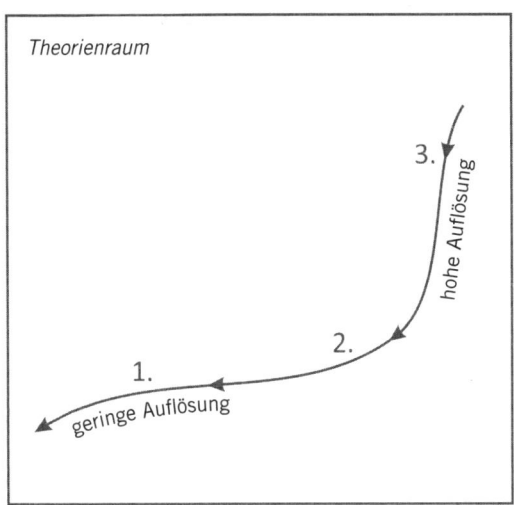

Abb. 4: Jeder Punkt im Theorienraum ist eine eigene Theorie. Wenn wir die Auflösung verändern, legen wir einen Weg an. Die Zahlen beziehen sich auf die Ebenen von Abb. 3.

lösung ähnliche Beobachtungen liefern sollte. Das ist die ursprüngliche Motivation für Natürlichkeit: Unsere Auswahl sollte keine Rolle spielen.

Der Fluss im Theorienraum ermöglicht es zu quantifizieren, inwieweit eine Theorie geringer Auflösung von der Wahl der Parameter bei hoher Auflösung abhängt; aus diesem Grund funktionieren Guidices Messungen.* Die Idee wird in Abb. 5 illustriert. In dieser Graphik ist geringe Auflösung das, was wir jetzt erforschen können – das heißt, wir haben dort das Standardmodell. Es mag seltsam scheinen, dies als »geringe Auflösung« zu bezeichnen, wenn man bedenkt, dass es die höchste Auflösung ist, die wir je erreicht haben! Aber sie *ist* gering im Vergleich zu der Auflösung, die wir für notwendig halten, um eine Weltformel zu enthüllen, die, wie man meint, weit jenseits der Leistungsfähigkeit des LHC-Teilchenbeschleunigers liegt.

Das Standardmodell (bei geringer Auflösung) ist natürlich bzw. nicht fein abgestimmt, wenn es egal ist, wo im Theorienraum wir mit hoher Auflösung anfangen. In diesem Fall wird uns der Fluss stets zu einem Ort in der Nähe (das heißt innerhalb der Messgenauigkeit) des Standardmodells bringen (Abb. 5, links). Wenn wir hingegen eine bestimmte Theorie hoher Auflösung auswählen müssen, damit wir in der Nähe des Standardmodells landen, dann müssen wir den Ausgangspunkt fein abstimmen. In diesem Fall ist das Standardmodell unnatürlich (Abb. 5, rechts).

Im Fall der Feinabstimmung müssen die Ausgangspunkte der Theorien, die das Standardmodell reproduzieren (die also mit den Beobachtungen übereinstimmen) nahe beieinanderliegen. Diese geringe Distanz entspricht den hässlich kleinen Zahlen, die wir bereits besprochen haben, wie etwa die Masse des Higgs-Teilchens.

Im nächsten Abschnitt werde ich die Gesetze von Raum, Zeit und

---

* Es gibt verschiedene Messungen und einige Unstimmigkeiten darüber, welche die beste ist, aber das spielt für das Folgende keine Rolle.

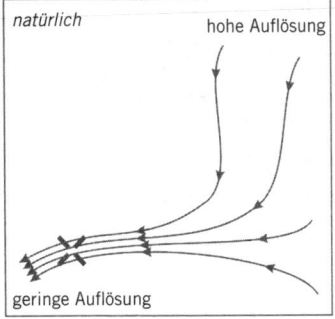 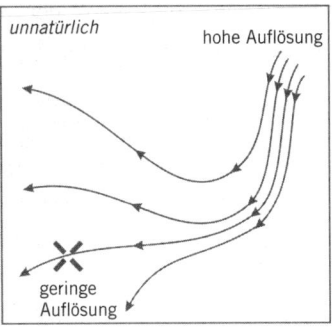

Abb. 5: Illustration des Flusses im Theorienraum für den Fall, dass die Theorie (z. B. das Standardmodell, markiert mit X) bei geringer Auflösung natürlich/nicht fein abgestimmt ist (links) und dass sie unnatürlich/fein abgestimmt ist (rechts).

Materie zusammenfassen, die wir bisher entdeckt haben, sowie die Art von Experimenten, mit denen sie nachgewiesen wurden. Wenn Sie bereits mit dem Standardmodell und dem Konkordanzmodell vertraut sind, können Sie zum Ende des Abschnitts springen.

Das Handwerkszeug

Im Jahr 1858 stellte sich der irisch-amerikanische Schriftsteller Fitz-James O'Brien das perfekte Mikroskop vor. In seiner Kurzgeschichte »Die diamantene Linse« konsultiert der verrückte Mikroskopierer Linley den Geist von Antonie van Leeuwenhoek, der zweihundert Jahre zuvor bei der Verbesserung der ersten Mikroskope Bakterien entdeckt hatte.[1] Mit Hilfe von Madame Vulpes, einem Medium, erfährt Linley von dem längst verstorbenen van Leeuwenhoek, man müsse »einen hundertvierzigkarätigen Diamanten lange Zeit elektromagnetischen Strömen« aussetzen, um »die universelle Linse zu schaffen«.

Weil ihm ausreichende Forschungsgelder fehlen, ermordet Linley einen Freund und stiehlt den benötigten Diamanten für den Bau seines Mikroskops. Dann blickt er in einen Wassertropfen:

> Ich vermag und wage es auch nicht, die Reize dieser göttlichen Offenbarung vollkommener Schönheit aufzuzählen. Diese mystisch veilchenblauen Augen, traurig und hell, entziehen sich meinen Worten. Ihr langes, leuchtendes Haar, das ihren herrlichen Kopf wie goldenes Kielwasser umspülte, gleich der Spur, die eine Sternschnuppe an den Himmel heftet, löscht meine brennendsten Worte mit seiner Pracht aus.

Es bleibt abzuwarten, ob die Natur bei kürzesten Distanzen so schön ist, wie O'Brien sie sich ausgemalt hat, aber wir wissen immerhin, dass sein perfektes Mikroskop ins Reich der Fiktion gehört. Das Auflösungsvermögen von Linsen hängt von dem Boten ab, auf den sie angewiesen sind: dem Licht. Lange Wellenlängen können keine kleinen Distanzen abtasten, ganz ähnlich wie schwere Stiefel nicht die Rillen auf den Stufen einer Rolltreppe abtasten können. Die Auflösung von Mikroskopen ist durch die Wellenlänge des verwendeten Lichts begrenzt, und um kürzere Distanzen zu erforschen, benötigen wir kürzere Wellenlängen.

Sichtbares Licht hat Wellenlängen zwischen 400 und 700 Nanometer.* Das ist rund 10 000-mal größer als ein Wasserstoffatom. Sichtbares Licht eignet sich also gut, wenn wir Zellen studieren wollen, zur Untersuchung von Atomen reicht es jedoch nicht. Eine bessere Auflösung erzielen wir durch die Verwendung von Licht mit kürzeren Wellenlängen, zum Beispiel Röntgenstrahlen, die gegenüber sichtbarem Licht eine Verbesserung um einen Faktor zwischen 100 und 10 000 bringen. Licht mit noch kürzerer Wellenlänge zu lenken und zu bündeln erweist sich jedoch als zunehmend schwierig.

Um die Auflösung weiter zu verbessern, greifen wir deshalb auf die zentrale Lektion der Quantenmechanik zurück: Es gibt eigentlich

---

* 1 Nanometer sind 10^{-9} Meter, also ein Milliardstel eines Meters.

keine Wellen, und es gibt eigentlich keine Teilchen. Stattdessen lässt sich alles im Universum (einschließlich, soweit wir wissen, das Universum selbst) durch eine Wellenfunktion beschreiben, die Eigenschaften sowohl von Teilchen als auch von Wellen besitzt. Manchmal scheint diese Wellenfunktion eher einer Welle zu gleichen, manchmal eher einem Teilchen. Aber grundsätzlich ist sie keins von beiden – sie ist eine neue, eigenständige Kategorie.

Strenggenommen sollten wir also gar nicht von »Elementarteilchen« sprechen, und deshalb hat einer meiner Professoren vorgeschlagen, wir sollten sie lieber »Elementardinge« nennen. Aber diesen Ausdruck benutzt niemand, und ich will Sie auch nicht damit quälen. Bedenken Sie nur, dass Physiker, die über Teilchen reden, eigentlich ein mathematisches Objekt namens Wellenfunktion meinen, das weder Teilchen noch Welle ist, aber Eigenschaften von beiden besitzt.

Die Wellenfunktion selbst entspricht keiner beobachtbaren Quantität, wir können aber aus ihrem absoluten Wert Wahrscheinlichkeiten für die Messung von physikalisch Beobachtbarem errechnen. Das ist das Beste, was wir in der Quantentheorie tun können – abgesehen von speziellen Umständen kann das Ergebnis einer einzelnen Messung nicht vorhergesagt werden.

Die Quantentheorie hilft uns, die Auflösung von Mikroskopen zu verbessern, weil sie zeigt, dass die Wellenlänge eines Teilchens (Dings?) umso geringer ist, je schwerer es ist und je schneller es sich bewegt. Daher erreichen Elektronenmikroskope, die mit Elektronen anstelle von Licht arbeiten, viel höhere Auflösungen als Lichtmikroskope. Selbst wenn sich die Elektronen, durch Einsatz elektrischer und magnetischer Felder, nur mit moderater Geschwindigkeit bewegen, können solche Mikroskope bereits Strukturen von der Größe eines Atoms auflösen. Im Prinzip können wir diese Auflösung beliebig vergrößern, indem wir die Geschwindigkeit der Elektronen steigern. Aus diesem Grund treibt die moderne Physik den

Bau immer größerer Teilchenbeschleuniger voran – und wird davon angetrieben: Höhere Kollisionsenergie heißt, dass kürzere Distanzen erforscht werden können. Anders als Lichtmikroskope, die Spiegel und Linsen verwenden, nutzen Teilchenbeschleuniger elektrische und magnetische Felder, um Strahlen aus elektrisch geladenen Teilchen zu beschleunigen und zu fokussieren. Aber indem man Teilchen immer stärker beschleunigt, um einen Gegenstand zu untersuchen, wird es zunehmend schwieriger, aus der Messung Informationen zu entnehmen. Das liegt daran, dass die Teilchen, die das Objekt untersuchen sollen, dieses zu verändern beginnen. Sichtbares Licht, das auf eine Zwiebelscheibe fällt, beeinflusst die Zwiebel kaum, es sorgt allenfalls für eine minimale Erwärmung. Aber ein schneller Elektronenstrahl, der auf eine Zielscheibe trifft, wird mit hinreichend hoher Energie das Ziel zerstören. Die Informationen darüber, was bei sehr kurzen Distanzen geschah, befinden sich daher in den Trümmern. Und genau darum geht es in der Hochenergiephysik: Man versucht, aus den Trümmern von Kollisionen Informationen zu bergen.*

Die Auflösung, die mit Beschleunigern erzielt werden kann, verhält sich umgekehrt proportional zur Gesamtenergie der kollidierenden Teilchen. Eine gute Vergleichsgröße, die man im Kopf behalten kann, ist, dass eine Energie von 1 GeV (das sind 10^9 eV oder 10^{-3} TeV, ungefähr die Masse eines Protons) einer aufgelösten Distanz von ungefähr 1 Femtometer (10^{-15} Meter, ungefähr die Größe eines Protons) entspricht. Nimmt die Energie um eine Potenz zu, so sinkt die Distanz um eine Potenz und umgekehrt. Der LHC-Teilchenbeschleuniger wurde so konzipiert, dass er eine Kollisionsenergie von maximal 10 TeV erreicht. Das entspricht etwa 10^{-19} Metern

---

* Bei sehr hohen Energien schießen Physiker die Teilchen nicht auf Ziele, sondern lassen einfach zwei Teilchenstrahlen kollidieren. Das liefert klarere Signale und steigert überdies die Kollisionsenergie insgesamt.

und ist die kürzeste Distanz, auf die wir – bisher – die Naturgesetze getestet haben.

Die Aufgabe des theoretischen Physikers besteht darin, die Gleichungen zu finden, mit denen sich die Ergebnisse der Teilchenkollisionen korrekt beschreiben lassen. Sobald eine Berechnung zu den Daten passt, fassen wir Vertrauen in die Theorie. Wenn theoretische Physiker die Teilchenkollisionen besser verstehen, dann können die Experimentatoren ihre Detektoren effizienter konstruieren. Und wenn die Experimentatoren die Beschleunigertechnologie verbessern, erhalten die Theoretiker bessere Daten.

Diese Strategie war ungeheuer erfolgreich und führte zum Standardmodell der theoretischen Physik, dem aktuellen Stand unserer Kenntnisse über die Grundbausteine der Materie.

Das Standardmodell

Das Standardmodell basiert auf dem Prinzip der sogenannten »Eichsymmetrie«. Diesem Prinzip zufolge hat jedes Teilchen eine bestimmte Richtung in einer Art innerem Raum, ähnlich wie die Nadel auf einem Kompass, nur dass die Nadel nirgendwo hinzeigt, wohin man schauen könnte.

»Was zum Kuckuck ist ein innerer Raum?«, fragen Sie. Gute Frage. Die beste Antwort, die ich bieten kann, ist »nützlich«. Wir haben ihn erfunden, um das beobachtete Verhalten der Teilchen zu quantifizieren, er ist also ein mathematisches Werkzeug, mit dessen Hilfe wir Voraussagen machen können.

»Ja, aber ist er real?«, möchten Sie nun wissen. Oh, oh. Das kommt darauf an, wen Sie fragen. Manche meiner Kollegen glauben tatsächlich, dass die Mathematik unserer Theorien, zum Beispiel diese inneren Räume, real ist. Ich persönlich ziehe es vor zu sagen, dass sie die Wirklichkeit beschreiben, was offenlässt, ob die Mathematik selbst real ist oder nicht. In welchem Zusammenhang die Mathematik mit der Wirklichkeit steht, ist ein Rätsel, mit dem sich Philosophen schon herumgeschlagen haben, lange bevor es Wissenschaftler gab, und wir sind auch heute noch nicht schlauer. Aber glücklicherweise können wir mathematische Formeln nutzen, ohne dieses Rätsel zu lösen.

Also hat jedes Teilchen in diesem nützlichen inneren Raum eine Richtung. Das, was wir Eichsymmetrie nennen, fordert nun, dass die Naturgesetze nicht von den Bezeichnungen abhängig sind, die wir benutzen, um diesen Raum zu markieren – als könnten wir einen Kompass so drehen, dass die Nadel nach Nordwesten statt nach Norden zeigt. Mit einer solchen Veränderung könnte aus dem Nordteilchen eine Kombination anderer Teilchen werden, so dass es zum Beispiel ein Nordwestteilchen wäre. Tatsächlich passiert genau das mit einem Elektron: Eine Transformation in seinem inneren Raum kann aus dem Elektron eine Mischung aus einem Elektron und einem Neutrino machen. Aber wenn diese Veränderung eine Symmetrie ist, dann sollte sich die Physik durch diese Teilchenvermischung nicht verändern. Die Symmetrieanforderung setzt daher den möglichen Gesetzen, die wir niederschreiben können, Grenzen. Die Logik ist ähnlich wie beim Ausmalen eines Mandalas. Wenn Sie bei der Farbauswahl ein symmetrisches Muster erzielen wollen, haben Sie weniger Optionen, als wenn Sie die Symmetrie ignorieren.

Im Fall von Naturgesetzen ist die Symmetrieanforderung nicht leicht zu erfüllen. Eine große Komplikation besteht darin, dass sich Drehungen des inneren Raums von einem Augenblick zum nächsten und von einem Ort zum anderen unterscheiden können, und auch dies sollte die Gesetze, denen die Teilchen folgen, nicht beeinflussen. Wenn wir diese Symmetriebedingung in mathematische Form gießen, sehen wir, dass damit vollständig festgelegt wird, wie sich die Teilchen verhalten müssen. Die Wechselwirkung zwischen den Teilchen, die der Symmetrie gehorchen, muss durch ein zusätzliches Teilchen vermittelt werden, dessen Eigenschaften durch die Art der beteiligten Symmetrie bestimmt werden. Dieses zusätzliche Teilchen bezeichnet man als das Eichboson der Symmetrie.

Der vorhergehende Absatz fasst eine ziemlich mathematiklastige Herleitung in kurzer Form zusammen, und in einer solchen Kurzfassung bekommen Sie nur einen groben Eindruck davon, wie sie funktioniert. Aber wenn wir letzten Endes eine Theorie konstruieren wollen, die eine bestimmte Symmetrie wahrt (darauf geeicht ist), dann führt das notwendig zu einer bestimmten Art von Wechselwirkung zwischen den Teilchen, die die Symmetrie beachten. Überdies fügt die Symmetriebedingung automatisch die kraftübertragenden Eichbosonen hinzu, die damit einhergehen müssen. Diese Form der Eichsymmetrie liegt dem Standardmodell zugrunde.

Bemerkenswerterweise funktioniert das Standardmodell fast ausschließlich nach solchen Symmetrieprinzipien. Es vereint die elektromagnetische Kraft mit der starken Kernkraft (die dafür verantwortlich ist, den Atomkern entgegen der elektrischen Abstoßung zusammenzuhalten) und der schwachen Kernkraft (die verantwortlich für den Kernzerfall ist). Für diese drei Wechselwirkungen gibt es drei Eichsymmetrien, und all die Teilchen werden gemäß der Art und Weise klassifiziert, in der Symmetrien auf sie einwirken. (Ich habe Ihnen ja gesagt, dass es uns mehr um die Ideen geht als um die Teilchen, aber weil es die Teilchen sind, die wir messen, finden Sie einen kurzen Überblick in Anhang A und eine zusammenfassende Tabelle in Abb. 6.)

Das Standardmodell ist ein erlesenes Konstrukt der abstrakten Mathematik, eine Quantenfeldtheorie mit Eichsymmetrien. Ich dachte immer, wenn ich das sage, klinge ich gebildet. Aber mir ist aufgefallen, dass Unverständlichkeit eher Misstrauen weckt. Wie können wir so sicher sein, dass alles aus nur 25 Teilchen besteht, wenn die meisten von ihnen unsichtbar bleiben?

Die Antwort ist recht einfach. Wir nutzen all die Mathematik, um das Ergebnis von Experimenten zu berechnen, und diese Berechnun-

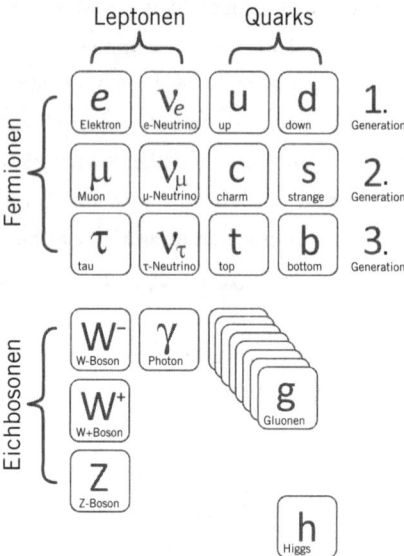

Abb. 6: Das Standardmodell der Teilchenphysik

gen beschreiben unsere Beobachtungen korrekt. So erkennen wir, dass die Theorie funktioniert. Tatsächlich meinen wir genau das mit der Formulierung »die Theorie funktioniert«. Ja, es ist abstrakt, aber dass wir lediglich Detektoranzeigen sehen, und nicht die Teilchen selbst, ist eine unerhebliche Unannehmlichkeit. Das Einzige, was hier eine Rolle spielt, ist, dass wir das richtige Ergebnis erhalten.

Dass das Standardmodell eine Variante der Quantenfeldtheorie ist, ist weniger beängstigend, als es klingt. Ein Feld ist etwas, das jedem Punkt im Raum und jedem Moment in der Zeit einen Wert zuschreibt. Zum Beispiel definiert die Signalstärke Ihres Mobiltelefons ein Feld. Wenn wir ein Feld als Quantenfeld bezeichnen, meinen wir, dass das Feld tatsächlich die Anwesenheit von Teilchen beschreibt und die Teilchen – wie wir bereits gesehen haben – Quanten-Dinge sind. Das Quantenfeld selbst verrät Ihnen, mit welcher Wahrscheinlichkeit Sie ein bestimmtes Teilchen an einem gegebenen Ort zu einem gegebenen Zeitpunkt finden. Und die Gleichungen der Quantenfeldtheorie sagen Ihnen, wie Sie das berechnen können.

Neben den Eichsymmetrien werden im Standardmodell auch die Symmetrien verwendet, die Albert Einstein in seiner Speziellen Relativitätstheorie aufgezeigt hat. Einstein zufolge müssen die drei Dimensionen des Raums und die Dimension der Zeit zu einer vierdimensionalen Raumzeit kombiniert und Raum und Zeit gleich behandelt werden. Die Naturgesetze müssen daher 1. unabhängig vom Ort und der Zeit sein, wo beziehungsweise wann sie gemessen werden, sie dürfen sich 2. nicht mit Drehungen im Raum verändern, und sie dürfen sich 3. nicht unter verallgemeinerten Raumzeit-Drehungen verändern.

Eine Raumzeit-Drehung klingt ungesund, ist aber in Wirklichkeit nur eine Veränderung der Geschwindigkeit. Daher findet man in populärwissenschaftlichen Büchern über die Spezielle Relativitätstheorie so viele Raketen und Satelliten, die aneinander vorbeifliegen. Aber das alles ist im Grunde unnötiges Beiwerk. Die Spezielle Relativitätstheorie folgt aus den drei oben aufgeführten Symmetrien, auch ganz ohne Zwillinge in Raumschiffen, Laseruhren und so weiter. Es folgt auch, dass sich alle Beobachter über die Geschwindigkeit von masselosen Teilchen (wie etwa Photonen, den Trägern des Lichts) einig sind und dass nichts diese Geschwindigkeit überschreiten kann. Mit anderen Worten, es folgt, dass nichts schneller reist als das Licht.*

Die Eichsymmetrien und die Symmetrien der Speziellen Relativitätstheorie diktieren den Großteil der Struktur des Standardmodells, aber es hat einige Merkmale, die wir (noch?) nicht durch Symme-

---

* Für unsere Zwecke ist das alles, was wir über die Spezielle Relativitätstheorie wissen müssen, aber sicherlich nicht alles, was darüber zu sagen ist. Lesern, die mehr wissen wollen, empfehle ich Chad Orzel, *Einsteins Hund: How to Teach Relativity to Your Dog – Relativitätstheorie (nicht nur) für Vierbeiner* (Berlin: Springer 2013) sowie Leonard Susskind und Art Friedman, *Special Relativity and Classical Field Theory: The Theoretical Minimum* (New York: Basic Books 2017).

trien erklären konnten. Ein solches Merkmal ist, dass Fermionen in drei Generationen vorkommen, das heißt Sets ähnlicher Teilchen mit zunehmend größerer Masse (die 1. Generation besteht aus den leichtesten Fermionen, die 3. aus den schwersten; die 2. liegt dazwischen). Ein weiteres unerklärtes Merkmal ist, dass jeder Fermionentyp in zwei Varianten auftritt, die Spiegelbilder voneinander sind und die man als »linkshändig« und »rechtshändig« bezeichnet – abgesehen von den Neutrinos, deren rechtshändige Version noch nicht gesichtet wurde. Auf die Defizite des Standardmodells kommen wir aber ausführlicher in Kapitel 4 zu sprechen.

Die Entwicklung des Standardmodells begann in den 1960er Jahren und war Ende der 1970er Jahre weitgehend abgeschlossen. Neben den Fermionen und den Eichbosonen gibt es im Standardmodell nur ein weiteres Teilchen: das Higgs-Boson, das den anderen Elementarteilchen Masse verleiht.[2] Das Standardmodell funktioniert auch ohne die Higgs-Teilchen; es beschreibt nur nicht die Wirklichkeit, weil dann alle Teilchen masselos sind. Sheldon Glashow bezeichnete daher die Higgs-Teilchen einmal charmanterweise als »Spülklo« des Standardmodells – es wurde erfunden, weil es einen Zweck erfüllt, nicht weil es hübsch ist.[3]

Das Higgs-Boson, das Anfang der 1960er Jahre unabhängig von mehreren Forschern vorgeschlagen wurde, war das letzte Elementarteilchen, das (2012) entdeckt, aber nicht das letzte, das vorhergesagt wurde. Zuletzt wurden – 1973 – die Top- und Bottom-Quarks vorhergesagt, deren Existenz experimentell 1995 beziehungsweise 1977 bestätigt wurde. Ende der 1990er Jahre kamen die Neutrinomassen – deren Theorie in die 1950er Jahre zurückreicht – hinzu, nachdem Experimente ihre Existenz nachgewiesen hatten. Aber seit 1973 gab es keine erfolgreiche neue Voraussage, die das Standardmodell ablösen würde.

***

Das Standardmodell ist derzeit unsere beste Antwort auf die Frage: »Woraus bestehen wir?« Aber es gilt nicht für die Gravitation. Aus diesem Grund müssen Teilchenphysiker nicht für die Gravitation geradestehen, wenn sie Voraussagen für Beschleunigerexperimente machen: Die Massen der einzelnen Elementarteilchen sind ebenso winzig wie ihre Anziehungskraft. Die Gravitation ist die dominante Kraft über weite Entfernungen; für kurze Distanzen, die mittels Teilchenkollisionen erforscht werden, ist sie aber vernachlässigbar, ja sogar unmessbar gering. Während sich jedoch alle anderen Kräfte gegenseitig aufheben können und dies auch tun, gilt dies für die Gravitation nicht. Bei großen Objekten heben sich alle anderen Kräfte gegenseitig auf und sind nicht wahrzunehmen, die Anziehungskraft hingegen summiert sich und wird wahrnehmbar.

Die Gravitation steht auch deswegen abseits von den anderen Wechselwirkungen, weil sie in unseren heutigen Theorien die einzige Naturkraft ist, die keine Quanteneigenschaften besitzt; sie ist eine nicht quantisierte – wir sagen »klassische« – Kraft. Welche Probleme das mit sich bringt, sehen wir in Kapitel 7, aber zunächst möchte ich ausführen, was wir über die Gravitation wissen und wie wir zu diesem Wissen gekommen sind.

Während die Teilchenphysiker größere Beschleuniger bauten, um immer kürzere Distanzen zu betrachten, bauten die Astronomen größere Teleskope, um Objekte in zunehmend größeren Distanzen zu betrachten.[4] Die ersten Teleskope wurden um dieselbe Zeit erfunden wie die ersten Mikroskope, aber beim Instrumentenbau trat rasch eine Spezialisierung ein. Und auch auf diesem Gebiet entwickelten sich Theorie und Experiment parallel.

Von weit entfernten Himmelskörpern dringt nur wenig Licht zu uns, daher bauten Astronomen Teleskope mit immer größeren Linsen oder Spiegeln, um so viel Licht wie möglich einzufangen. Diese Methode gelangte rasch an ihre Grenzen, weil die riesigen Apparaturen kaum noch zu bedienen waren. Aber Mitte des 19. Jahrhunderts änderte sich mit der Entwicklung der Fotoplatte die Situation vollkommen. Jetzt konnten Astronomen mit langen Belichtungszeiten arbeiten. Weil sich aber die Erde bewegt, führten lange Belichtungszeiten zu Verschmierungen der Lichtpunkte, es sei denn, die Teleskope enthielten einen Mechanismus, um dies zu kompensieren, was wiederum die Kenntnis der Planetenbewegung voraussetzte. Und so wurden die Astronomen desto bessere Beobachter, je mehr sie über den Nachthimmel in Erfahrung brachten.

Heutzutage fangen Astronomen ihre Bilder nicht mehr auf Fotoplatten ein, sondern mit CCD-Sensoren, dem elektronischen Herzstück einer jeden Digitalkamera. Moderne Teleskope sind so lichtempfindlich, dass sie einzelne Photonen aufspüren können, und die Belichtungszeiten betragen teilweise mehrere Millionen Sekunden (über eine Woche).[5] Und natürlich werden die Teleskope nach wie vor immer größer: Wir haben jetzt Hochleistungsmaschinen, die riesige Spiegel bewegen, die wiederum durch Tausende kleine Motoren zurechtgerückt werden, um Verzerrungen durch Gravitation und Temperaturschwankungen auszuschließen. Supercomputer und extrem genaue Zeitmessungen machen es möglich, dass Teleskope an weit voneinander entfernten Orten zusammenarbeiten, wodurch praktisch noch größere Teleskope entstehen. Um mit atmosphärischen Schwankungen zurechtzukommen, die das Bild trüben, greifen Astronomen heute auf »adaptive Optik« zurück, einen Computercode, der Teleskope in Reaktion auf atmosphärische Einflüsse nachjustiert. Oder man vermeidet von vornherein atmosphärische Verzerrungen, indem man Teleskope auf Satelliten packt oder sie in den Weltraum schießt.

Jenseits des sichtbaren Lichts haben wir unsere Reichweite bei den langen Wellen in das Infrarot-, Mikrometer- und Radiowellenspektrum sowie bei den kurzen Wellen in den Bereich von Röntgen- und Gammastrahlen ausgedehnt. Und das Licht ist nicht der einzige Bote, mit dem wir heute den Kosmos erforschen. Andere Teilchen, darunter Neutrinos, Elektronen und Protonen, erzählen ebenfalls Geschichten darüber, aus welchen Quellen sie stammen und was ihnen auf dem Weg zur Erde widerfahren ist. In jüngster Zeit gelang es Astronomen erstmals, Gravitationswellen, also sich ausbreitende Verzerrungen der Raumzeit, direkt nachzuweisen. Sie überbringen Informationen über die nicht selten gewaltsamen Ereignisse, denen sie ihre Existenz verdanken, wie etwa die Kollision Schwarzer Löcher.

Dank der Kombination dieser Methoden konnten Astronomen einen Blick bis zurück in die Zeit werfen, als das Universum gerade einmal 300 000 Jahre jung war, und hinaus in Entfernungen von bis zu 10 Milliarden Lichtjahren. Die Daten unterscheiden sich erheblich von jenen, die in Teilchenbeschleunigern gewonnen werden. Aber für uns Theoretiker stellt sich dieselbe Aufgabe: die Messungen zu erklären.

Das Konkordanzmodell

Die derzeit beste Erklärung für die Messungen der Astronomen ist das sogenannte »kosmologische Konkordanzmodell«.[6] Dieses Modell benutzt die Mathematik der Allgemeinen Relativitätstheorie, der zufolge wir in drei Raumdimensionen und einer Zeitdimension leben und diese Raumzeit überdies gekrümmt ist.

Ich weiß, eine gekrümmte vierdimensionale Raumzeit ist schwer vorstellbar – nicht nur für Sie. Glücklicherweise bieten zweidimensionale Oberflächen für viele Zwecke eine gute Analogie. Die Spezielle Relativitätstheorie behandelt die Raumzeit, als wäre sie ein flaches Stück Papier. In der Allgemeinen Relativitätstheorie hingegen kann die Raumzeit Hügel und Täler aufweisen.

Um die Analogie fortzusetzen, wenn Sie die Landkarte einer Gebirgslandschaft vor sich haben, die keine Höhen anzeigt, dann scheinen die gewundenen Straßen nicht besonders sinnvoll zu sein.

Wenn Sie aber wissen, dass es Berge gibt, verstehen Sie, warum die Straßen Kurven haben – auf einem solchen Terrain ist es das Beste, was sie tun können. Da wir die Krümmung der Raumzeit nicht sehen können, haben wir praktisch eine Karte ohne Höhenlinien vor uns. Wenn Sie die Raumzeitkrümmung sehen könnten, dann würde es Ihnen einleuchten, warum die Planeten um die Sonne kreisen. Es ist absolut nachvollziehbar.

Die Allgemeine Relativitätstheorie basiert auf denselben Symmetrien wie die Spezielle Relativitätstheorie. Der Unterschied besteht darin, dass in der Allgemeinen Relativitätstheorie die Raumzeit auf Energie und Materie reagiert, und zwar durch Krümmung. Umgekehrt ist die Bewegung von Energie und Materie von der Krümmung abhängig.

Aber die Krümmung verändert sich nicht nur von Ort zu Ort, sie wechselt auch im Lauf der Zeit. Eine sehr wichtige Folgerung aus der Allgemeinen Relativitätstheorie ist also, dass das Universum nicht auf ewig unveränderlich bleibt. Als Reaktion auf die Materie dehnt es sich aus, und dank dieser Ausdehnung wird wiederum die Materie immer feiner verteilt.

Dass das Universum expandiert, bedeutet, dass die Materie in der Vergangenheit stark zusammengequetscht gewesen sein muss. Das junge Universum war daher mit einer ausgesprochen dichten, aber nahezu homogenen Teilchensuppe angefüllt. Diese Suppe war zudem heiß, was bedeutet, dass einzelne Teilchenkollisionen eine hohe Durchschnittsenergie besaßen. Das schafft ein Problem, denn bei Temperaturen über 10^{17} Kelvin übersteigt die durchschnittliche Kollisionsenergie die derzeit im LHC-Beschleuniger getestete Energie.[7] Für höhere Energien – das heißt für das noch junge Universum – haben wir keine zuverlässigen Erkenntnisse über das Verhalten von Materie. Wir können natürlich Spekulationen anstellen, darauf kommen wir noch in Kapitel 5 und 9 zu sprechen. Aber im Moment konzentrieren wir uns lieber darauf, was unterhalb dieser Temperatur geschieht, in einem Bereich, in dem das Konkordanzmodell Erklärungen liefern kann.

Die Allgemeine Relativitätstheorie liefert uns Gleichungen, welche die Expansion des Universums den darin enthaltenen Formen von Energie und Materie zuordnet. Kosmologen können somit herausfinden, was sich im Universum befindet, indem sie verschiedene Kombinationen von Materie und Energie ausprobieren und sehen, welche sich am besten eignet, um die Beobachtungen zu erklären (oder vielmehr, sie überlassen dem Computer die Arbeit). Das tun sie jedes Mal, wenn neue Beobachtungen vorliegen. Und, aber hallo, da sind sie aber auf einige Überraschungen gestoßen!

Das schockierendste Ergebnis ist, dass die gegenwärtig vorherrschende Quelle der Gravitation im Universum völlig unbekannter Natur ist. Es handelt sich um eine unbekannte Energieform – die sogenannte »Dunkle Energie« –, und sie umfasst sage und schreibe 68,3 Prozent der gesamten Masse-Energie-Bilanz. Ob Dunkle Energie eine mikroskopische Substruktur hat, entzieht sich unserer Kenntnis, wir wissen nur, wie sie sich auswirkt. Dunkle Energie beschleunigt die Expansion des Universums. Deshalb brauchen wir so viel davon, denn die Daten zeigen, dass sich das Universum mit wachsender Geschwindigkeit ausdehnt. Da die Dunkle Energie aber leider ebenfalls fein verteilt ist, können wir sie in unserer unmittelbaren Nachbarschaft nicht messen. Nur über große Entfernungen lässt sich der summierte Effekt der beschleunigten Expansion feststellen.

Die einfachste mögliche Form Dunkler Energie wäre die kosmologische Konstante, die keine Substruktur besitzt und sowohl im Raum als auch in der Zeit konstant ist. Eine kosmologische Konstante wird im Konkordanzmodell als Dunkle Energie verwendet, aber sie könnte auch etwas Komplizierteres sein.

Die verbleibenden 31,7 Prozent der Masse-Energie-Bilanz bestehen aus Materie, aber – noch eine Überraschung – der Großteil davon entspricht nicht der Materie, die wir kennen. Vielmehr sind 85 Prozent der Materie (26,8 Prozent der Gesamtbilanz) sogenannte »Dunkle Materie«. Das Einzige, was wir über Dunkle Materie wissen, ist, dass sie selten interagiert, sei es mit sich selbst oder mit anderer Materie. Insbesondere interagiert sie nicht mit Licht, daher der Name. Einige supersymmetrische Teilchen verhalten sich so, wie Dunkle Materie es tun sollte, aber wir wissen noch nicht, ob das die richtige Erklärung ist.

Die verbleibenden 15 Prozent der Materie im Universum (4,9 Prozent der gesamten Masse-Energie-Bilanz) sind stabile Teilchen des Standardmodells – ein ähnlicher Stoff, aus dem auch wir bestehen (Abb. 7).

Sobald wir wissen, welche Formen von Energie und Materie das Universum füllen, können wir die Vergangenheit rekonstruieren. Im frühen Universum war die Dunkle Energie (in Form der kosmologischen Konstanten) im Vergleich zur Materie vernachlässigbar gering. Das liegt daran, dass die Dichte der Materie abnimmt, während das Universum expandiert, die kosmologische Konstante aber, oh Wunder, konstant bleibt. Wenn die Dunkle Energie also heute vergleichsweise groß ist, mit einem Verhältnis zur Dunklen Materie von etwa 2:1, dann muss im frühen Universum die Dichte der Materie sehr viel größer gewesen sein als die Energiedichte der kosmologischen Konstanten.

Also haben wir es bei 10^{17} Kelvin mit einer Suppe zu tun, die fast ausschließlich aus normaler und Dunkler Materie besteht. Die Raumzeit reagiert auf diese Materie, indem sie zu expandieren beginnt. Dadurch kühlt sich die Suppe ab und ermöglicht zunächst die Bildung von Atomkernen und dann von leichten Atomen. Anfangs ist die Teilchensuppe so dick, dass das Licht darin gefangen bleibt. Aber sobald sich Atome bilden, kann sich das Licht nahezu ungestört fortbewegen.

Dunkle Materie, die ja nicht mit Licht interagiert, kühlt schneller ab als normale Materie. Im jungen Universum klumpt daher

Das Konkordanzmodell

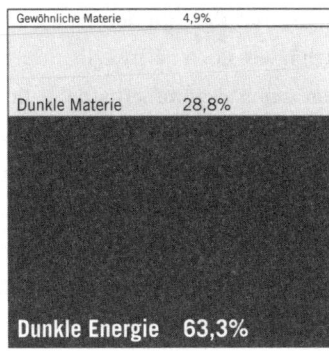

Abb. 7: Der Energiegehalt des Universums für Leute, die keine Tortendiagramme mögen

zunächst die Dunkle Materie unter dem Einfluss ihrer Gravitation zusammen. Würde die Dunkle Materie nicht bereits so früh zusammenklumpen, würden sich auch Galaxien nicht in der von uns beobachteten Weise bilden, denn die Gravitation der bereits klumpigen Dunklen Materie wird benötigt, um das Verklumpen der normalen Materie zu beschleunigen. Und erst wenn genügend normale Materie zusammenkommt, kann die Bildung großer Atomkerne im Inneren von Sternen beginnen.

Unter dem Einfluss der Gravitation fügen sich im Lauf von Milliarden Jahren Galaxien zusammen, bilden sich Sonnensysteme, entzünden sich Sterne. Bis zu diesem Punkt hat sich das Universum ausgedehnt, doch die Expansion verliert nun allmählich an Tempo. Aber um die Zeit herum, zu der die Galaxien vollständig ausgebildet sind, übernimmt die Dunkle Energie das Ruder, und die Expansionsrate des Universums beschleunigt sich wieder. In diesem Zeitraum leben wir gegenwärtig. Von nun an verliert die Materie immer mehr an Dichte. Deshalb wird die Dunkle Energie, falls sie wirklich eine kosmologische Konstante ist, weiterhin dominieren, und die Expansion des Universums wird sich weiter beschleunigen – bis in alle Ewigkeit.

Die Wellenlänge des ersten Lichts, das der Ursuppe des frühen Universums entwichen ist, hat sich mit der Expansion des Universums gedehnt und ist auch heute noch nachweisbar. Sie beträgt nun einige Millimeter und liegt damit weit außerhalb des sichtbaren Bereichs, nämlich im Mikrowellenbereich. Diese kosmische Mikrowellenhintergrundstrahlung (CMB) ist messbar, und für Kosmologen ist sie die wertvollste Informationsquelle.

Die Durchschnittstemperatur der Hintergrundstrahlung liegt bei 2,7 Kelvin, also nicht weit über dem absoluten Nullpunkt. Aber rund um diese Durchschnittstemperatur gibt es winzige Abweichungen von etwa 0,003 Prozent. Diese Abweichungen stammen aus Gegenden, die im frühen Universum ein wenig heißer oder kälter als der Durchschnitt waren. Die Schwankungen der CMB-Temperatur entsprechen demnach Temperaturschwankungen der heißen Ursuppe, und diese bilden die Keime späterer Galaxien.

Mit diesem Wissen ausgestattet, können wir die kosmische Hintergrundstrahlung nutzen, um, wie oben beschrieben, Rückschlüsse auf die Geschichte des Universums zu ziehen. Andere Daten stammen aus der beobachteten Verteilung der Galaxien sowie verschiedenen Messungen der Expansion des Universums, der Vielfalt chemischer Elemente und des Gravitationslinseneffekts, um nur die wichtigsten zu nennen.[8]

Das Konkordanzmodell bezeichnet man auch als Λ-CDM-Modell, wobei Λ (der griechische Buchstabe Lambda) für die kosmologische Konstante und CDM für »kalte Dunkle Materie« (»cold dark matter«) steht. Das Standardmodell und das Konkordanzmodell bilden zur Zeit gemeinsam die Grundlage der Physik.[9]

Von nun an wird es schwierig

Früher besuchte ich regelmäßig die internationale Konferenzreihe »Supersymmetry and Unification of Fundamental Interactions«. Sie findet seit 1993 alljährlich statt, und auf ihrem Höhepunkt kamen über 500 Teilnehmer zusammen. Jahr für Jahr legten Vorträge die Vorteile der Supersymmetrie dar: Natürlichkeit, Vereinheitlichung und Kandidaten für Dunkle Materie. Jahr für Jahr lieferte die Suche nach Superpartnern negative Resultate. Jahr für Jahr wurden die Modelle angesichts des Mangels an positiven Befunden nachgebessert.

Dass der LHC-Teilchenbeschleuniger bisher keine Nachweise für Superpartner liefern konnte, hatte Folgen für die Gemütslage der Theoretiker. »Es ist noch nicht an der Zeit zu verzweifeln ... aber vielleicht ist die Zeit schon reif für Depressionen«, bemerkte der italienische Physiker Guido Altarelli 2011.[10] Ben Allanach von der University of Cambridge beschrieb seine Reaktion auf eine Analyse der LHC-Daten von 2015 als »ein bisschen deprimierend für einen Supersymmetrietheoretiker wie mich«.[11] Jonathan Ellis, Theoretiker am CERN, bezeichnete die Möglichkeit, dass der LHC außer dem Higgs-Boson nichts finden würde, als »echte Fünf-Sterne-Katastrophe«.[12] Der Name, der sich mir am meisten eingeprägt hat, lautet jedoch »das Albtraumszenario«.[13] Genau in diesem Albtraum befinden wir uns jetzt.

Die Jahreskonferenzen habe ich seit 2006 nicht mehr besucht – zu deprimierend. Aber ich habe dort Keith Olive und seine Arbeit über Supersymmetrie kennengelernt. Keith ist Physikprofessor an der University of Minnesota und Leiter des William I Fine Theoretical Physics Institute. Ich rufe Keith an, um zu fragen, wie er Susys Nichterscheinen im LHC beurteilt.

»Wir haben die Daten scheibchenweise bekommen«, erinnert sich Keith. »Die [untere] Grenze [für die Energie] wurde immer höher geschraubt. Alle paar Monate, wenn wir eine neue Datenanalyse erhielten, wurde es ein bisschen schlimmer. Gewiss ist es richtig, dass wir Susy bei niedrigerer Energie erwartet haben. Das ist ein großes Problem. Etwas in mir sagt mir, dass Supersymmetrie ein Teil der Natur sein müsste, obwohl, wie du sagst, kein Beweis dafür vorliegt. Sollte sie bei niedriger Energie erscheinen? Ich glaube, das weiß niemand. Wir hatten es erwartet.«

Keith stammt aus der Generation vor mir, der Generation, die den Erfolg von Symmetrie und Vereinheitlichung in der Entwicklung des Standardmodells miterlebt hat. Ich aber habe solche Erfahrungen nicht gemacht und sehe daher keinen Grund zu der Annahme, Schönheit sei eine gute Richtlinie. Und die Stimme, die Keith sagt, was Teil der Natur ist und was nicht? Ich traue ihr nicht.

»Warum sollte Susy ein Teil der Natur sein?«

»Wegen der Stärke ihrer Symmetrie«, erwidert Keith. »Ich meine, das ist immer noch sehr überzeugend. Ob sie bei niedriger Energie erkennbar ist – ich halte das immer noch für möglich. Wenn [die Masse des] Higgs bei 115, 120 GeV gelegen hätte und Susy wäre nicht gefunden worden, dann wäre das weitaus beunruhigender. Dass der Wert der Higgs-Masse nahe an der Obergrenze liegt, gibt mir eine gewisse Hoffnung. Die Dinger müssen tatsächlich schwer sein, und es leuchtet ein, dass der LHC sie nicht sehen konnte.«

Das Higgs-Boson zerfällt kurz nachdem es erzeugt wurde, und seine Anwesenheit muss aus den Zerfallsprodukten abgeleitet werden, die den Detektor erreichen. Auf welche Weise jedoch das Higgs-Teilchen zerfällt, hängt von seiner Masse ab. Ein schweres Higgs-Teilchen würde, sofern es überhaupt erzeugt wird, ein Signal aussenden, das leichter zu entdecken ist. Daher wurde die Higgs-Masse, noch bevor der LHC seine Suche begann, sowohl nach oben wie nach unten begrenzt.

Der LHC bestätigte letzlich das Higgs-Boson mit einer Masse von 125 GeV, also gerade noch am oberen Ende des Bereichs, der bisher nicht ausgeschlossen worden war. Ein schwereres Higgs-Teilchen lässt schwerere Superpartner zu, so dass man, was Susy betrifft, sagen kann, je schwerer das Higgs, desto besser. Aber die Tatsache, dass bisher kein Superpartner gefunden wurde, bedeutet, dass ein solcher Superpartner so schwer sein müsste, dass die gemessene Higgs-Masse nur durch Feinabstimmung der Parameter der supersymmetrischen Modelle zu erreichen wäre.

»Jetzt wissen wir also, dass eine gewisse Feinabstimmung vorhanden ist«, sagt Keith. »Und das allein wird schon zu einer sehr subjektiven Angelegenheit. Wie schlimm ist die Feinabstimmung?«

***

Wie wir gesehen haben, mögen Physiker das zufällige Auftreten nahe beieinanderliegender großer Zahlen nicht besonders. Und weil der Kehrwert einer sehr großen Zahl eine sehr kleine Zahl ist und daher die eine in die andere umgewandelt werden kann, mögen sie auch ganz kleine Zahlen nicht besonders. Grundsätzlich sind bei ihnen Zahlen unbeliebt, die erheblich von 1 abweichen.

Sorge bereiten den Physikern jedoch nur Zahlen ohne Maßeinheiten – Zahlen, die man auch als »dimensionslos« bezeichnet, im Unterschied zu »dimensionsbehafteten« Zahlen, die Maßeinheiten haben. Das kommt daher, dass der numerische Wert dimensionsbehafteter Zahlen grundsätzlich bedeutungslos ist – er hängt von der Wahl der Maßeinheit ab. Mit den geeigneten Maßeinheiten kann man aus jeder dimensionsbehafteten Zahl eine 1 machen. Die Lichtgeschwindigkeit beträgt zum Beispiel 1, wenn man die Einheit »Lichtjahre pro Jahr« wählt. Wenn sich also Physiker über Zahlen den Kopf zerbrechen, dann geht es nur um solche ohne Maßeinheit, wie etwa das Verhältnis der Masse des Higgs-Bosons zur Masse des Elektrons, das bei etwa 250 000 : 1 liegt.

Das Rätsel um die Masse des Higgs-Bosons, das wir bereits erörtert haben, besteht nicht darin, dass die Masse selbst klein ist, denn eine solche Aussage hängt von der gewählten Maßeinheit ab und ist daher bedeutungslos. Die Higgs-Masse beträgt $1{,}25 \times 10^{11}$ eV, was groß aussieht, aber $2{,}22 \times 10^{-21}$ Gramm entspricht, was winzig erscheint. Nein, klein ist nicht die Higgs-Masse an sich, sondern das Verhältnis der

Higgs-Masse zu jener Masse, die der Energie entspricht, welche sich aus den Quantenkorrekturen dieser Masse ergibt. Ich hoffe, Sie entschuldigen meine ungenaue Ausdrucksweise vorhin.

Seinen Ursprung hat das Argument der Natürlichkeit in der Tatsache, dass Physiker sich wünschen, alle dimensionslosen Zahlen lägen nahe bei 1. Die Zahlen müssen aber nicht exakt 1 betragen, man kann also darüber diskutieren, wie groß eine gerade noch akzeptable Zahl sein darf. Tatsächlich haben wir in vielen Gleichungen bereits dimensionslose Zahlen, und diese können Faktoren einführen, die nicht unbedingt nahe an 1 liegen. Zum Beispiel 2π hoch einer Zahl, die von der Anzahl der Raumdimensionen abhängt, kann rasch in einen Bereich über 100 aufsteigen (vor allem, wenn Sie es mit mehr als drei Raumdimensionen zu tun haben). Und wenn Sie ein etwas komplizierteres Modell entwerfen, erhalten Sie womöglich eine noch höhere Zahl.

Wie viel Feinabstimmung zu viel ist, hängt also davon ab, inwieweit Sie bereit sind, Faktoren zu größeren Faktoren zu kombinieren. Deshalb ist die Einschätzung rein subjektiv, wie viel Mühe Supersymmetrie bereitet, nachdem nun die LHC-Ergebnisse es erforderlich machen, Susy fein abzustimmen, um die Higgs-Masse zu ermitteln. Mag sein, dass wir genau berechnen können, wie viel Feinabstimmung benötigt wird. Aber wir können nicht berechnen, wie viel Feinabstimmung Theoretiker hinnehmen wollen.

***

»Einer der üblichen Beweggründe für die Suche nach Supersymmetrie ist stets, dass sie Feinabstimmung vermeidet«, erklärt Keith. »Wir möchten denken, wenn es eine Theorie jenseits des Standardmodells gibt und wenn man [Quanten-]Korrekturen formuliert, dann möchte man sie nicht mit dieser Präzision fein abstimmen.«

»Was spricht gegen Feinabstimmung?«

»Sie ist anscheinend nicht attraktiv!«, erwidert er lachend. »Natürlichkeit ist eine Art Leitprinzip. Wenn sie das ist, was man attraktiv nennt, dann ist das die Definition von attraktiv: Es zieht uns an. Dahin strömen wir in Scharen«, meint Keith.

»Letzten Endes ist das Einzige, von dem wir wissen, dass es zutrifft, das Standardmodell. Was für alle frustrierend ist. Es sollte noch jenseits des Standardmodells etwas geben, und sei es nur, um die Dunkle Materie zu erklären oder um zu erklären [warum das Universum mehr Materie enthält als Antimaterie]. Da sollte es wirklich etwas geben. Für viele Leute ist es eben schwer vorstellbar, dass es einfach irgendwas Zufälliges ist, etwas ohne jeden Zusammenhang. Was meiner Meinung nach passieren muss – es sollte Symmetrie hinzukommen oder Vereinheitlichung.«

Ich frage Keith, welche experimentelle Strategie wir verfolgen sollten, aber er kann keinen Rat geben.

»Alles, was leicht ist, wurde schon getan«, sagt er. »Von nun an wird es schwierig. Als in den 1950er Jahren die Teilchenphysik ihren Anfang nahm, war es viel leichter. Es war nicht so schwer, eine Maschine mit ein paar GeV zu bauen und Kollisionen herbeizuführen. Und es gab überall Ergebnisse – nichts davon war in der Physik bis dahin bekannt. All diese seltsamen Dinge – deshalb spricht man von »seltsamen« Teilchen! Die Zahl der pro Jahr entdeckten Teilchen war phänomenal. Und das führte zu theoretischen Fortschritten aller Art. Jetzt ... ist es hart ohne jede experimentelle Führung. Also machen wir etwas auf der Basis dessen, was wir hübsch finden.«

KURZ GESAGT

- Experiment und Theorie schreiten normalerweise Hand in Hand voran.
- Was wir derzeit für die grundlegenden Naturgesetze halten, basiert auf Symmetrieprinzipien.

- Wenn neue Daten knapp werden, verlassen sich theoretische Physiker bei der Bewertung von Theorien auf ihre Auffassung von Schönheit.
- Schönheit ist kein wissenschaftliches Kriterium, kann aber eines sein, das auf Erfahrung beruht.

Viertes Kapitel
Risse im Fundament

In welchem ich mich mit Nima Arkani-Hamed treffe und mir alle Mühe gebe zu akzeptieren, dass erstens die Natur nicht natürlich ist, dass zweitens alles, was wir herausfinden, toll ist und dass drittens sich keiner einen Dreck darum schert, was ich denke.

Ein toller Job, wenn man ihn bekommt

Als ich mit dem Taxi am Niels-Bohr-Institut in Kopenhagen eintreffe, macht gerade eine Gruppe von Schulkindern Fotos von dem Gebäude. An der Hausfront stehen der Name des Instituts und das Jahr der Erbauung: 1920. Hier trafen sich vor fast hundert Jahren Physiker, um die Grundlagen der Atomphysik und der Quantenmechanik zu entwickeln, jener Theorien, die die Basis der gesamten modernen Elektronik bilden. Jeden Mikrochip, jede LED, jede Digitalkamera und jeden Laser verdanken wir den Gleichungen, die hier aufgestellt wurden, als Heisenberg und Schrödinger mit Bohr über Physik diskutierten. Hier zu fotografieren macht sich gut, wenn einen die Lehrerin beobachtet.

Als ich vor verschlossenen Türen stehe und mir der Winterregen ins Gesicht prasselt, wird mir klar, dass das Gebäude schon 1920 errichtet worden sein mag, das Elektronikschloss aber jüngeren Datums sein dürfte. Man muss erst eine Weile herumlaufen, bis man die Anmeldung in einem Nebengebäude findet. Eine junge Dänin erklärt mir, dass ich nicht auf der Besucherliste stehe, und fragt mich nach dem Grund meines Besuchs.

»Ich möchte Nima Arkani-Hamed treffen«, antworte ich und finde es plötzlich peinlich, in ein Flugzeug gestiegen zu sein, nur um jemandem ein Mikrofon unter die Nase zu halten. Aber auch Nima ist im Institut nur zu Gast – bei wem, weiß ich nicht – und steht ebenfalls nicht auf der Besucherliste.

Es ist nur halb gelogen, wenn ich sage, ich komme vom Nordita, dem ehemaligen Schwesterinstitut des Niels-Bohr-Instituts, das 2007 nach Stockholm verlegt wurde. Mein Vertrag ist zwar gerade ausgelaufen, aber auf der Website von Nordita lächle ich immer noch den Betrachter an. Die junge Dame reicht mir einen Kartenschlüssel.

Ich bin zu früh dran, und so statte ich der Bibliothek am Ende des Flurs einen Besuch ab. Vertraute Werke begrüßen mich. Der Holzboden knarzt, und ich bleibe stehen, weil ich potentiell weltverändernde Gedankengänge nicht stören will. Es riecht nach Wissenschaft, das heißt nach Kaffee. Ich denke an die Geschichte, dass das Gebäude während des Zweiten Weltkriegs mit Sprengstoff bestückt wurde, weil man meinte, es sei besser, es in die Luft zu jagen, als es den Nazis zu überlassen; es geht das Gerücht, niemand sei sicher, ob der ganze Sprengstoff nach dem Krieg entfernt wurde. Vorsichtig schleiche ich weiter.

Kaum habe ich beschlossen, nach der Kaffeemaschine zu suchen, da trifft Nima ein. Seit ich Ende der 1990er Jahre auf seine Artikel stieß, hat Nima eine steile Karriere gemacht. 1999, mit siebenundzwanzig, wurde er Mitglied der physikalischen Fakultät in Berkeley. 2002 wechselte er nach Harvard, lehrt seit 2008 in Princeton und wurde 2009 in die *American Academy of Arts and Sciences* gewählt. Er hat eine Menge Auszeichnungen erhalten, unter anderem wurde er als Erster mit dem *Breakthrough Prize* für »originelle Methoden zur Lösung überragender Probleme in der Teilchenphysik« ausgezeichnet. Die Probleme sind immer noch überragend. Doch Nima auch.

Er zeigt mir das Büro, das er während seines Aufenthalts hier am Institut benutzt. Unschlüssig, was ich nun tun soll, lasse ich mich auf eine Couch fallen. Den Aufnahmeknopf an meinem Recorder zu drücken, scheint mir eine gute Idee zu sein. Und als hätte er nur auf dieses Einsatzzeichen gewartet, fängt Nima an, gestikulierend und mit fliegenden Haaren zu reden.

Im Licht der jüngsten Ergebnisse des LHC, so beginnt er, habe ihn die Frage der Schönheit und Natürlichkeit sehr beschäftigt.

»Allgemein wird das Thema Natürlichkeit und Schönheit ganz falsch dargestellt«, erklärt Nima. »Diese Verknüpfung zwischen Kunst und Wissenschaft steigert wahrscheinlich die Verkaufszahlen der Bücher.« Und das gefällt ihm nicht. »Ein nüchterner Laie, dessen Physikkenntnisse auf Brian Greenes Buch *Das elegante Universum* beruhen, könnte zu dem Schluss gelangen, Physiker würden sich nur irgendwas aus den Fingern saugen – womit ich keineswegs an Brian herummäkeln will. Es ist bedauerlich, weil das weit von der Realität entfernt ist, der Realität eines anständigen, ehrlichen Physikers.«

»Es stimmt«, sagt er, »man kann leicht den Eindruck gewinnen, dass manche Experimente in der Praxis nicht durchführbar sind. Und selbst wenn sie durchführbar sind, dauern sie womöglich so lange, dass man praktisch bis an sein Lebensende die Ergebnisse nicht zu Gesicht bekommt. Und bis dahin ist alles erlaubt. Man kann sich alle möglichen abgefahrenen Theorien ausdenken, und vielleicht kommt hin und wieder, einmal alle fünfzig Jahre oder so, ein Experiment daher, das alles umwirft. Also ein toller Job, wenn man ihn bekommt, nicht wahr? Man kann einfach dasitzen, sich irgendwas ausdenken, und niemand überprüft es. Das wäre jedenfalls der Eindruck, den ich bekäme.«

Nachdem mein Vertrag bei Nordita ausgelaufen war, zog ich von Stockholm nach Deutschland. Aber bislang habe ich noch kein neues Forschungsstipendium, so dass ich zur Zeit arbeitslos bin. Das passiert mir nicht zum ersten Mal. Seit fünfzehn Jahren springe ich nun schon von einem befristeten Vertrag zum nächsten, von einem Land in ein anderes, angetrieben von der Überzeugung, dass die Physik für mich die beste Möglichkeit ist, Sinn in der Welt zu finden. Es ist weniger eine Profession als eine Obsession. Meine Lage ist die Regel, die von Nima die Ausnahme. Von den meisten Wissenschaftlern in unserem Fach kann man nicht sagen, sie hätten einen tollen Job.

Ohne die geringste Ahnung, was in mir vorgeht, fährt Nima fort: »Es gibt also keine Experimente, man sitzt einfach herum und redet über Schönheit, Eleganz und mathematische Anmut. Es klingt wie soziologischer Schwachsinn. Aber meiner Ansicht nach ist dieser Eindruck absolut falsch – aus einem sehr interessanten Grund. Und dieser Grund setzt uns in der Hochenergiephysik von den meisten anderen Bereichen der Wissenschaft ab.«

»Es stimmt«, erklärt er, »dass in den meisten anderen Wissenschaftsdisziplinen Experimente notwendig sind, um zu prüfen, ob eine Theorie richtig oder falsch ist. Unser Gebiet ist aber schon so weit entwickelt, dass wir bereits durch die alten Experimente unglaublich starken Einschränkungen unterworfen sind. Die Einschränkungen sind derart stark, dass sie so ziemlich alles ausschließen, was einen Versuch wert wäre. 99,99 Prozent unserer Ideen werden verworfen, selbst wenn sie gut sind, und zwar nicht aufgrund neuer Experimente, sondern allein schon, weil sie mit den alten nicht vereinbar sind. Das ist es, was unser Gebiet wirklich sehr von anderen unterscheidet, und was uns schon vor jedem neuen Experiment eine Intuition dafür gibt, was richtig oder falsch sein könnte. Also ist, ganz im Gegensatz zu dem Eindruck, den der skeptische Laie vielleicht gewinnt, die Vorstellung, dass wir uns einfach etwas aus den Fingern saugen, falsch. Es ist ein ständiger Kampf.«

Erzähl mir was von diesem Kampf, denke ich und nicke.

Probleme schaffen

Das Standardmodell weckt trotz seines Erfolgs bei Physikern keine große Zuneigung. Michio Kaku nennt es »hässlich und künstlich«, Stephen Hawking meinte, es sei »hässlich und überstürzt entwickelt«, Brian Greene beklagt, dass es »zu flexibel« sei, und Paul Davies findet, es habe »etwas Unvollendetes«, weil »die provisorische Art, in der die elektroschwachen und elektrostarken Kräfte zusammengeknüpft werden«, ein »hässlicher Charakterzug« sei.[1] Ich muss erst noch jemanden finden, dem das Standardmodell wirklich gefällt.

Was macht das Standardmodell so hässlich? Sein schlimmstes Vergehen sind die vielen Parameter – Zahlen, für die es keine genauere Erklärung gibt –, und viele dieser Parameter liegen nicht annähernd bei 1. Wir haben bereits gesehen, welche Kopfschmerzen die Higgs-Masse bereitet. Aber es gibt noch mehr solcher ärgerlichen Zahlen, angefangen mit den Massen der anderen Elementarteilchen beziehungsweise dem Verhältnis dieser Massen zur Higgs-Masse (wobei man nicht vergessen darf, dass wir Physiker uns nur über dimensionslose Zahlen ärgern). Dieses Verhältnis hat Werte wie 0,000 004 008 für das Elektron oder etwa 1,384 für das Top-Quark. Niemand kann erklären, warum diese Massenverhältnisse so sind, wie sie sind.

Aber die Massenverhältnisse scheinen auch nicht ganz beliebig zu sein, und das veranlasst Physiker zu dem Glauben, es gebe eine tiefer liegende Erklärung. Alle drei Neutrinos beispielsweise sind sehr leicht, die Summe ihrer Massen ist weniger als 10^{-11}-mal die der Higgs-Teilchen. Die Fermionengenerationen haben Massen, die sich etwa um den Faktor zehn voneinander unterscheiden. Und dann ist da noch Koides seltsame Formel, eine Relation zwischen den Massen des Elektrons, des Myons und des Tau-Teilchens.[2] Teilt man die Summe ihrer Massen durch das Quadrat der Summe der Quadratwurzeln ihrer Massen, ergibt sich ein Wert von $2/3$ mit einer Genauigkeit bis zur fünften Stelle nach dem Komma. Warum? Ähnliche numerologische Verhältnisse wurden bei anderen Teilchen gefunden, allerdings mit geringerer Präzision. Sie führen uns zu der Annahme, dass uns eine tiefer gehende Erklärung fehlt.

Neben den Massen gibt es auch noch die Mischungsmatrizen. Bei der Wanderung von einem Ort zum anderen können sich manche

Teilchen in andere verwandeln – oder »oszillieren«. Die Wahrscheinlichkeit, dass dies geschieht, wird in der sogenannten Mischungsmatrix festgehalten.[3] Auch hier gilt, dass die Zahlen in der Matrix bislang unerklärt, aber nicht gänzlich beliebig sind. Manche Teilchen mischen sich fast gleichmäßig unter andere, manche hingegen kaum, obwohl sie es könnten. Warum ist das so? Wir wissen es nicht.

Das nächste Problem besteht darin, dass das Standardmodell zu viel Symmetrie aufweist! Und zwar geht es um die sogenannte CP-Symmetrie. Eine CP-Transformation ist die Kombination aus der Umwandlung der elektrischen Ladung eines Teilchens in ihr Gegenteil (C für »charge«, also Ladung) und des Teilchens selbst in sein Spiegelbild (P für »parity«, also Parität). Mit dieser Transformation verändern sich auch die Gleichungen für die schwache Kernkraft – was bedeutet, dass die elektroschwache Kraft keine CP-Symmetrie aufweist. Die Quantenelektrodynamik kann nicht gegen die Symmetrie verstoßen, die starke Kraft hingegen schon, tut es aber aus unbekannten Gründen nicht. Täte sie es, würde dies beispielsweise die Verteilung der elektrischen Ladung im Neutron beeinflussen, aber das wurde nie nachgewiesen.

Das Ausmaß der CP-Verletzung der starken Kraft wird mit dem sogenannten Theta-Parameter (θ) gemessen. Den gegenwärtig zur Verfügung stehenden Daten zufolge ist dieser Parameter unverschämt klein, weitaus kleiner als 1.

Ein Mechanismus, der zur Lösung dieses sogenannten starken CP-Problems vorgeschlagen wurde, lautet, den Theta-Parameter als dynamisch aufzufassen und ihn an einem Potential zum Minimum hinabrollen zu lassen, wo er dann bei einem kleinen Wert stehen bleibt.[4] Diese Lösung wäre natürlich, weil sie keine neuen großen oder kleinen Zahlen erfordert. Doch Steven Weinberg und, unabhängig von ihm, Frank Wilczek stellten fest, dass ein dynamisches Theta von einem Teilchen begleitet sein müsste, das Wilszek »Axion« taufte (das erste und hoffentlich letzte Teilchen, das nach einem Waschmittel benannt wurde). Doch es wurde nicht gefunden, und so blieb das CP-Problem ungelöst.

Beim Blick auf das Standardmodell sind es jedoch nicht nur die Zahlen, die uns ärgern. Es sind auch die drei unerklärten Fermionengenerationen und die drei Eichsymmetrien. Wäre es nicht viel schöner, wenn die elektroschwache und die starke Wechselwirkung zusammengeführt werden könnten, so dass wir eine große vereinheitlichte Theorie oder, besser noch, eine supersymmetrische große Vereinheitlichung bekämen? (Mehr darüber in Kapitel 7).

Und natürlich haben wir beim kosmologischen Konkordanzmodell ebenfalls einiges zu beanstanden. Auch hier gibt es etliche unerklärte Zahlen. Warum ist die Menge der Dunklen Energie so groß, wie sie es ist? Warum gibt es fünfmal mehr Dunkle Materie als normale? Und was sind Dunkle Materie und Dunkle Energie überhaupt? Im Konkordanzmodell wird lediglich ihr Verhalten im Großen beschrieben, während ihre mikroskopischen Eigenschaften keine Rolle spielen. Haben sie überhaupt mikroskopische Eigenschaften? Bestehen sie aus etwas? Und wenn ja, aus was? (Darauf werde ich in Kapitel 9 eingehen.)

Dann sind da noch die Probleme, die sich bei der Kombination des Konkordanzmodells mit dem Standardmodell stellen. Die Gravitation zwischen Elementarteilchen ist im Vergleich zu den Kräften der anderen Wechselwirkungen extrem schwach. Das Verhältnis der elektrischen und der Gravitationskraft zwischen einem Elektron und einem Proton beispielsweise liegt bei etwa 10^{-40}. Also noch eine unerklärte kleine Zahl, die als »Hierarchieproblem« bezeichnet wird.

Schlimmer noch ist, dass sich die Allgemeine Relativitätstheorie nicht konsistent mit dem Standardmodell kombinieren lässt, weshalb Physiker seit achtzig Jahren versuchen, eine quantisierte Version der Gravitation zu entwickeln – eine Theorie der Quantengravitation. Am liebsten aber würden sie die Quantengravitation mit allen anderen Wechselwirkungen verbinden, um eine Theorie von

Allem, auch bekannt als »Weltformel«, zu erhalten. (Darauf werde ich in Kapitel 8 zurückkommen.)

Schließlich würden wir uns, selbst wenn wir all diese Fragen gelöst hätten, immer noch über die Quantenmechanik beschweren (das ist das Thema von Kapitel 6).

***

All diese Probleme sind seit mindestens zwanzig Jahren bekannt, und für keines scheint eine Lösung in greifbare Nähe zu rücken. Dass kaum Fortschritte gemacht werden, liegt zum Teil daran, dass es immer schwieriger wird, neue Experimente zu konzipieren (und zu finanzieren) – die leichten wurden alle bereits durchgeführt. Mit einer solchen Verlangsamung ist auf jedem hochentwickelten Forschungsgebiet zu rechnen.

Wie wir jedoch gesehen haben, mangelt es den Theoretikern auch ohne neue Experimente nicht an Rätseln. Die meisten meiner Kollegen glauben, dass diese Probleme auf rein theoretischer Grundlage zu lösen seien. Es ist ihnen nur noch nicht gelungen. Daher hat sich der theoretische Fortschritt verlangsamt, und zwar weitgehend aus denselben Gründen, aus denen neue Experimente nur schwer zu entwickeln sind: Die leichten Lösungen wurden bereits ausprobiert.

Jedes Mal, wenn wir ein Problem lösen, wird es schwieriger, etwas an den heutigen Theorien zu verändern, ohne Probleme wiederzubeleben, die wir bereits gelöst haben. Und so scheinen die grundlegenden Naturgesetze, die wir heute haben, unvermeidlich aus früheren Leistungen hervorzugehen. Diese Unabwendbarkeit der gegenwärtigen Theorien wird häufig als »Rigidität« bezeichnet. Sie nährt unsere Hoffnung, bereits alles Nötige zu wissen, was man für eine fundamentalere Theorie braucht – und dass Schlauheit genügt, diese auch tatsächlich zu finden.

Man könnte es so sehen, dass Rigidität wünschenswert ist, weil sie zeigt, dass eine Theorie nah daran ist, unseren Beobachtungen zu entsprechen. Anders betrachtet könnte Rigidität aber auch bedeuten, dass wir in eine Sackgasse geraten sind, dass wir längst gelöste Probleme erneut überdenken und einen noch nicht eingeschlagenen Pfad suchen müssen.

***

»Um es einfacher auszudrücken«, sagt Nima in Bezug auf sein vorheriges Argument, »dass wir sowohl die Relativitätstheorie als auch die Quantenmechanik haben, ist eine unglaubliche Einschränkung. Ich glaube, dieser Punkt wird von den wenigsten verstanden: dass sowohl die Relativitätstheorie als auch die Quantenmechanik auf schockierende Weise – ja, auf schockierende Weise! – unsere Handlungsmöglichkeiten beschränken. Rigidität und Unausweichlichkeit sind die bei weitem wichtigsten Punkte. Man kann es nennen, wie man will, aber für mich ist es das, was mit Schönheit eigentlich gemeint ist.«

»Aber warum gibt es überhaupt Symmetrien? Warum Quantenfelder? Warum eine gekrümmte Raumzeit?«, frage ich, um nur ein paar allgemeine mathematische Annahmen aufzulisten.

Wir verwenden diese und andere Abstraktionen, weil sie funktionieren, weil wir festgestellt haben, dass sie die Natur abbilden. Von einem rein mathematischen Standpunkt sind sie gewiss nicht unausweichlich; wären sie es, könnten wir sie allein durch Logik ableiten. Aber wir können für keine mathematische Formel beweisen, dass sie die Natur richtig beschreibt, denn die einzigen beweisbaren Wahrheiten liegen in den mathematischen Strukturen selbst, nicht in der Beziehung dieser Strukturen zur Wirklichkeit. Daher ist Rigidität erst dann ein sinnvolles Kriterium, wenn wir ein Fundament von Annahmen festlegen, aus denen wir etwas ableiten.

Die Gravitation beispielsweise ist eine nahezu unvermeidliche

Theorie, sobald man glaubt, dass wir in einer gekrümmten Raumzeit leben. Aber das erklärt nicht, warum wir überhaupt in einer gekrümmten Raumzeit leben; wir haben einfach festgestellt, dass diese Theorie funktioniert. Und wir wissen nur, dass sie in den Fällen funktioniert, die wir überprüft haben.

»Du hast recht«, sagt Nima. »Jede Diskussion über die Rigidität muss im Kontext dessen stattfinden, was als richtig anerkannt ist. Nicht weil wir wissen, dass es richtig ist – natürlich wissen wir es nicht.« Er lässt aus dem Stegreif einen Vortrag über die Ursprünge der Stringtheorie vom Stapel, dann verschwindet er, um sich einen Kaffee zu holen.

Es fällt mir schwer, ihm zu widersprechen. Die Gravitation zu quantisieren ist zweifellos ein theoretisch sehr schwieriges Unterfangen. Die Symmetrien der Speziellen Relativitätstheorie sind nur äußerst schwer in einer Quantentheorie der Gravitation aufrechtzuerhalten, und diese Schwierigkeit führt zu der Vermutung, dass es, wenn wir einen Weg dahin finden, wahrscheinlich der einzige ist.

Aber auch dies sagt womöglich mehr über den Menschen aus als über die Mathematik.

»Warum zieht Susy weiterhin so viel Aufmerksamkeit auf sich?«, frage ich Nima, als er zurückkehrt.

Er nippt an seinem Kaffee und sagt: »Wenn die Supersymmetrie nicht weit von den [im LHC getesteten Energien] entfernt ist, dann ist das Interessante daran, dass sie sofort das, was als Nächstes kommt, unglaublich stark einschränkt. Hat man eine vierte Generation [von Fermionen], sagt das überhaupt nichts. Es gibt also Entwicklungen, die sich als intellektuelle Sackgassen herausstellen.«

»Ist es gut«, frage ich, »dass Theoretiker es vorziehen, das, was sich als intellektuelle Sackgasse erweisen könnte, gar nicht erst zu untersuchen? Was ist an anderen Vorschlägen falsch – abgesehen davon, dass sie sie nicht mögen?«

»Wen kümmert es auch nur im Geringsten, was einem gefällt und was nicht?«, sagt Nima. »Der Natur ist das scheißegal, und darüber sind wir uns alle einig. Der Grund für die Beliebtheit der Supersymmetrie war nicht nur soziologischer Natur. Entscheidend war vielmehr, dass man [mit der Supersymmetrie] Probleme lösen konnte, die auf anderem Wege nicht zu lösen waren. Ob sich die Natur um diese Probleme schert, ist eine andere Frage. Ohne Susy hat man diese Natürlichkeitsprobleme. Vorher tauchte so ein Problem dreimal, glaube ich, auf, und jedes Mal haben wir eine Lösung gefunden.«

Wo Zahlen keinen Namen haben

Heute bezeichnen wir eine Theorie als natürlich, wenn sie keine Zahlen enthält, die sehr groß oder sehr klein sind. Jede Theorie, die unnatürliche Zahlen enthält, gilt als nicht grundlegend – sie ist ein Riss im Boden, an dem es sich lohnt zu graben.

Der Gedanke, dass ein Naturgesetz in dieser Weise natürlich sein sollte, ist ziemlich alt. Zunächst war es ein ästhetisches Kriterium, inzwischen aber wurde es als »theoretische Natürlichkeit« mathematisch formalisiert. Und bei ihrer Beförderung vom ästhetischen Kriterium zu einer mathematischen Regel geriet der nichtwissenschaftliche Ursprung der Natürlichkeitsanforderung weitgehend in Vergessenheit.

Das erste Mal wurde Natürlichkeit zum Kriterium, als das heliozentrische Modell (Sonne im Mittelpunkt) mit der Begründung verworfen wurde, dass die Sterne offenbar eine feste Position hätten. Wenn sich die Erde um die Sonne dreht, müssten sich die Positionen der Sterne im Lauf des Jahres verändern. Das Maß dieser Positionsveränderungen, die sogenannte Parallaxe, hängt von der Distanz zu den Sternen ab: Je weiter entfernt der Stern ist, desto kleiner ist die scheinbare Positionsveränderung. Ein ähnlicher Effekt tritt ein, wenn man in einem Zug beobachtet, wie die Landschaft vorbeizieht:

Nahe Bäume bewegen sich schneller durch das Gesichtsfeld als die Skyline einer fernen Stadt.

Damals meinten die Astronomen, die Sterne seien an einer Himmelskugel befestigt, die das gesamte Universum umfasse. In diesem Fall sollten sich, befänden wir uns nicht im Zentrum der Kugel, die relativen Positionen der Sterne im Lauf des Jahres verändern, weil wir manchmal einer Seite der Kugel näher sind als der anderen. Die Astronomen sahen aber diese Veränderungen nicht, und so schlussfolgerten sie, dass die Erde den Mittelpunkt des Universums bilde.

Die Sterne verändern tatsächlich im Lauf des Jahres ihre Position ein wenig, aber diese Verschiebung ist so minimal, dass die Astronomen sie erst im 19. Jahrhundert messen konnten. Zuvor konnten sie bestenfalls annehmen, dass sich aufgrund des Fehlens einer beobachtbaren Parallaxe entweder die Erde selbst im Lauf des Jahres nicht bewegte oder die Sterne sehr, sehr weit entfernt sein mussten – viel weiter als die Sonne und die anderen Planeten, wobei dann die Parallaxe winzig wäre. Dies hätte bedeutet, dass die Sonne im Mittelpunkt steht, doch diese Option wurde verworfen, weil sie verlangt hätte, unerklärlich große Zahlen zu akzeptieren.

Im 16. Jahrhundert lieferte Nikolaus Kopernikus ein überzeugendes Argument für das heliozentrische Modell mit der Begründung, dass es eine einfachere Erklärung für die Bewegungen der Planeten bot, doch das Parallaxenproblem bestand weiterhin. Nicht nur, dass die Sterne hätten viel weiter entfernt sein müssen als jedes andere Objekt im Sonnensystem. Es kam noch das Problem hinzu, dass Kopernikus und seine Zeitgenossen die Größe der Sterne falsch einschätzten.

Ein Lichtstrahl von einer entfernten Quelle, der durch eine kreisförmige Öffnung dringt – wie etwa die eines Auges oder eines Teleskops –, wird gebeugt und dadurch vergrößert erscheinen, aber das erkannte man erst im 19. Jahrhundert. Aufgrund dieses Beugungsfehlers hielten die Astronomen zu Kopernikus' Zeiten die Sterne für viel größer, als sie tatsächlich sind. Im heliozentrischen Modell mussten die Fixsterne daher sehr weit entfernt und im Teleskop zugleich groß erscheinen, das heißt, sie mussten riesig sein, viel größer als unsere eigene Sonne.

Tycho Brahe fand solch enorm unterschiedliche Zahlen absurd und verwarf daher den Gedanken, dass sich die Erde um die Sonne bewegt. Stattdessen schlug er sein eigenes Modell vor, in dem die Sonne um die Erde kreiste, die anderen Planeten sich aber um die Sonne drehten. Im Jahr 1602 wandte er sich gegen den Heliozentrismus mit dem Argument, dass

> es notwendig ist, in diesen Angelegenheiten geziemendes Gleichmaß zu wahren, damit die Dinge nicht ins Unendliche ausgreifen und die richtige Symmetrie von Geschöpfen und sichtbaren Dingen in Hinblick auf Größe und Entfernung nicht verlorengeht: Es ist notwendig, diese Symmetrie zu wahren, weil Gott, der Urheber des Universums, die rechte Ordnung liebt, nicht Konfusion und Unordnung.[5]

Der Gedanke des »geziemenden Gleichmaßes« und der »rechten Ordnung« ist im Grunde auch das heutige Kriterium für Natürlichkeit.

Wir wissen inzwischen, dass die meisten Sterne größenmäßig mit unserer Sonne vergleichbar sind und die riesige Entfernung zwischen uns und den Sternen nichts Unnatürliches an sich hat. Die typischen Distanzen zwischen unserem Sonnensystem und anderen Sternen in der Milchstraße sowie die Entfernung zwischen unserer und anderen Galaxien werden davon bestimmt, wie Materie unter ihrer eigenen Gravitation zusammenklumpt, während sich das Universum ausdehnt. Die entsprechenden Entfernungen sind dynamisch und keine grundlegenden Parameter irgendeiner dahinterstehenden Theorie.

Doch der Gedanke, dass große Zahlen der Erklärung bedürfen, entfaltete weiterhin seine Wirkung.[6] 1937 stellte Paul Dirac fest, dass das Alter des Universums geteilt durch die Zeit, in der Licht den Radius eines Wasserstoffatoms durchquert, etwa 6×10^{39} beträgt – was ungefähr dem Verhältnis der elektrischen Kraft eines Protons und eines

Elektrons zur Gravitationskraft zwischen den beiden entspricht, das ungefähr $2,3 \times 10^{39}$ beträgt. Es ist nicht dasselbe, sicher, aber die beiden Werte lagen für Dirac nah genug beieinander, um anzunehmen, dass diese Zahlen einen gemeinsamen Ursprung haben müssten. Und die Zahlen müssten nicht nur in Beziehung zueinander stehen, so meinte er, sondern »jeweils zwei der sehr großen dimensionslosen Zahlen, die in der Natur erscheinen, sind durch ein einfaches mathematisches Verhältnis verbunden, in dem die Koeffizienten die Größenordnung Eins haben«.[7]

Dies wurde als Diracs Hypothese der großen Zahlen bezeichnet.

Diracs Zahlenspiel enthielt jedoch eine Konstante, die in Wirklichkeit nicht konstant ist: das Alter des Universums. Das heißt, um die postulierte Gleichung aufrechtzuerhalten, müssen sich mit der Zeit auch andere Naturkonstanten ändern. Am Ende steht eine solche Vielzahl von Folgen für die Bildung der Strukturen im Universum, dass die Hypothese unvereinbar mit der Beobachtung wird.[8]

Auf die einzelnen Zahlen angewendet, die er auswählte, ist Diracs Hypothese der großen Zahlen nach heutiger Auffassung nicht von grundlegender Bedeutung. Doch der Kern seines Gedankens, dass große Zahlen einer Erklärung bedürfen oder es zumindest wünschenswert sei, dass einige einen gemeinsamen Ursprung haben, ist immer noch sehr im Schwange. Physiker stellten sogar fest, dass das Vorkommen auffällig großer oder kleiner Zahlen möglicherweise auf neue, bislang unentdeckte Effekte hinweist. Damit wurden sie in der Meinung bestärkt, dass Feinabstimmung sehr deutlich auf die Notwendigkeit einer Revision unserer Theorien hinweist.

Die Logik der Natürlichkeitsargumente gleicht dem Versuch, den Plot einer über einen langen Zeitraum laufenden Fernsehserie vorherzusagen. Wenn die Heldin – hier die Natürlichkeit – in der Klemme steckt, wird sie zweifellos überleben, und so wird selbstverständlich etwas geschehen, was eine Wende in die scheinbar düstere Situation bringt.

In der nichtquantisierten Elektrodynamik beispielsweise ist die Masse des Elektrons unnatürlich klein. Das liegt daran, dass das Elektron von einem elektrischen Feld umgeben ist, und die Feldenergie sollte einen großen (eigentlich unendlichen) Beitrag zur Masse leisten. Um diese »Selbstenergie« auszuschalten, wäre eine Feinabstimmung der Mathematik erforderlich, und das ist hässlich. Hier ist also unsere Heldin, die Natürlichkeit, eingeschlossen in einem brennenden Haus. Wenn die Berechnung richtig ist, wird sie sterben.

Aber die Berechnung ist nicht richtig, weil darin die Quanteneffekte vernachlässigt werden. Bezieht man diese Effekte mit ein, ist das Elektron von Paaren virtueller Teilchen umgeben, die entstehen und zerfallen, ohne dass man sie direkt beobachten kann. Sie tragen jedoch indirekt dazu bei, die Schwierigkeiten mit der Selbstenergie bei der nichtquantisierten Theorie zu beseitigen. Die Geringfügigkeit der Elektronenmasse ist daher in der Quantenelektrodynamik »natürlich«.[9] Die Heldin springt vom Dach des Hauses und landet in einem Müllcontainer, unverletzt.

Vor allem in der Teilchenphysik hat man für das Fehlen numerischer Koinzidenzen heute einen mathematischen Begriff: »technische Natürlichkeit«.[10] Erstaunlicherweise ist das gesamte Standardmodell technisch natürlich, einmal abgesehen von dem Problem mit der Higgs-Masse. Selbst bei den zusammengesetzten Teilchen, die durch die starke Kernmasse verbunden sind, sind alle Massen technisch natürlich – mit einer Ausnahme: Die Massenwerte von drei Mesonen (dem neutralen Pion und den beiden geladenen Pionen) liegen verdächtig nah beieinander; nimmt man den Unterschied zwischen den Quadraten der Massen der geladenen und neutralen Pionen und teilt diese Zahl durch das Quadrat der Massen, dann ist das Ergebnis unnatürlich klein. Die Heldin ist erneut in Schwierigkeiten: Sie steht, den Lauf einer Pistole am Kopf, mit dem Rücken zur Wand.

Doch erneut stellt sich heraus, dass die Berechnung nicht korrekt voraussagt, was geschieht. Die Rettung besteht darin, dass unterhalb einer bestimmten Energie eine neue physikalische Größe in Form eines Teilchens auftritt – des Rho-Mesons – und mit ihm eine neue Symmetrie, die erklärt, warum die Werte der Pionen-Massen so nah beieinanderliegen. Die Erklärung ist technisch natürlich und eine Feinabstimmung nicht erforderlich. Die Pistole hat eine Fehlzündung, die Heldin entkommt.

Die Quantenkorrekturen an der Selbstenergie des Elektrons und das Rho-Meson waren jedoch keine Voraussagen, sondern eher »Nachhersagen«, also Erkenntnisse im Rückblick. (Man hat sich Wiederholungen einzelner Episoden angesehen.) Die einzige auf Natürlichkeit beruhende Voraussage war die des Charm-Quarks, des vierten Quarks, das noch der Entdeckung harrte. Seine Existenz wurde 1970 vorgeschlagen, um zu erklären, warum die Wahrscheinlichkeit bestimmter Teilchen-Wechselwirkungen unnatürlich gering war.[11] Mit dem Charm-Quark waren diese Wechselwirkungen einfach verboten, und so wurde die Tatsache, dass man sie nicht beobachten konnte, natürlich erklärt, und eine Feinabstimmung war nicht erforderlich.

Zusammenfassend wird Natürlichkeit im Standardmodell beachtet und führt alles in allem zu sage und schreibe einer Voraussage. Dies war Nathan Seiberg vom *Institute for Advanced Study* in Princeton Grund genug für die Behauptung: »In den vergangenen Jahrhunderten war der Begriff der Natürlichkeit eine Leitlinie in der Physik.«[12] Folglich wurde das Gegenteil der Natürlichkeit, die Feinabstimmung, zum Schreckgespenst. Laut Lisa Randall von der Harvard University »ist die Feinabstimmung ziemlich sicher ein Armutszeugnis, das unsere Unkenntnis widerspiegelt«.[13] Und der Teilchenphysiker Howard Baer erklärte mir: »Feinabstimmung ist, denke ich, nur eine Krankheit der Theorien, die man untersuchen muss und die einen zu der Frage führt, wie man diese Theorien korrigieren könnte und welcher Weg ins große Unbekannte, zu den Grenzfragen führt.«[14]

Die kosmologische Konstante ist nicht natürlich. Aber das hat mit der Gravitation zu tun, und deshalb fühlen sich Teilchenphysiker nicht dafür verantwortlich. Nun aber, da wir wissen, dass die Higgs-Masse ebenfalls nicht natürlich ist, liegt das Problem direkt vor ihrer Haustür.

Niemand hat uns einen Rosengarten versprochen

»Ich bin kein Verteidiger der Natürlichkeit«, sagt Nima. »Natürlichkeit ist kein Prinzip, kein Gesetz. Sie gilt als eine Art Führerin. Manchmal war sie eine gute, manchmal eine schlechte Führerin. Man muss offen sein für die Möglichkeiten. Manche sagen, Natürlichkeit sei reine Philosophie, aber das ist sie definitiv nicht. Sie hat uns große Dienste geleistet.«

Er zählt die Beispiele auf, die für Natürlichkeit sprechen, wobei er gewissenhaft auch das erwähnt, was gegen sie spricht, und sagt dann: »Natürlichkeit war nicht das Argument für den LHC – oder hätte es nicht sein sollen. Zugunsten von CERN muss man sagen, dass dieses Argument von den Theoretikern kam. Gleichwohl war es nicht dumm, Natürlichkeit als das richtige Kriterium anzunehmen. Weil es so viele Erfolge zu verzeichnen hatte.«

Trotz dieser Erfolge hat Nima, wie er mir erzählt, vor zehn Jahren die natürliche Schönheit zugunsten einer neuen Theorie aufgegeben, der sogenannten »Split Susy«. Split Susy ist eine Variante der Supersymmetrie, bei der einige der erwarteten Susy-Partner natürlicherweise so schwer sind, dass sie vom LHC nicht produziert werden können. Das erklärt, warum die Susy-Partner noch nicht beobachtet wurden. Aber Split Susy erfordert eine Feinabstimmung, um die beobachtete Masse der Higgs-Teilchen richtig zu berechnen.

Nima erinnert sich, wie seine Kollegen auf die Feinabstimmung der Theorie reagierten: »Ich wurde bei Konferenzen regelrecht von den Leuten angeschrien. Das ist mir vorher nie passiert und auch hinterher nicht mehr.«

So denke ich, sieht es also aus, wenn man dem Schönheitsstandard der Zeit nicht gerecht wird.

»Hat der LHC deine Sicht auf die Natürlichkeit verändert?«, frage ich.

»Das ist interessant – es gibt jetzt dieses beliebte Narrativ, dass sich die Theoretiker vor dem LHC absolut sicher gewesen seien, Susy werde sich zeigen, aber nun hätten sie einen großen Rückschlag erlitten. Ich glaube, die professionellen Modellbauer, die Leute, die ich für die besten auf dem Gebiet halte, waren schon nach LEP besorgt. Aber dann entwickelten sie ein Programm, wie man [den Konflikt mit bestehenden Daten] vermeidet. Es war keine große Sache, nur nerviges Kleinzeug. Die wirklich guten Leute waren sich keineswegs sicher, dass sich Susy beim LHC blicken lässt. Und daran hat sich seit 2000 [als der letzte Durchlauf von LEP endete] qualitativ nichts geändert. Ein paar Lücken wurden geschlossen, aber qualitativ hat sich nichts geändert.«

»Du fragst dich, warum die Leute immer noch daran arbeiten?«, fährt Nima fort. »Das ist tatsächlich sehr merkwürdig. Wie gesagt, die besten Leute hatten eine ziemlich genaue Vorstellung von dem, was vor sich ging – sie saßen nicht einfach da und warteten darauf, dass aus dem LHC Gluinos herausschossen.[15] Und sie haben ziemlich vernünftig auf die Daten reagiert.«

Aber keiner dieser »besten Leute« ist aufgestanden und hat protestiert gegen das verbreitete Gerücht, der LHC hätte eine gute Chance, supersymmetrische oder Dunkle-Materie-Teilchen aufzuspüren. Ich weiß nicht, was ich schlimmer finde: Forscher, die an Schönheitsargumente glauben, oder Forscher, die die Öffentlichkeit absichtlich über die Erfolgsaussichten teurer Experimente hinwegtäuschen.

Nima fährt fort: »Diejenigen, die sich sicher waren, dass es die Teilchen gibt, sind heute fest davon überzeugt, dass sie nicht existieren. Inzwischen sagen manche, sie seien deprimiert, besorgt oder hätten Angst. Das bringt mich auf die Palme. Es ist narzisstisch bis zur Lächerlichkeit. Wer schert sich schon um dich und dein kleines Leben? Nur du selbst natürlich.«

Nima meint nicht mich, es würde aber passen, denke ich. Vielleicht bin ich nur hier, weil ich eine Ausrede brauche, um aus der akademischen Welt auszusteigen, weil ich desillusioniert bin und über all die Null-Resultate meine Motivation verloren habe. Und bin ich nicht auf eine großartige Ausrede gestoßen, indem ich einer wissenschaftlichen Gemeinschaft vorwerfe, Schindluder mit der wissenschaftlichen Methode zu treiben?

»Alles, was wir über die Natur erfahren, ist erstaunlich.« Nimas Stimme reißt mich aus meinen Gedanken. »Wenn man neue Teilchen findet, hat man auch weitere Hinweise. Und wenn nicht, hat man trotzdem welche. Es ist ein Zeichen des Narzissmus unserer Zeit, dass Leute diese Sprache verwenden. In besseren Zeiten wäre es verpönt gewesen, in höflicher Gesellschaft so zu reden. Wen interessieren schon die Gefühle des Einzelnen? Wen kümmert es, wenn man vierzig Jahre seines Lebens dafür opfert? Niemand hat uns einen Rosengarten versprochen. Dies hier ist ein riskantes Unternehmen. Wenn man Sicherheit will, muss man etwas anderes mit seinem Leben anstellen. Menschen haben sich jahrhundertelang auf Holzwegen befunden. So ist das Leben nun einmal.«

Unser Gespräch dauert nun schon Stunden, aber Nimas Energie scheint unerschöpflich, fast unnatürlich. Die Wörter überschlagen sich, weil sie nicht schnell genug herauskommen. Er hüpft auf seinem Stuhl auf und ab, schwenkt von einer Seite zur anderen und schreibt ab und zu schnell etwas auf die Tafel. Je länger ich ihm zusehe, desto älter fühle ich mich.

»Es ist vor allem enttäuschend, wenn ihre depressiven Gefühle unsere nächsten Schritte beeinträchtigen«, sagt er. »Ich finde das lächerlich. Es ist hochwichtig, herauszubekommen, ob das Natürlichkeitskriterium falsch ist.«

Überflüssig zu erwähnen, dass Teilchenphysiker bereits Lobbying für einen neuen Beschleuniger betreiben. Der chinesische Speicherring, den Nima bevorzugt, würde etwa 100 TeV Kollisionsenergie erreichen, ist aber nicht die einzige Option, die gegenwärtig zur Debatte steht.[16] Ein weiterer Vorschlag, der gut aufgenommen wird, ist der *International Linear Collider*, an dessen Bau die Japaner Interesse bekundet haben. Und am CERN hat man Pläne für einen Super-LHC mit einem Umfang von 100 Kilometern, der mit dem chinesischen Beschleuniger vergleichbare Energien erreicht. Vielleicht werden wir dann endlich Susy finden.

»Susy ist eigentlich die Geschichte eines langsam köchelnden Hummers«, sagt Nima und erinnert an die Vergangenheit der Theorie. »Man hätte sie beim LEP 1 sehen sollen; man hätte sie 1990 sehen sollen. Viele Theoretiker auf diesem Gebiet, vor denen ich wirklich Hochachtung habe, rechneten damit, dass Susy beim LEP auftauchen würde. Ich selbst auch.«

»Wir fanden sie nicht«, sagt er. »Aber die Leute sahen darin kein Problem, sondern eine Gelegenheit. Sie dachten: ›Okay, das sagt uns, dass die Theorie ebenfalls eine bestimmte Struktur haben muss.‹ ... In den 1990er Jahren war das eine absolut denkbare Möglichkeit. Aber dann wurden die Grenzen weiter hinausgeschoben, und Susy zeigte sich immer noch nicht. Und in den 1990er Jahren maß LEP die Eichkopplungen präzise genug, um zu erkennen, dass sie nicht zum [Standardmodell] passten, wohl aber zu Susy.«

***

In einer Eichtheorie ist der wichtigste Parameter die »Kopplungskonstante«, die die Stärke der Wechselwirkung bestimmt. Im Standardmodell gibt es davon drei, zwei für die elektroschwache und eine für die starke Wechselwirkung. Die Konstanten sind über Raum und Zeit hinweg unveränderlich, ihr Wert aber hängt von der Auflösung des Prozesses ab, mit dem sie gemessen werden. Dies ist ein Beispiel für den bereits erwähnten Fluss im Theorienraum.

Da wir hohe Energien benötigen, um kurze Distanzen zu untersuchen, entspricht eine geringe Auflösung niedriger Energie und eine hohe Auflösung hoher Energie. In der Hochenergiephysik ist es, vielleicht nicht überraschend, eher üblich, den Fluss im Theorienraum als Veränderung der Energie und nicht als Veränderung der Auflösung aufzufassen. Die Kopplungskonstanten »fließen« dann mit der Energie, wie Physiker sagen, und dieses Fließen kann berechnet werden.

Stellt man diese Berechnung für das Standardmodell an, stimmen die Kurven mit Messungen bei gegenwärtig erreichbaren Energien überein. Auf höhere Energien extrapoliert, treffen sich die Kräfte in drei verschiedenen Punkten (siehe Abb. 8 oben). Fügt man Supersymmetrie hinzu, treffen sie sich – abgesehen von Ungenauigkeiten der im niedrigen Energiebereich gemessenen Werte – in einem einzigen Punkt, der als Eichkopplungsvereinigung bezeichnet wird (Abb. 8 unten). Wenn es grundsätzlich nur eine Eichsymmetrie gibt, gibt es grundsätzlich auch nur eine Kopplungskonstante, und daher müssen die drei verschiedenen Kopplungen schließlich zusammenlaufen. Dass Susy die Konstanten bei hoher Energie zur Übereinstimmung bringt, ist einer der stärksten Beweggründe, diese Theorie weiterzuverfolgen. Ist die Eichkopplungsvereinigung notwendig? Nein. Ist sie schön? Das ist sie zweifellos.

***

»Die Begeisterung für Susy erreichte ihren Höhepunkt wahrscheinlich in den Jahren 91, 92«, meint Nima. »Seitdem lässt sie immer mehr nach. Als Susy im LEP 2 nicht auftauchte, sagten viele in der Community, wir haben ein Problem, wir hätten sie schon längst se-

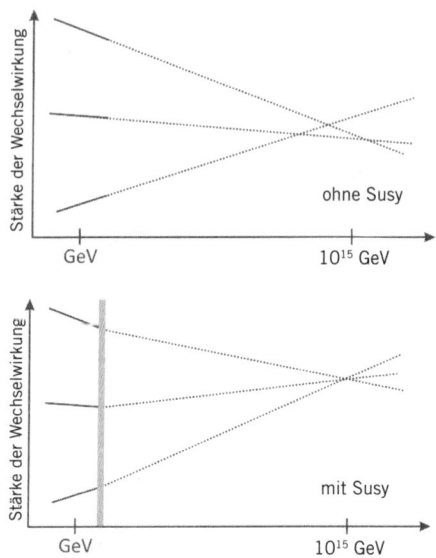

Abb. 8: Schematische Extrapolation (gepunktete Linien) der Stärken der bekannten Wechselwirkungen vom gemessenen Zustand (durchgehende Linien) zu hohen Energien. Bei Supersymmetrie schneiden sich die Linien in einem Punkt, vorausgesetzt, Susy-Teilchen tauchen im Beschleuniger früh auf (bei Energien nahe dem grauen Balken). Jenseits der Vereinigungsenergie werden die Stärken der einzelnen Wechselwirkungen bedeutungslos.

hen müssen. Wenn es keinen dieser Superpartner gibt, warum gibt es dann die Eichkopplungsvereinigung? Und die Dunkle Materie, warum gibt es sie?«

»Aber wir wissen nicht, ob es sie gibt«, wende ich ein.

»Sicher, sicher«, stimmt Nima mir zu.

»Verschafft uns das einen möglichen Kandidaten?«

»Gut«, sagt Nima, »warum scheint es uns einen Kandidaten zu verschaffen? Warum sieht es so aus, als wollte es funktionieren?«

Ich sage nichts. Es ist schwer zu glauben, dass alles nur bedeutungslose Zufälligkeit ist. Susy setzt die Suche nach Vereinheitlichung so natürlich fort, funktioniert so gut, passt so schön hinein – es kann doch nicht alles Wunschdenken sein, das vom Herdentrieb einiger Physiker angeheizt wird. Entweder bin ich der Idiot oder tausend Leute mit all ihren Preisen und Auszeichnungen. Die Chancen stehen nicht gut für mich.

»Um auf die Frage zurückzukommen, warum die Leute immer noch daran arbeiten«, sagt Nima und bricht damit das Schweigen, »zunächst einmal ist festzustellen, dass das Interesse an Susy stark zurückgegangen ist. Sicher, es arbeiten immer noch Leute daran. Unter Akademikern grassieren eine Menge Krankheiten, und eine davon ist, dass man weiter das macht, was man immer gemacht hat. Es zeigt sich gewissermaßen, dass alle die analytische Fortsetzung dessen betreiben, was sie schon für ihre Doktorarbeit gemacht haben.* Das Gute ist aber, dass es den Experimentatoren egal ist.«

»Man braucht also die Theoretiker, damit sie den Experimentatoren sagen, wo sie suchen sollen.«

»Richtig«, sagt Nima.

Aber ich stimme gern zu, dass wir auf der richtigen Spur sind. Alles ist gut. Machen wir uns wieder an die Arbeit, bauen wir den nächsten Teilchenbeschleuniger und untersuchen, was es mit den Higgs-Teilchen auf sich hat. Die Hilfe von Philosophen brauchen wir nicht.

Im Flieger zurück nach Frankfurt, der Wirkung von Nimas Enthusiasmus entzogen, begreife ich, warum er so einflussreich ist. Im Gegensatz zu mir ist er von dem, was er macht, überzeugt.

---

* Ein Nerd-Scherz. Eine Funktion, die auf den realen Zahlen definiert ist, kann, sofern sie in bestimmter Weise »wohlerzogen« ist, auf die komplexe Zahlenebene fortgesetzt werden. Dies bezeichnet man als die »analytische Fortsetzung« dieser Funktion. Kurzum, sie macht weiter das, was sie immer schon gemacht hat.

Die Diphoton-Diarrhö beginnt

Es ist der 15. Dezember 2015. Wie Tausende meiner Kollegen auf der ganzen Welt sehe ich mir eine vom CERN gestreamte Live-Übertragung an. Heute werden Mitarbeiter der beiden größten LHC-Experimente, CMS und ATLAS, ihre ersten Ergebnisse des zweiten Durchlaufs präsentieren, Messungen, mit denen kürzere Entfernungen untersucht wurden als in irgendeinem Experiment zuvor.

Jim Olsen vom CMS-Team betritt die Bühne. Er legt die Konstruktion des Detektors und die Analysemethoden des Projekts dar. Ich wünschte, ich könnte vorspulen. Womöglich ist heute der Tag, an dem das Standardmodell zu zerbröseln beginnt – ich möchte die Daten sehen, nicht Fotos von Magneten!

Im ersten Durchlauf waren kleine Abweichungen von den Voraussagen des Standardmodells aufgetaucht. Solche Abweichungen können zufällig sein – was häufig der Fall ist –, als Ergebnis regelloser Schwankungen. Wissenschaftler bestimmen daher für jede Abweichung von ihren zur Zeit besten Theorien einen Maßstab der Zuverlässigkeit, ausgedrückt in der Wahrscheinlichkeit, mit der die Abweichung auf bloßem Zufall beruht. Die Ausreißer in den Daten des ersten Durchlaufs hatten noch eine Zufallswahrscheinlichkeit von 1 zu 100. Solche Schwankungen tauchen ständig auf und verschwinden wieder, so dass sie keinen Grund zur Aufregung bieten.

Jetzt geht Olsen die CMS-Ergebnisse durch. Tatsächlich sind sämtliche Schwankungen des ersten Durchlaufs jetzt weniger signifikant, das heißt, sie waren mit großer Sicherheit weißes Rauschen. Das Team hat dann die Daten des zweiten Durchlaufs nach Zeichen für die in den letzten Jahren beliebten Hypothesen durchsucht. Aber sie haben nichts gefunden: keinerlei Belege für Extradimensionen, keine Superpartner, keine kleinen Schwarzen Löcher, keine vierte Fermionengeneration. Vor einem großen Presseaufgebot verkündet, ist der Großteil nichts weiter als eine Kette von Null-Resultaten. Ich frage mich, was Gordon Kane davon hält.

Doch dann, ganz am Ende, enthüllt Olsen eine neue Abweichung vom Standardmodell: zu viele Zerfallereignisse, in deren Folge zwei Photonen übrigbleiben. Der als »Diphoton-Anomalie« bezeichnete Überschuss passt zu keiner der bisherigen Voraussagen und ist auch mit dem Standardmodell nicht vereinbar. Er ist mit keiner der bisherigen Theorien in Einklang zu bringen. Damit übergibt Olsen an Marumi Kado vom ATLAS-Team.

Kados Zusammenfassung ist praktisch mit der von Olsen identisch. Die alten Schwankungen sind beinahe verschwunden, aber auch ATLAS hat einen Diphoton-Überschuss an einer Stelle entdeckt, an die er eigentlich nicht hingehört. Dass er in beiden Experimenten gefunden wurde, senkt die Gefahr, es könnte reiner Zufall sein, erheblich. Zusammengenommen kommt man zu einer Wahrscheinlichkeit von 3 zu 10000, dass der Überschuss nur eine zufällige Schwankung ist. Das ist immer noch weit unter dem Gewissheitsmaßstab, den Teilchenphysiker für eine Entdeckung verlangen, der ungefähr bei 1 zu 3,5 Millionen liegt. Dennoch, das könnte er sein, denke ich, der erste Schritt auf dem Weg zu einem grundlegenderen Naturgesetz. Wir fangen sofort an zu diskutieren, um was es sich handeln könnte.

Einen Tag danach listet der Open-Access-Server arXiv.org zehn neue Artikel über die Diphoton-Anomalie auf.

KURZ GESAGT

- Theoretische Physiker haben an den bislang entdeckten Naturgesetzen viel zu bemängeln. Vor allem mögen sie keine unnatürlichen Zahlen.
- Natürlichkeit wird mindestens seit dem 16. Jahrhundert als Leitlinie für die Theorieentwicklung benutzt. Manchmal hat das hingehauen, manchmal auch nicht.

- Natürlichkeit ist kein mathematisches Kriterium, sondern eher ein mathematisch formuliertes Schönheitsideal. Ihr mangelnder Erfolg rechtfertigt nicht ihre Verwendung, erst recht nicht als erfahrungsbasiert.

Fünftes Kapitel
Ideale Theorien

In welchem ich das Ende der Wissenschaft suche und feststelle, dass die Phantasie der theoretischen Physiker endlos ist. Ich fliege nach Austin, lasse einen Vortrag von Steven Weinberg über mich ergehen und erkenne, dass wir Vieles nur machen, um der Langeweile zu entkommen.

Überrasche mich – aber nicht zu sehr

Sie werden überrascht sein zu hören, wie viel Bach mit den Beatles gemeinsam hat.

Im Jahr 1975 beschäftigten sich Richard Voss und John Clarke, beide als Physiker in Berkeley tätig, mit dem Rauschen elektronischer Geräte.[1] Zum Spaß wendeten sie ihre Methode auf unterschiedliche Musikrichtungen an. Erstaunlicherweise stellten sie fest, dass verschiedene Musiktypen – westlich oder östlich, Blues, Jazz oder Klassik – ein gemeinsames Muster aufweisen: Während Lautheit und Tonhöhe je nach Musikstil unterschiedlich ausfallen, nimmt der Umfang der Variation überall mit dem Kehrwert der Frequenz ab, was das sogenannte »1/f-Spektrum« ergibt. Das heißt, lange Variationen sind seltener, aber sie haben keine bevorzugte Länge – ihre Dauer ist beliebig.

Das 1/f-Spektrum hat – theoretisch – keine typische Zeitskala, was der Erwartung widerspricht, dass Metrum oder Takt kennzeichnend für einen Musikstil sind. Die Studie zeigt daher, dass Klangmuster in der Musik Selbstähnlichkeiten oder »Korrelationen« aufweisen, die sich über alle Zeitskalen erstrecken. Weißes Rauschen würde ein konstantes Spektrum aufweisen ohne Korrelationen zwischen den Schwankungen. Eine beliebige Melodieführung entlang benachbarter Tonhöhen hätte starke Korrelationen und ein $1/f^2$-Spektrum.

Irgendwo dazwischen, so haben Voss und Clarke gezeigt, liegen Bach, die Beatles und alles andere, was Sie so im Rundfunk hören.[2]

Intuitiv heißt das, gute Musik existiert im Grenzgebiet zwischen Vorhersagbarkeit und Unvorhersagbarkeit. Wenn wir das Radio anschalten, wollen wir überrascht werden – aber nicht zu sehr. So verwundert es kaum, dass Popmusik ganz einfachen Rezepten folgt und man den Refrain gleich mitsingen kann.

Diese Beobachtung aus der Welt der Musik lässt sich, wie ich meine, auch auf andere Bereiche des menschlichen Lebens übertragen. In der Kunst, in der Literatur und in der Wissenschaft wollen wir ebenfalls überrascht werden, aber nicht zu sehr. Obwohl sie schwerer zu quantifizieren sind als Klangmuster, müssen auch wissenschaftliche Abhandlungen eine Balance zwischen Alt und Neu finden. Neuartigkeit ist gut, aber nur solange sie dem Publikum nicht zu viel abverlangt. Die echten Popstars sind ebenso wie die wissenschaftlichen Popstars Leute, die im Extremen leben; sie bringen uns dazu, dass wir uns an die Stirn fassen und stöhnen: »Warum ist mir das nicht eingefallen?«

Aber Ideen in der Wissenschaft sind anders als in der Kunst kein Selbstzweck; sie sind Mittel zum Zweck, und der besteht darin, die Natur zu beschreiben. In der Wissenschaft können neue Daten Veränderung erzwingen. Aber was ist, wenn es keine neuen Daten gibt? Dann erfinden wir, mehr oder weniger offensichtlich, die Hits der Vergangenheit eben neu. Und die neuen Theorien in der Physik bleiben, wie neue Popsongs, Variationen über bereits vertraute Themen.

***

In der theoretischen Physik sind die derzeit populärsten Themen Einfachheit, Natürlichkeit und Eleganz. Diese Begriffe werden, genau genommen, nie definiert, und auch ich will jetzt keine Definition versuchen; ich werde Ihnen nur erklären, wie sie gebraucht werden.

Einfachheit

Einfachheit bedeutet, mit weniger auszukommen. Aber wie Einstein bereits beobachtet hat, sollte eine Theorie »so einfach wie möglich« sein, »aber nicht noch einfacher«. Die Bedingung der Einfachheit an sich kann nicht für die Theorieentwicklung genutzt werden, weil es viele Theorien gibt, die einfacher sind als jene, die unser Universum beschreiben. Zunächst einmal gibt es keinen guten Grund, warum überhaupt ein Universum existiert oder warum ein Universum Materie enthalten sollte. Oder, um ein weniger nihilistisches Beispiel heranzuziehen, die Quantisierung der Gravitation ist im zweidimensionalen Raum erheblich einfacher – nur bewohnen wir so ein Universum eben nicht.

Einfachheit ist daher nur von relativem Wert. Wir können durchaus nach einer Theorie suchen, die einfacher ist *im Vergleich zu* irgendeiner anderen Theorie, aber nur auf der Basis der Einfachheit alleine lässt sich keine Theorie aufstellen.

Es ist schon beinahe eine Binsenweisheit, dass Wissenschaftler, wenn zwei Theorien dasselbe leisten, sich letztlich für die einfachere entscheiden – warum sollten wir uns das Leben schwerer machen als nötig? Historisch haben sich solche Entscheidungen gelegentlich verzögert, wenn die Einfachheit im Konflikt zu anderen liebgewonnenen Idealen stand, zum Beispiel der Schönheit kreisförmiger Planetenbahnen. Aber die Faulheit hat, wenigstens bisher, immer den Sieg davongetragen.

Es ist nur *fast* eine Binsenweisheit, weil sich die Einfachheit in einem unaufhörlichen Tauziehen mit der Genauigkeit befindet. Zusätzliche Parameter, und daher weniger Einfachheit, ermöglichen in der Regel passgenauere Daten, und wir können mit Hilfe statistischer Methoden berechnen, ob passgenauere Daten einen neuen Parameter rechtfertigen. Über das Für und Wider unterschiedlicher Maßnahmen kann man streiten, aber für unsere Zwecke genügt es zu sagen, dass die Suche nach Theorieerweiterungen, die mit der

Einfachheit in Konflikt geraten könnten, auf einem Gebiet namens Phänomenologie erfolgt.[3]

Objektiv beziffern lässt sich Einfachheit anhand der Rechenkomplexität. Sie wird mit Hilfe der Länge eines Computerprogramms gemessen, das eine Berechnung durchführt. Rechenkomplexität ist im Prinzip für jede Theorie quantifizierbar, die in einen Computercode umgewandelt werden kann, also auch für die Theorietypen, die wir derzeit in der Physik verwenden. Wir sind jedoch keine Computer, und die Rechenkomplexität ist daher kein Maß, das wir tatsächlich benutzen. Die menschliche Vorstellung von Einfachheit basiert vielmehr weitgehend auf der leichten Anwendbarkeit, die eng mit unserer Fähigkeit verknüpft ist, eine Idee zu begreifen, im Kopf zu behalten und so lange hin und her zu schieben, bis eine wissenschaftliche Abhandlung dabei herauskommt.

Um bei mutmaßlich neuen Naturgesetzen Einfachheit zu erreichen, versuchen die Theoretiker derzeit, die Zahl der getroffenen Annahmen gering zu halten. Das kann erfolgen, indem man die Zahl der Parameter, die Zahl der Felder oder, ganz allgemein, die Zahl der Axiome einer Theorie reduziert. In der Regel geschieht dies derzeit durch Vereinheitlichung und durch das Hinzufügen von Symmetrien.

Dass eine grundlegende Theorie keine unerklärten Parameter haben sollte, davon hat schon Einstein geträumt:

> Die Natur ist so beschaffen, daß man für sie logisch derartig stark determinierte Gesetze aufstellen kann, daß in diesen Gesetzen nur rational völlig bestimmte Konstante [sic] auftreten (also nicht Konstante [sic], deren Zahlenwerte verändert werden könnten, ohne die Theorie zu zerstören).[4]

Dieser Traum treibt noch heute die Forschung an. Aber wir wissen nicht, ob fundamentalere Theorien unbedingt einfacher sein müssen. Die Annahme, dass eine fundamentalere Theorie auch einfacher sein sollte – zumindest für die Wahrnehmung –, ist eine Hoffnung, und wir haben keinen Grund zu erwarten, dass sie sich erfüllt.

Natürlichkeit

Im Gegensatz zur Einfachheit, die die Zahl der Annahmen ins Visier nimmt, bewertet die Natürlichkeit die Art der Annahmen. Hier handelt es sich um den Versuch, das menschliche Element loszuwerden, denn die Einfachheit fordert, dass eine »natürliche« Theorie keine Annahmen verwenden sollte, die wie Rosinen aus einem Kuchen gepickt wurden.

Technische Natürlichkeit unterscheidet sich insofern von allgemeiner Natürlichkeit, als sie nur auf die Quantenfeldtheorie anwendbar ist. Beide haben aber eine gemeinsame Basis: Eine wahrscheinlich nicht zufällig aufgetretene Annahme ist zu vermeiden.

Das Natürlichkeitskriterium ist jedoch ohne zusätzliche Annahmen nutzlos, also Annahmen, deren Auswahl nicht erklärt wird, und folglich haben wir es erneut mit Rosinenpickerei zu tun. Das Problem ist, dass es unendlich viele Möglichkeiten gibt, wie etwas auf Zufall zurückzuführen sein kann, und daher bedarf die Bezugnahme auf den Zufall selbst bereits einer Auswahl.

Man betrachte folgendes Beispiel. Wenn Sie einen regelmäßigen Würfel haben, ist die Wahrscheinlichkeit, dass eine der sechs Zahlen erscheint, jeweils gleich groß: 1 zu 6. Im Fall eines unregelmäßigen Würfels kann die Wahrscheinlichkeit für jede Zahl unterschiedlich sein. Der unregelmäßige Würfel hat eine andere »Wahrscheinlichkeitsverteilung«, das heißt, eine Funktion, die die Wahrscheinlichkeit eines jeden möglichen Ergebnisses kodiert. Das kann jede beliebige Funktion sein, solange die Summe der Wahrscheinlichkeiten 1 beträgt.

Wenn wir sagen, etwas sei zufällig, ohne eine Bedingung anzugeben, meinen wir meist, dass es sich um eine gleichmäßige

Wahrscheinlichkeitsverteilung handelt, das heißt eine Verteilung mit gleicher Wahrscheinlichkeit für jedes Ergebnis, wie bei einem regelmäßigen Würfel. Aber warum sollte die Wahrscheinlichkeitsverteilung für die Parameter einer Theorie gleichmäßig sein? Wir haben nur einen Satz von Parametern, die unsere Beobachtungen beschreiben. Das ist, als würde uns jemand das Ergebnis für das einmalige Werfen eines Würfels sagen. Aber damit erfahren wir nichts über die Gestalt des Würfels. Die gleichmäßige Verteilung, wie beim regelmäßigen Würfel, mag hübsch aussehen. Aber es handelt sich genau um die Form menschlicher Vorentscheidungen, die mittels Natürlichkeit ausgeschaltet werden soll.*

Schlimmer noch, selbst wenn Sie mittels Rosinenpickerei zu einer Wahrscheinlichkeitsverteilung gelangt sind, bleibt Natürlichkeit ein bedeutungsloses Kriterium, weil es auf einen Schlag alle Theorien, die wir irgendwie ersinnen können, unnatürlich macht. Das kommt daher, dass die Natürlichkeitsanforderungen derzeit selektiv nur auf einen Annahmetyp angewendet werden: dimensionslose Zahlen. Doch in der Theorieentwicklung treffen wir noch viele andere Annahmen, die »nur« ausgewählt werden, um Beobachtungen zu erklären. Aber darüber reden wir normalerweise nicht.

Ein Beispiel ist die Stabilität des Vakuums. Hier handelt es sich um eine gängige Annahme, die dafür sorgt, dass das Universum um uns herum nicht spontan auseinanderbricht und uns in Stücke reißt. Das leuchtet ein. Es gibt aber unendlich viele »schlechte« Theorien, bei denen das passieren kann. Diese Theorien sind nicht schlecht, weil sie mathematisch falsch wären; sie sind einfach deshalb schlecht, weil sie nicht beschreiben können, was wir sehen. Die Vakuumstabilität wurde nur zu dem Zweck ausgewählt, die Natur zu beschreiben, und doch beklagt sich nie jemand, sie gründe auf Rosinenpickerei und sei »unnatürlich«. Es gibt noch viele andere Annahmen, die wir

---

* Anm. Eine fachwissenschaftliche Version dieses Arguments finden Sie in Anhang B.

einfach deshalb auswählen, weil sie funktionieren, und nicht, weil sie irgendwie wahrscheinlich wären. Und wenn wir bereit sind, all die anderen Annahmen einfach »darum« zu akzeptieren, warum akzeptieren wir es dann nicht, wenn ein Parameter herausgepickt wird?

»Nun ja«, wenden Sie vielleicht ein, »wir müssen ja irgendwo anfangen. Also fangen wir mit der Erklärung der Parameter an und kommen später zu den komplizierteren Annahmen.«

Sehen Sie, erwidere ich, der bloße Versuch einer Rechtfertigung, warum wir genau diese Annahmen verwenden, ist logisch nicht zu begründen: Sofern Sie es nicht gutheißen, wenn Annahmen mit anderen als mathematischen Mitteln ausgewählt werden, dann ist die einzige erlaubte Anforderung für eine physikalische Theorie ihre mathematische Widerspruchsfreiheit. Folglich sind alle logisch stimmigen Axiome gleich gut, und davon gibt es unendlich viele. Aber das taugt nicht dazu, die Natur zu beschreiben – wir wollen nicht einfach nur widerspruchsfreie Theorien auflisten, wir wollen unsere Beobachtungen erklären. Und dafür müssen wir zwangsläufig Voraussage und Beobachtung vergleichen, um brauchbare Annahmen für unsere Theorien auszuwählen. Und genau das haben wir getan, bevor wir uns in Ideale wie die Natürlichkeit verrannt haben.

Ebenso wenig ist die Idee, dass Zahlen nahe an 1 irgendwie vorzuziehen seien, in der Mathematik verwurzelt. Wenn Sie ein wenig in obskuren Teilbereichen der Mathematik buddeln, werden Sie auf Zahlen aller Formen und Größen stoßen, je nach Geschmack. Ein verblüffendes Beispiel ist die Zahl der Elemente der zu Recht so genannten »Monstergruppe«. Sie beläuft sich auf 808 017 424 794 512 875 886 459 904 961 710 757 005 754 368 000 000 000.

Das ist rund 10^{54}, falls Sie keine Lust haben, Stellen zu zählen. Glücklicherweise muss derzeit keine Zahl dieser Größe in der Physik erklärt werden; andernfalls hätte bestimmt jemand versucht, zu diesem Zweck die Monstergruppe zu verwenden.

Deshalb, nein, wir können nicht die Mathematik für unsere Liebe zu Zahlen, die wir als angenehm empfinden, verantwortlich machen. Verstehen Sie mich nicht falsch – ich gebe zu, dass es allgemein wünschenswert ist, eine bessere Erklärung für jede beliebige Annahme zu finden, die wir machen. Ich wende mich nur gegen die Idee, dass bestimmte Zahlen einen besonderen Erklärungsbedarf haben, während andere Probleme auf der Strecke bleiben.

Und ich beeile mich hinzuzufügen, dass Natürlichkeit nicht immer nutzlos ist. Sie kann zur Anwendung kommen, wenn wir die Wahrscheinlichkeitsverteilung kennen – zum Beispiel die Verteilung der Sterne im Universum oder die Verteilung der Schwankungen in einem Medium. Wir können Aussagen darüber machen, was eine »natürliche« Distanz zum nächsten Stern ist und was nicht oder was ein »wahrscheinliches« Ereignis ist. Und wenn wir eine Theorie haben, die, wie das Standardmodell, bei näherer Betrachtung viele natürliche Parameter aufweist, ist es durchaus vernünftig, diese Regelmäßigkeit hochzurechnen und sie als Grundlage für Voraussagen zu verwenden. Wenn sich aber die Voraussage als nicht richtig erweist, sollten wir das zur Kenntnis nehmen und weiterziehen.

In der Praxis bedeutet die Dominanz der Natürlichkeit, dass Sie niemanden davon überzeugen können, ein Experiment durchzuführen, ohne ein Argument dafür zu liefern, warum eine neue Physik »natürlicherweise« im Messbereich gerade dieses Experiments erscheinen sollte. Weil aber Natürlichkeit von Grund auf ästhetisch ist, können wir immer neue Argumente ersinnen und die Zahlen korrigieren. Das hat dazu geführt, dass jahrzehntelang Voraussagen neuer Effekte gemacht wurden, die gerade noch mit einem jeweils neuentwickelten Experiment überprüfbar waren. Und wenn dann mit diesem Experiment nichts entdeckt wurde, revidierte man die Voraussagen so, dass sie in den Messbereich des nächsten neuentwickelten Experiments fielen.

Eleganz

Und schließlich wäre da noch die Eleganz, ein besonders schwer fassbares Kriterium. Häufig wird es als Kombination von Einfachheit und Überraschung beschrieben, die gemeinsam relevantes neues Wissen zutage fördern. Eleganz entdecken wir im Aha-Erlebnis, dem Augenblick der Erkenntnis, in dem alles Sinn ergibt. Der Philosoph Richard Dawid bezeichnet es als »unerwarteten erklärenden Schluss« – die unvorhergesehene Verbindung zwischen zuvor Unverbundenem. Aber es ist auch das Einfache, das zum Komplexen führt und dabei einen neuen Blick auf unberührtes Terrain öffnet, einen Reichtum an Struktur, der – überraschenderweise – aus der Sparsamkeit erwächst.

Eleganz ist ein unverfroren subjektives Kriterium, und obwohl ihm viele folgen, hat noch niemand versucht, es zu formalisieren und für die Theorieentwicklung zu nutzen. Bisher. Richard Dawid hat als Erster den Versuch unternommen, durch den »unerwarteten erklärenden Schluss« in der von ihm vorgeschlagenen Methode der Theoriebewertung Eleganz zu definieren. Aber insoweit es sich um einen erklärenden Schluss handelt, ist hier die Forderung der Widerspruchsfreiheit enthalten, die ohnehin eine Qualitätsanforderung darstellt. Und insoweit der Schluss »unerwartet« sein soll, wird damit eine Aussage über die Fähigkeit des menschlichen Gehirns getroffen, mathematische Ergebnisse zu antizipieren, bevor sie abgeleitet wurden. Daher bleibt Eleganz ein subjektives Kriterium.

Schönheit ist nun schließlich eine Kombination aus den obengenannten Faktoren: Einfachheit, Natürlichkeit und eine Prise Überraschung. Nach diesen Regeln spielen wir. Am Ende wollen wir ja niemanden allzu sehr überraschen.

***

Je mehr ich mich bemühe zu verstehen, warum sich meine Kollegen auf Schönheit berufen, desto weniger begreife ich es. Mathematische

Strenge musste ich verwerfen, weil sie auf der Auswahl von A-priori-Wahrheiten beruhen, eine Auswahl, die an sich nicht streng ist und damit die Idee ins Absurde verkehrt. Auch konnte ich keine mathematische Grundlage für Einfachheit, Natürlichkeit oder Eleganz finden, die jeweils am Ende doch subjektive, menschliche Werte sind. Wenn wir diese Kriterien benutzen, überschreiten wir, wie ich fürchte, die Grenzen der Wissenschaft.

Jemand muss mir meinen wachsenden Verdacht ausreden, dass theoretische Physiker kollektiv einer Wahnidee anhängen und unfähig oder nicht willens sind, sich ihr unwissenschaftliches Vorgehen einzugestehen. Ich muss mit jemandem reden, der die Erfahrung gemacht hat, dass diese Kriterien funktionieren, eine Erfahrung, die mir fehlt. Und ich kenne den richtigen Mann dafür.

Pferdezüchten

Austin, Texas, im Januar. Ich habe solche Angst, zu meiner Verabredung mit Steven Weinberg zu spät zu kommen, dass ich eine Stunde zu früh erscheine. Um diese Tageszeit kann ich eine große Tasse Kaffee vertragen. Als sie halb leer ist, fragt ein junger Mann, ob er sich zu mir setzen darf. Klar, sage ich. Er legt ein dickes Buch auf den Tisch und vertieft sich in den Text, macht sich Notizen. Ich werfe einen Blick auf die Gleichungen. Klassische Mechanik, ganz am Anfang des ersten Semesters theoretische Physik.

Eine Gruppe Studenten geht plaudernd vorbei. Ich frage den fleißigen jungen Mann, ob er weiß, aus welcher Vorlesung sie wohl kommen. »Nein, tut mir leid«, erwidert er und fügt hinzu, dass er erst seit zwei Wochen hier ist. Ob er sich schon entschieden hat, frage ich, auf welchen Bereich der Physik er sich spezialisieren möchte? Er verrät mir, dass er die Bücher von Brian Greene gelesen hat und sich sehr für die Stringtheorie interessiert. Ich sage ihm, dass es noch andere Möglichkeiten gibt außer der Stringtheorie, dass Physik nicht Mathematik ist und Logik allein nicht reicht, um die richtige Theorie zu finden. Aber ich glaube kaum, dass ich gegen Greene punkten kann.

Ich gebe dem jungen Mann meine E-Mail-Adresse, dann stehe ich auf und gehe einen fensterlosen Korridor entlang, vorbei an verblichenen Konferenzplakaten und Seminarankündigungen, bis ich ein Türschild mit der Aufschrift »Prof. Steven Weinberg« finde. Ich werfe einen Blick hinein, aber der Professor ist noch nicht da. Seine Sekretärin ignoriert mich, also warte ich und betrachte meine Füße, bis ich Schritte auf dem Korridor höre.

»Ich soll jetzt mit einer Schriftstellerin sprechen«, sagt Weinberg und sieht sich um, aber da bin nur ich. »Sind Sie das?«

Stets auf neue Gelegenheiten erpicht, mich völlig unzulänglich zu fühlen, sage ich ja, denke aber, ich sollte nicht hier sein, sondern an meinem Schreibtisch sitzen, einen Aufsatz lesen, Forschungsgelder beantragen oder wenigstens ein Gutachten schreiben. Ich sollte darauf verzichten, eine Community einer Psychoanalyse zu unterziehen, die eine Therapie weder braucht noch will. Und ich sollte nicht vorgeben, etwas zu sein, das ich nicht bin.

Weinberg runzelt die Stirn und zeigt auf sein Büro.

Sein Büro ist, wie sich herausstellt, halb so groß wie meins, eine Entdeckung, die meinen ohnehin minimalen Ehrgeiz, einen Nobelpreis zu bekommen, vollends zunichtemacht. Natürlich habe ich nicht all diese Ehrentitel an der Wand. Auch steht auf meinem Schreibtisch keine Reihe von Büchern aus meiner Feder. Weinberg bringt es inzwischen auf ein Dutzend.

Sein Werk *Gravitation and Cosmology* war das erste Lehrbuch, das ich mir gekauft habe und von dem ich mich nicht mehr trennen konnte. Es war so atemberaubend teuer, dass ich es, aus Angst, ich könnte es verlegen, fast ein Jahr lang mit mir herumschleppte, wohin ich auch ging. Das Buch begleitete mich zum Sport. Ich aß mit dem

Buch neben meinem Teller. Ich schlief mit dem Buch. Und schließlich schlug ich es auch auf.

Das Buch hat einen schlichten dunkelblauen Einband mit goldenen Lettern; es ist der ideale Staubfänger. Stellen Sie sich vor, wie aufgeregt ich war, als ich erfuhr, dass der Autor noch lebte und nicht etwa, wie ich angenommen hatte, ein längst verstorbener Zeitgenosse Einsteins und Heisenbergs war, deren Werke ich bis dahin vor allem konsultiert hatte. Und der Autor war nicht nur quicklebendig, sondern er brachte in den folgenden Jahren drei Bände über die Quantenfeldtheorie heraus. Die nahm ich auch mit ins Bett.

Heute ist Weinberg Mitte achtzig, immer noch in der Forschung aktiv, schreibt weiterhin Bücher und bringt gerade ein neues heraus. Wenn es auf diesem Planeten jemanden gibt, der mir sagen kann, warum ich mich bei meiner Forschungsarbeit auf Schönheit und Natürlichkeit verlassen sollte, dann er. Ich nehme meinen Notizblock zur Hand, setze mich und hoffe, dass ich nun tatsächlich wie eine Schriftstellerin aussehe.

Als ich mein Aufnahmegerät einschalte, denke ich: Jetzt kann ich endlich nach diesem verdammten Pferdezüchter fragen.

»Sie verwenden diese Analogie mit dem Pferdezüchter. Daraus könnte man schließen, dass es auf Erfahrung beruht, wenn man bei der Theoriebildung auf Schönheit achtet?«

»Ja, ich denke schon«, erwidert Weinberg. »Wenn man bis zu den Griechen der hellenischen Epoche, bis zur Zeit von Aristoteles zurückgeht ...«

Weinberg redet nicht mit einem, habe ich mir sagen lassen, er hält einem einen Vortrag. Jetzt weiß ich, was damit gemeint war. Und glauben Sie mir, er redet wie ein Buch, beinahe druckreif.

»Wenn man bis zu den Griechen der hellenischen Epoche, bis zur Zeit von Aristoteles zurückgeht, zeigt sich, dass sie glaubten, ein angeborenes Gefühl für Richtigkeit zu besitzen, das eine moralische Qualität hatte. Parmenides zum Beispiel hatte eine unglaublich einfache Naturtheorie, nach der sich niemals etwas ändert. Sie widersprach der Erfahrung, aber er machte sich nie die Mühe, die Erscheinungen mit seiner Theorie der Unveränderlichkeit zu versöhnen. Er verfocht diese Theorie ganz einfach aufgrund der Einfachheit und Eleganz, und, wie ich meine, einer Art Snobismus, dass Veränderung stets weniger edel sei als Beständigkeit. Und im Lauf der Zeit haben wir nicht nur gelernt, dass die Theorien, die durch unser Schönheitsempfinden angeregt werden, durch Erfahrung bestätigt werden müssen, sondern auch, dass sich unser Schönheitsempfinden allmählich aufgrund von Erlebtem verändert.

Zum Beispiel diese wunderbare Idee einer ganzheitlichen Sicht der Natur, wonach dieselben Werte, die das menschliche Leben bestimmen – Liebe und Hass, Konflikt und Gerechtigkeit und so weiter – irgendwie auf die unbelebte Welt angewandt werden können, dieses ganzheitliche Bild von der Natur, wie es etwa in der Astrologie zum Ausdruck kommt, wenn es dort heißt, das, was im Himmel geschieht, habe einen direkten Bezug zu dem, was den Menschen widerfährt. Das hielt man für sehr schön, weil es eine vereinheitlichte Theorie von Allem war. Aber wir haben gelernt, uns davon zu lösen. Wir suchen in den Naturgesetzen nicht länger nach menschlichen Werten. Wir sprechen nicht von edlen Elementarteilchen oder von einem ›gerechten‹ Ergebnis im Sinne Anaximanders, wenn zum Beispiel bei einer Kernreaktion Streuung auftritt.

Unser Schönheitsempfinden hat sich gewandelt. Und wie ich es in meinem Buch beschrieben habe, handelt es sich bei der Schönheit, die wir heute nicht in der Kunst, nicht bei der Inneneinrichtung – oder in der Pferdezucht –, sondern in physikalischen Theorien suchen, um eine Schönheit der Strenge. Wir hätten gern Theorien, die weitestgehend nicht abgewandelt werden können, ohne zu Unmöglichkeiten zu führen, also etwa zu mathematischen Widersprüchen.

Zum Beispiel haben wir im modernen Standardmodell der Elementarteilchen sechs verschiedene Quarks und sechs verschiedene Leptonen.* Sie haben also dieselbe Anzahl. Man könnte sagen, es ist sehr hübsch, dass es eine Eins-zu-eins-Entsprechung gibt. Aber wirklich hübsch daran ist, dass, wenn es *keine* Eins-zu-eins-Entsprechung gäbe, auch keine mathematische Konsistenz vorläge. Bei den Gleichungen entstünde ein Problem, das man fachsprachlich als ›Anomalie‹ bezeichnet, und man hätte keine Widerspruchsfreiheit. Im allgemeinen Formalismus des Standardmodells sind gleich viele Quarks und Leptonen erforderlich.

Das finden wir schön, weil es zum einen unseren Erklärungswunsch befriedigt. Wenn wir wissen, dass es sechs verschiedene Quarks gibt, können wir verstehen, warum es auch sechs verschiedene Leptonen gibt. Befriedigend ist aber auch, dass wir es mit etwas zu tun haben, das praktisch unausweichlich ist. Die Theorie, die wir haben, erklärt sich selbst. Nicht vollständig, wir wissen nicht, warum die Zahl sechs beträgt und nicht vier oder zwölf oder jede andere gerade Zahl – aber in einem gewissen Ausmaß erklärt sie sich unter dem Aspekt der mathematischen Widerspruchsfreiheit. Und das ist wunderbar, weil es uns bei der Erklärung der Welt weiterbringt, um den Titel meines neuestens Buches zu zitieren.«[5]

Kurzgefasst sagt er, wir sind heute so viel klüger, als sie damals waren, weil uns die Mathematik davon abhält, vage oder einander sich widersprechende Annahmen zu treffen. Nach seiner Darstellung sind theoretische Physiker eine Art Halbgötter, die sich ihrem Traum von einer endgültigen Theorie allmählich annähern. Ach, wie gerne würde ich das glauben! Aber ich kann es nicht. Und weil mein Abfall vom Glauben mich hergeführt hat, erhebe ich Einwände gegen die Idee einer sich selbst erklärenden Theorie.

»Aber mathematische Widerspruchsfreiheit scheint mir eine ziemlich schwache Anforderung«, erwidere ich. »Es gibt viele Dinge, die

---

* Leptonen sind die Fermionen des Standardmodells, die keine Quarks sind.

mathematisch widerspruchsfrei sind, aber nichts mit der Welt zu tun haben.«

»Ja, das stimmt«, räumt Weinberg ein. »Und meine Vermutung ist, dass die mathematische Widerspruchsfreiheit am Ende als Anforderung nicht stark genug sein wird, um eine bestimmte mögliche Theorie zu identifizieren. Ich denke, das Beste, worauf wir hoffen können, ist eine Theorie, die einzigartig ist in dem Sinne, dass sie die einzige mathematisch widerspruchsfreie Theorie darstellt, die ergiebig ist, die sehr, sehr viele Phänomene abdeckt und die insbesondere ermöglicht, dass Leben entsteht«, erklärt er.

»Verstehen Sie«, fährt er fort, »ich bin sicher, Sie haben recht, dass mathematische Widerspruchsfreiheit nicht ausreicht, weil wir Theorien erfinden können, die wir für mathematisch konsistent halten, die aber sicherlich nicht die reale Welt beschreiben. Etwa eine Theorie mit nur einem Teilchen, das mit nichts wechselwirkt, das sich in einem leeren Raum befindet, wo niemals etwas passiert – das ist eine mathematisch konsistente Theorie. Aber sie ist nicht besonders interessant oder ergiebig. Und vielleicht wird die reale Welt von der einzigen mathematisch widerspruchsfreien Theorie beherrscht, die eine reichhaltige Welt, zahlreiche Phänomene, eine Menge Geschichte zulässt. Aber wir sind sehr weit davon entfernt, zu diesem Ergebnis zu gelangen. Man stelle sich vor, wir schafften das. Stellen Sie sich vor, theoretische Physiker würden beweisen, dass es nur ein einziges, ultimatives Naturgesetz gibt, das uns geschaffen haben könnte. Endlich würde alles einen Sinn ergeben: Sterne und Planeten, Licht und Dunkelheit, Leben und Tod. Wir wüssten den Grund für jeglichen Zufall, wüssten, dass es nicht anders hätte kommen können, nicht besser und nicht schlechter. Wir wären auf Augenhöhe mit der Natur, wir wären imstande, das Universum zu betrachten und zu sagen: ›Ich verstehe.‹«

Das ist der alte Traum, Sinn im scheinbar Sinnlosen zu finden. Aber es geht nicht nur um eine Theorie, die einleuchtet. Bewaffnet mit diesem Durchbruch, würden theoretische Physiker zu Vermittlern der Wahrheit aufsteigen. In der Gewissheit, wie das Naturgesetz zu wahren ist, würden sie sich der übrigen Wissenschaften annehmen und Einsichten freilegen, um die sich bisher Rätsel ranken. Sie würden die Welt verändern. Sie wären Helden. Und sie würden es endlich schaffen, die Masse des Higgs-Bosons zu berechnen.

Ich sehe den Reiz. Was ich aber nicht sehe, ist, dass die Ableitung eines einzigen Naturgesetzes mehr wäre als ein Traum. Um dorthin zu gelangen, ist die Natürlichkeit, wie ich meine, kein geeignetes Leitprinzip. Und was ist die Alternative? Weinberg drückte seine Hoffnung aus, es gebe nur eine »mathematisch konsistente Theorie, die eine reichhaltige Welt zulässt«. Aber eine konsistente Theorie zu finden, die nicht im Konflikt mit der Beobachtung steht, ist leicht: Man nehme einfach eine Theorie, die keine Voraussagen macht. Das kann er aber nicht gemeint haben, denke ich, also wende ich ein: »Das würde aber erfordern, dass die Theorie genügend Voraussagen macht, die für eine komplexe Atom- und Kernphysik benötigt werden.«

»Ich weiß nicht«, meint Weinberg achselzuckend. »Es kann sein, dass die korrekte Theorie sehr viele verschiedene Urknalle zulässt, um sich aus den Frühstadien des Universums herauszuentwickeln. Bei diesen verschiedenen Urknallen, die alle zur selben Zeit stattfinden, sind die Naturkonstanten ganz unterschiedlich, und wir können nie voraussagen, wie sie aussehen, weil sie, ganz gleich wie sie aussehen, nur in unserem Urknall so beschaffen sind. Das ist, als würde man versuchen, aufgrund erster Prinzipien die Entfernung der Erde von der Sonne vorauszusagen. Offensichtlich gibt es Milliarden Planeten, und sie umkreisen alle ihren Stern mit unterschiedlichen Entfernungen – es gibt also keine Hoffnung, dass wir dies jemals voraussagen können. Es kann auch sein, dass es eine unbegrenzte Zahl von Urknallen gibt. Und die Werte der Naturkonstanten sind einfach so, wie sie zufällig in dem Urknall sind, den wir bewohnen.

Das sind wilde Spekulationen«, sagt Weinberg. »Wir wissen nicht, ob irgendetwas dergleichen wahr ist. Aber rein logisch ist es möglich. Und es gibt physikalische Theorien, in denen es wahr wäre.«

Endlose Möglichkeiten

Sie sind einer von 7 Milliarden Menschen auf diesem Planeten; Ihre Sonne ist ein Stern unter 100 Milliarden in der Milchstraße; die Milchstraße ist eine Galaxie unter 100 Milliarden im Universum. Vielleicht gibt es noch andere Universen, die gemeinsam das sogenannte Multiversum bilden. Hört sich nicht so an, als wäre es eine große Sache? Unter Physikern ist das derzeit die umstrittenste Idee.

Der Kosmologe Paul Steinhardt nennt die Idee des Multiversums »barock, unnatürlich, unüberprüfbar und letztlich gefährlich für Wissenschaft und Gesellschaft«.[6] Paul Davies zufolge ist sie »schlicht naiver Deismus, gekleidet in die Sprache der Wissenschaft«.[7] George Ellis warnt, dass »Verfechter des Multiversums ... implizit neu definieren, was mit ›Wissenschaft‹ gemeint ist«.[8] David Gross findet, dass sie »nach Engeln riecht«.[9] Für Neil Turok ist sie »die ultimative Katastrophe«.[10] Und der Wissenschaftsautor John Horgan beklagt: »Multiversumstheorien sind keine Theorien – sie sind Science Fiction, Theologien, Werke der Vorstellungskraft, befreit vom Zwang, Beweise vorzulegen«.[11]

Auf der anderen Seite der Kontroverse engagiert sich Leonard Susskind, der es aufregend findet »zu denken, dass das Universum viel größer, reichhaltiger und vielfältiger sein könnte, als wir je erwartet haben«.[12] Bernard Carr meint: »Die Vorstellung eines Multiversums bringt eine neue Sicht auf die Natur der Wissenschaft mit sich, und es überrascht nicht, dass dies intellektuelles Unbehagen weckt«.[13] Max Tegmark gibt zu bedenken, dass Gegner des Multiversums eine »emotionale Abneigung dagegen [haben], nicht mehr im Mittelpunkt zu stehen«.[14] Und Tom Siegfried findet, die Kritiker hätten »dieselbe Haltung, die einige Wissenschaftler und Philosophen des 19. Jahrhunderts veranlasste, die Existenz des Atoms zu leugnen«.[15] Autsch.

Worin besteht also das Problem? Es besteht darin, dass nach Einstein im Raum nichts schneller reisen kann als das Licht. Das heißt, in jedem Augenblick setzt die Lichtgeschwindigkeit der Entfernung, die wir überblicken, eine Grenze, und diese Grenze bezeichnet man als »Ereignishorizont«. Jeder Bote außer dem Licht wäre langsamer als oder – im Fall der Gravitation selbst – genauso schnell wie das Licht. Wenn also etwas so weit entfernt ist, dass davon ausgehendes Licht uns noch nicht erreichen konnte, sind wir nicht in der Lage zu beurteilen, ob es überhaupt existiert.

Aber obgleich im Raum nichts schneller reisen kann als das Licht, kennt der Raum selbst keine solche Grenze. Er kann sich schneller ausdehnen als Licht, und im Multiversum tut er das auch, folglich gibt es Regionen, aus denen uns das Licht nie erreichen kann. Im Multiversum befinden sich alle anderen Universen in solchen Regionen, und deshalb sind sie kausal von uns abgekoppelt. Auf ewig außer Reichweite. Daher, so die Gegner des Multiversums, kann man es niemals messen, und folglich liegt es außerhalb der Wissenschaft.

Im Gegenzug heben die Verfechter des Multiversums hervor, nur weil eine Theorie Elemente habe, die nicht beobachtbar seien, heiße das nicht, die Theorie könne keine Voraussagen machen. Seit den Anfängen der Quantenmechanik wissen wir, dass es falsch ist zu fordern, alle mathematischen Strukturen einer Theorie müssten direkt mit Beobachtbarem korrespondieren. Zum Beispiel sind Wellenfunktionen an sich nicht messbar; messbar ist lediglich die Wahrscheinlichkeitsverteilung, die von der Wellenfunktion ableitbar ist. Nun ist nicht jeder mit dieser Situation zufrieden. Aber wir sind uns alle einig, dass die Quantenmechanik trotzdem höchst erfolgreich ist.

Wie bereitwillig Physiker nicht beobachtbare Bestandteile einer Theorie als notwendig akzeptieren, hängt von ihrem Vertrauen in die Theorie und von ihrer Hoffnung ab, dass sie zu tieferen Einblicken führen könnte. Aber a priori ist eine Theorie, die nicht beobachtbare Elemente enthält, nicht unbedingt unwissenschaftlich.

Voraussagen aus einem angenommenen Multiversum zu ziehen, obwohl es größtenteils nicht zu beobachten ist, könnte möglich sein, indem man die Wahrscheinlichkeit untersucht, mit der eines der Universen im Multiversum Naturgesetzen wie den unseren folgt. Wir wären dann zwar immer noch nicht in der Lage, die fundamentalen Naturgesetze in unserem Universum tatsächlich abzuleiten, aber wir könnten imstande sein zu folgern, welche Gesetze wir höchstwahrscheinlich beobachten würden. Und das, so die Verfechter der Idee, ist das Beste, was wir erreichen können. Es ist ein Paradigmenwechsel, eine veränderte Sicht auf die Frage, was es überhaupt zu bedeuten hat, dass eine Aussage wissenschaftlich ist. Wenn Sie das nicht glauben, wenn Sie die neue Wissenschaft nicht akzeptieren, dann behindern Sie den Fortschritt und hinken hoffnungslos hinterher, Sie sind nur noch ein Fossil, das auf seine Beisetzung im Sediment wartet.

Man kann im Multiversum keine Wahrscheinlichkeiten berechnen, wenden die Gegner der Idee ein, weil es unendlich viele Fälle aller Wahrscheinlichkeiten gibt und man keine sinnvollen Vergleiche zwischen einer Unendlichkeit und anderen Unendlichkeiten anstellen kann. Es ist zwar möglich, aber dafür benötigt man ein mathematisches System – eine Wahrscheinlichkeitsverteilung oder ein »Maß« – das einem sagt, wie die Unendlichkeiten gezähmt werden können. Und woher stammt diese Wahrscheinlichkeitsverteilung? Dafür benötigt man eine weitere Theorie, und an diesem Punkt kann man genauso gut versuchen, eine Theorie aufzustellen, die gar nicht erst all diese unbeobachtbaren Universen produziert.

Wir haben da keine Wahlfreiheit, entgegnen die Verfechter der

Multiversumstheorie. Wenn wir in der besten aller möglichen Welten leben, was ist dann mit allen anderen möglichen Welten? Die kann man nicht einfach ignorieren. Wir haben uns das nicht ausgedacht, sagen sie; unsere Theorien zwingen uns diese Überlegungen auf. Es liegt nicht an uns; es ist die Mathematik, die uns dazu bringt. Und die Mathematik lügt nicht. Wir sind lediglich objektiv, gute Wissenschaftler, sagen sie. Wenn ihr euch gegen diese Einsichten stellt, dann seid ihr Leugner und weigert euch einfach, die unbequemen logischen Konsequenzen zu akzeptieren.

Und so geht es seit zwei Jahrzehnten.

***

Wir haben keinen Grund zu der Annahme, das Universum ende am Ereignishorizont und wir würden ab morgen entdecken, dass es jenseits dessen, was wir heute sehen, keine Galaxien mehr gibt. Aber wie weit die Verteilung von Galaxien, die der unseren ähneln, um uns herum reicht, weiß niemand, und es kann auch niemand wissen. Wir wissen nicht einmal, ob sich der Raum unendlich fortsetzt oder ob er sich letztlich in sich selbst zurückkrümmt, was zu einem endlichen, geschlossenen Universum führen würde, dessen Radius viel größer und damit weiter ist, als wir derzeit blicken können.

Diese Fortsetzung des Universums, wie wir es kennen, ist unumstritten und hat nichts damit zu tun, was normalerweise unter den Begriff »Multiversum« fällt. Ein richtiges Multiversum enthält vielmehr Regionen, die keinerlei Ähnlichkeit mit dem haben, was wir rundum beobachten. Und es gibt verschiedene derartige Multiversen, die theoretische Physiker heute für eine logische Konsequenz ihrer Theorien halten:

1. Ewige Inflation

Unsere Erkenntnisse über das frühe Universum sind begrenzt, weil wir wenig darüber wissen, wie sich Materie bei Temperaturen und Dichten verhält, die höher sind, als wir sie bisher untersuchen konnten. Allerdings können wir unsere Theorien – das Standardmodell und das Konkordanzmodell – extrapolieren, indem wir annehmen, dass sie weiterhin so funktionieren, wie wir es kennen. Und wenn wir das Verhalten von Materie auf immer frühere Zeitpunkte extrapolieren, dann müssen wir zugleich das Verhalten der Raumzeit extrapolieren.

Großen Zuspruch findet derzeit eine Extrapolation in die Vergangenheit, die davon ausgeht, dass das Universum einst eine Phase rapider Expansion durchlaufen hat, die man als »Inflation« bezeichnet. Die Inflation wird durch ein neues Feld verursacht, das »Inflaton-Feld«, das eine Beschleunigung der Expansion des Universums bewirkt. Das Inflaton bläht das Universum auf wie die Dunkle Energie, tut dies aber sehr viel schneller. Sobald die Inflation endet, wird die Energie des Inflatons in die Teilchen des Standardmodells und in Dunkle Materie umgewandelt. Von da an verläuft die Geschichte des Universums so, wie wir es in Kapitel 4 erörtert haben.

Für die Inflation sprechen diverse Hinweise, aber die Beweislage ist nicht überwältigend. Dennoch haben Physiker diese Extrapolation weiter extrapoliert, was zur sogenannten »ewigen Inflation« führt. In der ewigen Inflation ist unser Heimatuniversum nur ein kleiner Fleck in einem viel größeren – ja sogar unendlich großen – Raum, der sich aufbläht und sich in alle Ewigkeit aufblähen wird. Weil aber das Inflaton Quantenfluktuationen aufweist, können dort, wo die Inflation endet, Blasen auftreten, und wenn solche Blasen groß genug sind, entstehen daraus Galaxien. Unser Universum befindet sich in einer solchen Blase. Außerhalb unserer Blase bläht sich der Raum weiterhin auf, und zufällig auftretende Quantenfluktuationen bringen weitere Blasen-Universen hervor – bis in alle Ewigkeit. Diese

Blasen bilden das Multiversum. Wenn man diese Theorie für richtig hält, so die Verfechter des Multiversums, müssen die anderen Universen genauso real sein wie unseres.

Die Idee der ewigen Inflation ist fast so alt wie die der Inflation selbst; sie ist 1983 als unbeabsichtigte Nebenwirkung der ersten Inflationsmodelle aufgetreten.[16] Die ewige Inflation blieb jedoch bis Mitte der 1990er Jahre weitgehend unbeachtet, als Stringtheoretiker sie für ihre Zwecke entdeckten. Heute führen die meisten, aber nicht alle[17] Inflationsmodelle zu einem Multiversum.

Im Multiversum der ewigen Inflation, mit einer unendlichen Zahl von Wiederholungen, ausgelöst durch zufällige Quantenfluktuationen, wird alles, was geschehen kann, irgendwann einmal geschehen. Ewige Inflation impliziert daher, dass es Universen gibt, in denen sich die Geschichte der Menschheit in jeder Weise abspielt, die mit den Naturgesetzen vereinbar ist. Und in einigen davon wird Ihnen das einleuchten.

2. Die Landschaft der Stringtheorie

Stringtheoretiker hofften, eine Theorie von Allem zu entdecken, die sowohl das Standardmodell umfasst als auch die Allgemeine Relativitätstheorie. Aber seit Ende der 1980er Jahre wurde deutlich, dass die Theorie nicht voraussagen kann, welche Teilchen, Felder und Parameter wir im Standardmodell haben. Vielmehr führt die Stringtheorie in eine ganze Landschaft von Möglichkeiten. In dieser Landschaft entspricht jeder Punkt einer anderen Version der Theorie mit unterschiedlichen Teilchen und unterschiedlichen Parametern und Naturgesetzen.

Wenn man die Stringtheorie für die endgültige Theorie hält, dann ist diese fehlende Vorhersagbarkeit ein großes Problem: Sie bedeutet, dass die Theorie nicht erklären kann, warum wir dieses spezielle Universum beobachten. Um also den Anspruch, die endgültige

Theorie zu liefern, mit der mangelnden Vorhersagbarkeit zu vereinbaren, mussten Stringtheoretiker hinnehmen, dass jedes mögliche Universum in der Landschaft dasselbe Existenzrecht besitzt wie das unsere. Folglich leben wir in einem Multiversum. Die Landschaft der Stringtheorie ging bequemerweise eine Verbindung mit der ewigen Inflation ein.

3. Viele Welten

Die Viele-Welten-Interpretation ist eine Variante der Quantenmechanik (mehr dazu in Kapitel 6). In dieser Deutung wird nicht etwa nur eins der Ergebnisse, für die die Quantenmechanik Wahrscheinlichkeiten voraussagt, realisiert, sondern alle und jedes in seinem eigenen Universum. Zu diesem Bild der Wirklichkeit gelangen wir durch Weglassen der Annahme, dass der quantenmechanische Messprozess ein bestimmtes Ergebnis herausgreift. Wieder sehen wir hier ein Vertrauen in die Mathematik, gepaart mit dem Wunsch nach Einfachheit, das zu multiplen Universen führt.

Die vielen Welten der Quantenmechanik unterscheiden sich von den oben beschriebenen unterschiedlichen Universen in der Landschaft, weil die Existenz vieler Welten nicht unbedingt einen Wechsel der Teilchenarten von einem Universum zum nächsten bedeutet. Es ist jedoch möglich, diese unterschiedlichen Multiversen zu einem noch größeren Multiversum zu vereinigen.[18]

4. Das mathematische Universum

Das mathematische Universum treibt den Anspruch, eine endgültige Theorie aufzustellen, ins Extreme. Da jede Theorie, die unser Universum beschreibt, die Wahl einer Mathematik unter allen möglichen Mathematiken erfordert, kann eine ultimative endgültige Theorie nicht jede einzelne Wahl rechtfertigen, weil dies für deren Erklärung eine weitere Theorie erfordern würde. Deshalb muss die logische Schlussfolgerung lauten, dass in der einzigen endgültigen Theorie alle Mathematiken existieren und somit ein Multiversum bilden, in dem die Quadratwurzel aus -1 ebenso real ist wie Sie und ich.

Die Idee des mathematischen Universums, in dem all diese mathematisch möglichen Strukturen existieren, wurde 2007 von Max Tegmark vorgestellt.[19] Sie subsumiert alle anderen Multiversen. Sie erfreut sich zwar unter Philosophen einer gewissen Beliebtheit, wird aber von Physikern weitgehend ignoriert.

Diese Liste mag den Eindruck erwecken, das Multiversum sei etwas Neuartiges, aber das einzig Neue daran ist, dass Physiker so beharrlich an seine Realität glauben. Weil jede Theorie den Input von Beobachtungen benötigt, um Parameter festzulegen oder Axiome auszuwählen, führt jede Theorie zu einem Multiversum, solange der Input fehlt. Denn dann kann man sagen: »Tja, all diese denkbaren Auswahlmöglichkeiten müssen existieren, und deshalb bilden sie ein Multiversum.« Wenn das Ziel eine Theorie ist, die alles aus nichts erklären kann, dann müssen die Voraussagen dieser Theorie letztlich mehrdeutig werden – und damit ist das Multiversum unvermeidlich.

Newton zum Beispiel hätte sich weigern können, nur die Gravitationskonstante zu messen, um stattdessen zu behaupten, es müsse für jeden möglichen Wert ein Universum geben. Einstein hätte erklären können, alle Lösungen für die Gleichungen der Allgemeinen Relativitätstheorie müssten irgendwie im Multiversum existieren. Man kann für jede Theorie ein Multiversum schaffen – dazu muss man lediglich hinreichend viele Annahmen oder Beziehungen zu Beobachtbarem fallenlassen.

Ursprünglich geht der Trend zum Multiversum darauf zurück, dass sich einige Physiker nicht länger mit einer Theorie zufriedengeben, die Beobachtungen beschreibt. Beim Versuch, sich selbst zu übertreffen, entledigen sie sich zu vieler Annahmen, und dann kommen sie zu dem Schluss, wir lebten in einem Multiversum, weil sie nun überhaupt nichts mehr erklären können.

Aber vielleicht bin ich ein Fossil, das auf seine Beisetzung im Sediment wartet.

Die Wissenschaft verfolgt das Ziel, unsere Beobachtungen der Natur zu beschreiben, aber die Voraussagen einer Theorie haben unter Umständen eine lange Inkubationszeit, bevor sie sich bestätigen. Und so behaupte ich, dass es letztlich zu neuen Erkenntnissen führen könnte, wenn man Multiversen ernst nimmt, statt sie als die mathematischen Kunstgebilde zu behandeln, die sie meiner Meinung nach sind. Alles läuft dann auf die Frage hinaus, wie plausibel es ist, dass aus diesem Ansatz neue Erkenntnisse hervorgehen, und das führt mich wieder zu dem Problem, das am Anfang meiner Reise stand: Wie können wir das Potential einer Theorie einschätzen, wenn keine empirischen Beobachtungen vorliegen, die für sie sprechen?

Nicht alle Varianten des Multiversums entziehen sich der Überprüfung. Während der ewigen Inflation hätte zum Beispiel unser Universum irgendwann einmal mit einem anderen Universum kollidieren können, und eine solche »Blasenkollision« hätte eine beobachtbare Signatur in der kosmischen Hintergrundstrahlung hinterlassen. Danach hat man gesucht, wurde aber nicht fündig. Damit ist das Multiversum nicht ausgeschlossen, aber eine solche Kollision hat es nicht gegeben.

Andere Physiker vertreten die Auffassung, dass bestimmte Multiversumvarianten zu einer Verteilung von kleinen schwarzen Löchern in unserem Universum führen könnten, was schon bald beobachtbare Folgen hätte.[20] Aber eine Multiversumvoraussage, die sich nicht bewahrheitet, bedeutet nur, dass wir eine Wahrscheinlichkeitsverteilung brauchen, um das nicht beobachtete Phänomen unwahrscheinlich zu machen, also suchen wir nach einer Verteilung, die funktioniert. Dieser Ansatz in der Kosmologie ist genauso vielversprechend, als würde man versuchen, *Krieg und Frieden* zu verstehen, indem man jeden anderen Roman ausmustert. Aber ich lobe dennoch die Bemühungen der Kollegen.

Die existierenden Voraussagen demonstrieren, dass das Multiversum im Prinzip für die experimentelle Überprüfung zugänglich ist, aber diese Überprüfungen sind nur für ganz spezielle Szenarien sinnvoll. Die große Mehrheit der Multiversums-Ideen ist weder derzeit noch in Zukunft überprüfbar.

Da es ihnen verwehrt bleibt, das Räderwerk der Wissenschaft anzukurbeln, greifen einige theoretische Physiker auf eine ganz eigentümliche Methode der Theoriebewertung zurück: die Wette. Der Kosmologe Martin Rees verwettete seinen Hund darauf, dass die Theorie des Multiversums richtig ist, Andrei Linde gar sein Leben, und Steven Weinberg zeigte »gerade genug Zuversicht in puncto Multiversum, um *sowohl* das Leben von Andrei Linde als auch Martin Rees' Hund zu verwetten«.[21]

Kosmischer Poker

Das Multiversum gewinnt an Popularität, während die Natürlichkeit unter Druck gerät und Physiker jetzt das eine als Alternative für das andere anpreisen. Wenn wir keine natürliche Erklärung für eine Zahl finden, so wird argumentiert, dann gibt es eben keine. Einfach einen Parameter zu wählen ist zu hässlich. Wenn also der Parameter nicht natürlich ist, dann kann er jeden beliebigen Wert annehmen, und für jeden möglichen Wert gibt es ein Universum. Das führt uns zu der bizarren Schlussfolgerung, dass wir, sofern wir im LHC keine supersymmetrischen Teilchen entdecken, in einem Multiversum leben.

Ich fasse es nicht, was aus diesem einst ehrenwerten Berufsstand geworden ist. Theoretische Physiker haben früher erklärt, was zu beobachten war. Jetzt versuchen sie zu erklären, warum sie nicht erklären können, was nicht zu beobachten ist. Und das machen sie noch nicht einmal besonders gut. Im Multiversum kann man die Werte von Parametern nicht erklären; bestenfalls kann man ihre Wahrscheinlichkeit schätzen. Aber es gibt viele Möglichkeiten, etwas nicht zu erklären.

»Also«, sage ich zu Weinberg, »gesetzt den Fall, wir leben in einem Multiversum, ist dann die Forderung, eine Theorie solle hinreichend interessant sein oder zu einer hinreichend interessanten Physik führen, nicht eine leere Forderung? Dasselbe könnte man mit jeder Theorie machen, die die Parameter nicht voraussagt.«

»Tja, einige Dinge müssen Sie voraussagen«, erwidert Weinberg. »Selbst wenn Sie die Parameter nicht voraussagen, können Sie die Wechselwirkung zwischen ihnen voraussagen. Oder Sie können die Parameter bezogen auf eine bestimmte Theorie voraussagen – so wie das Standardmodell oder aber eine stärkere Theorie, die Ihnen tatsächlich die Masse des Elektrons verrät und so weiter –, und wenn Sie dann fragen: ›Warum ist diese Theorie richtig?‹, sagen Sie: ›Tja, so weit kommen wir eben, weiter geht es nicht.‹«

Er fährt fort: »Ich würde nicht allzu schnell klare Forderungen stellen, wie eine gute Theorie beschaffen sein soll. Aber ich kann Ihnen auf jeden Fall sagen, wie eine *bessere* Theorie aussehen soll. Eine Theorie, die besser ist als das Standardmodell, würde es unvermeidbar machen, dass man sechs und nicht acht oder vier Quarks und Leptonen hat. Im Standardmodell gibt es vieles, was willkürlich erscheint, und eine bessere Theorie würde diese Dinge weniger willkürlich oder überhaupt nicht willkürlich machen.

Aber wir wissen nicht, wie weit wir in diese Richtung gehen können. Ich weiß nicht, inwieweit die Elementarteilchenphysik gegenüber dem jetzigen Stand der Dinge Verbesserungen bringen kann. Ich weiß es einfach nicht. Ich meine, es ist wichtig, es weiterhin zu versuchen und Experimente zu machen, weiterhin große Anlagen zu bauen ... Aber wo das hinführt, weiß ich nicht. Ich hoffe, es endet nicht da, wo es jetzt steht. Weil ich das nicht sehr befriedigend finde.«

»Haben die neueren Daten, die aus dem LHC kommen, Ihre Vorstellung davon, wie eine bessere Theorie aussieht, verändert?«, frage ich.

»Nein, unglücklicherweise nicht«, sagt Weinberg. »Das war eine Riesenenttäuschung. Es gibt Hinweise, dass es eine neue Physik bei Energien geben könnte, die sechsmal größer sind als die Masse des Higgs-Teilchens.* Und das wäre wunderbar. Aber wir hatten gehofft, der LHC würde etwas wirklich Neues offenbaren. Nicht nur weiterhin das Standardmodell bestätigen, sondern Anzeichen von Dunkler Materie oder Supersymmetrie finden oder von etwas, das uns zum nächsten großen Schritt in der Grundlagenphysik führt. Und das ist nicht geschehen.«

»Soviel ich weiß«, erwidere ich, »basierte diese Hoffnung, dass der LHC etwas Neues findet, weitgehend auf Natürlichkeitsargumenten, dass es, damit die Higgs-Masse natürlich ist, in diesem Bereich auch eine neue Physik geben sollte.«

»Ich nehme keine negative Schlussfolgerung ernst, die aus der Tatsache, dass der LHC jenseits des Standardmodells nichts gefunden hat, schließt, dass es nichts gibt, was das Natürlichkeitsproblem lösen kann. Man kann lediglich bestimmte Theorien ausschließen, und wir haben keine bestimmte Theorie, die so attraktiv ist, dass man sagen könnte, man hat wirklich etwas erreicht, wenn man sie ausschließt. Supersymmetrie wurde nicht ausgeschlossen, da sie in ihren Voraussagen zu vage ist.«

»Wenn es eine grundlegende Theorie gäbe, müsste sie Ihrer Meinung nach natürlich sein?«, will ich wissen.

»Ja«, entgegnet Weinberg, »denn wenn sie es nicht wäre, würden wir uns nicht dafür interessieren.« Dazu erklärt er: »Mit natürlich meine ich keine Fachdefinition von Natürlichkeit durch irgendwelche Teilchentheoretiker, die versuchen, existierende Theorien ein-

---

* Das ist die Diphoton-Anomalie.

Kosmischer Poker 147

zuschränken. Mit Natürlichkeit meine ich, dass es keine völlig unerwartete Gleichheit oder riesige Quotienten gibt.«

Er hält kurz inne, dann fährt er fort: »Aber vielleicht habe ich zu rasch geantwortet, als ich sagte, eine erfolgreiche Theorie müsse natürlich sein; sie könnte auch manche Dinge unerklärt lassen: In einem Multiversum, in dem man viele verschiedene Universen hat, könnten manche Dinge rein umgebungsbedingt sein. So wie Astronomen früher gedacht haben, eine tragfähige Theorie des Sonnensystems müsste so beschaffen sein, dass sich Merkur, Mars und Venus natürlicherweise dort befänden, wo sie sind. Und Kepler versuchte, eine solche Theorie aufzustellen, basierend auf einem geometrischen Bild, das platonische Körper enthielt.

Aber wir wissen heute, dass wir nicht nach einer solchen Theorie suchen sollten, weil die Entfernungen der Planeten von der Sonne nichts Natürliches haben: Sie sind, was sie sind, aufgrund von historischen Zufällen.« Allerdings, so fügt er hinzu, gebe es Fälle »wie die Tatsache, dass die Rotationsperiode des Merkur zwei Drittel seiner Umlaufperiode beträgt. Diese Zahl wird durch die Gezeitenkräfte der Sonne erklärt, die auf den Merkur einwirken.

Manche Dinge können also erklärt werden. Aber im Allgemeinen beruht das, was im Sonnensystem zu sehen ist, auf historischem Zufall. Und diese natürliche Erklärung, auf die Astronomen wie Kepler hofften, oder vor ihm Claudius Ptolemäus, diese Suche muss man aufgeben. Es ist halt, was es ist.« Nach einer Pause ergänzt er: »Ich hoffe, dass dies nicht auf die Masse des Elektrons zutrifft.«

»Also bedeutet Natürlichkeit, lässt man die Fachdefinition beiseite, dass es keine unerklärten Parameter gibt?«, frage ich.

»Es gibt Dinge, die schreien nach einer Erklärung«, sagt Weinberg. »Wie das 2-zu-1-Verhältnis oder etwas, das um 15 Zehnerpotenzen kleiner ist als etwas anderes. Wenn man das sieht, hat man das Gefühl, man müsse es erklären. Und Natürlichkeit bedeutet einfach, dass die Theorie Erklärungen für solche Dinge bietet – sie werden nicht einfach eingesetzt, um sie in Einklang mit Experimenten zu bringen.«

»Das ist auch ein Erfahrungswert?«

»O ja«, erwidert Weinberg. »Für einige Dinge erwartet man eine natürliche Erklärung und für andere nicht.«

Dazu gibt er ein Beispiel: »Wenn Sie an einer Pokerrunde teilnehmen und dreimal hintereinander einen Royal Flush bekommen, würden Sie sagen: ›Tja, das bedarf einer Erklärung im Hinblick darauf, was der Geber zu erreichen versucht.‹ Wenn Sie hingegen dreimal eine Hand bekommen, die die meisten von uns als zufällig bezeichnen würden – einen Pik-König, eine Karo-Zwei und so weiter –, und sich die drei voneinander unterscheiden, dann ist das nichts Besonderes; es sind keine Karten, mit denen man gewinnt; Sie würden sagen, da gibt es nichts zu erklären. Dafür benötigen wir keine natürliche Erklärung; sie sind genauso wahrscheinlich wie jedes andere Blatt. Tja, auch ein Royal Flush ist so wahrscheinlich wie jedes andere Blatt. Aber ein Royal Flush hat dennoch etwas an sich, das nach einer Erklärung verlangt, wenn Sie ihn dreimal hintereinander bekommen.«

In Weinbergs Spiel sind die Karten die Naturgesetze oder, genauer gesagt, die Parameter in den Gesetzen, die wir derzeit benutzen. Aber es ist ein Spiel, das wir nie gespielt haben und nie hätten spielen können. Wir haben Karten bekommen, ohne zu wissen, warum und von wem. Wir haben keine Ahnung, wie wahrscheinlich es war, den Royal Flush der Naturgesetze zu kriegen, oder ob es überhaupt etwas Besonderes ist. Die Spielregeln kennen wir genauso wenig wie die Gewinnchancen.

»Es hängt von der Wahrscheinlichkeitsverteilung ab«, versuche ich mein Dilemma zu erklären: dass jede derartige Aussage über die Wahrscheinlichkeit der Naturgesetze ein weiteres Gesetz erfordert, nämlich eines für die Wahrscheinlichkeit der Gesetze. Und die Einfachheit würde dann für eine Theorie mit nur einem festgelegten Parameter sprechen statt für eine Wahrscheinlichkeitsverteilung dieses Parameters über ein Multiversum.

»Tja«, wiederholt Weinberg, »die Wahrscheinlichkeit, eine Kreuz-Zwei, eine Karo-Fünf, eine Herz-Sieben, eine Herz-Acht und einen Herz-Buben zu bekommen, die Wahrscheinlichkeit, dieses spezielle Blatt zu bekommen, ist exakt genauso groß wie die Wahrscheinlichkeit, As, König, Dame, Bube, Zehn, allesamt Pik, zu bekommen. Die Wahrscheinlichkeit ist in beiden Fällen gleich groß.«

Auf der Suche nach einer Pokermetapher für die Wahrscheinlichkeitsverteilung sage ich: »Vorausgesetzt der Geber war fair.« Aber das anthropomorphe Beispiel bereitet mir Unbehagen. Ich werde den Eindruck nicht los, dass wir im Grunde versuchen, die Regeln zu erraten, nach denen Gott spielt, um uns zu vergewissern, dass die Naturgesetze fair gewählt wurden, und dabei hoffen, dass Gott womöglich einen Fehler gemacht hat und wir ein Universum mit geringer Gluino-Masse verdient hätten.

»Ja«, erwidert Weinberg auf meine Bemerkung und spinnt die Pokermetapher weiter. »Aber weil menschliche Werte, die mit verschiedenen Pokerblättern verbunden sind – eines von ihnen wird gewinnen und ein anderes nicht, weil es die Pokerregeln so vorsehen –, wird, sobald einer Ihrer Mitspieler einen Royal Flush bekommt, Ihre Aufmerksamkeit in einer Weise geweckt, wie es nicht der Fall wäre, wenn er ein völlig normales Blatt hätte, das tatsächlich genauso unwahrscheinlich ist wie ein Royal Flush. Wir geben dem Royal Flush eine menschliche Zuschreibung, wenn wir sagen: ›Hey, dieses Blatt gewinnt.‹ Und daher weckt es Ihre Aufmerksamkeit.«

Stimmt, es ist eine menschliche Zuschreibung, dass Zufälligkeiten unsere Aufmerksamkeit wecken, so wie die Vereinheitlichung von Eichkopplungen oder Brotscheiben, die mit einem Bild der Jungfrau Maria aus dem Toaster springen. Aber ich sehe nicht, was diese menschliche Zuschreibung für die Entwicklung besserer Theorien leisten soll.

»Ich benutze dieses Beispiel, um Ihnen zuzustimmen«, erklärt Weinberg zu meinem Erstaunen. »Wenn Sie nichts über die Pokerregeln wüssten, dann wäre Ihnen vielleicht nicht klar, dass ein Royal Flush im Vergleich zu jedem anderen Blatt etwas Besonderes ist. Weil wir aber die Spielregeln kennen, erscheint es uns als etwas Besonderes. Das ist eine Frage des Erfahrungswerts.«

Aber wir haben keine Erfahrung im kosmischen Poker!, denke ich verzweifelt, weil ich immer noch nicht verstehe, was das alles mit Wissenschaft zu tun hat. Wir können unmöglich sagen, ob die Naturgesetze, die wir beobachten, wahrscheinlich sind – keine Wahrscheinlichkeitsverteilung, keine Wahrscheinlichkeit. Um entscheiden zu können, ob die Gesetze unwahrscheinlich sind, bräuchten wir eine andere Theorie, und woher stammt *diese* Theorie?[22] Wenn Weinberg, den ich zu den größten lebenden Physikern zähle, es mir nicht sagen kann, wer dann? Also frage ich noch einmal: »Was wissen wir dann über die Wahrscheinlichkeitsverteilung dieser Parameter?«

»Tja nun, Sie brauchen eine Theorie, um sie zu berechnen.«

Genau.

***

Um Wahrscheinlichkeiten im Multiversum zu berechnen, müssen wir berücksichtigen, dass in unserem Universum Leben existiert. Das scheint offensichtlich, aber nicht jedes mögliche Naturgesetz schafft hinreichend komplexe Strukturen, und deshalb muss das korrekte Gesetz bestimmte Anforderungen erfüllen – zum Beispiel muss es zu stabilen Atomen oder zu etwas Atomähnlichem führen. Diese Anforderung nennt man das »anthropische Prinzip«.

Das anthropische Prinzip führt normalerweise nicht zu präzisen Schlussfolgerungen, aber im Kontext einer bestimmten Theorie erlaubt es uns zu schätzen, welchen Wert die Parameter der Theorie möglicherweise haben können, damit sie mit der Beobachtung, dass

Leben existiert, kompatibel sind. Es ist, als würden Sie jemanden mit einem Wegwerfkaffeebecher die Straße entlanggehen sehen und daraus folgern, dass es in diesem Stadtviertel Bedingungen geben muss, die das Auftauchen von Wegwerfkaffeebechern erlauben. Daraus können Sie schließen, dass sich das nächste Café im Umkreis von einem Kilometer oder auch fünf Kilometern befindet und höchstwahrscheinlich nicht weiter als 100 Kilometer entfernt ist. Das ist nicht sehr präzise und vielleicht auch nicht sehr interessant, aber dennoch sagt es Ihnen etwas über Ihre Umgebung.

Mag sein, dass Ihnen das anthropische Prinzip irgendwie albern und banal erscheint, es kann aber von Nutzen sein, um einige Werte für bestimmte Parameter auszuschließen. Wenn ich zum Beispiel sehe, dass Sie jeden Morgen mit dem Auto zur Arbeit fahren, dann schließe ich daraus, dass Sie alt genug sind, um einen Führerschein zu besitzen. Möglich, dass Sie hartnäckig gegen Gesetze verstoßen, das Universum ist dazu jedoch nicht imstande.

Ich muss Sie jedoch warnen, dass der Verweis auf »Leben« im Zusammenhang mit dem anthropischen Prinzip oder der Feinabstimmung ein geläufiges, aber überflüssiges Wortgeklingel ist. Physiker haben kein gesteigertes Interesse an der Wissenschaft von den ichbewussten Wesen. Sie sprechen über die Bildung von Galaxien, die Zündung der Kernfusion in Sternen oder die Stabilität von Atomen, die Vorbedingungen für die Entwicklung von Biochemie sind. Aber erwarten Sie von einem Physiker nicht, dass er auch nur über große Moleküle diskutiert. Über das »Leben« zu reden klingt irgendwie cool, aber das war's dann auch schon.

Das anthropische Prinzip kam zum ersten Mal 1954 erfolgreich zum Einsatz, als Fred Hoyle die Eigenschaften des Kohlenstoffkerns voraussagte, die notwendig sind, um die Bildung von Kohlenstoff im Sterninneren zu erlauben – Eigenschaften, die später so wie vorausgesagt entdeckt wurden.[23] Hoyle soll die Tatsache genutzt haben, dass Kohlenstoff für das Leben auf der Erde zentral ist, und er schloss daraus, dass Sterne imstande sein müssen, dieses chemische Element zu erzeugen. Einige Historiker haben Zweifel angemeldet, ob Hoyles Überlegungen tatsächlich davon geleitet wurden, aber die bloße Tatsache, dass es hätte sein können, beweist, dass eine anthropische Argumentation zu sinnvollen Schlussfolgerungen führen kann.[24]

Das anthropische Prinzip setzt also unseren Theorien Grenzen, die eine Übereinstimmung mit den Beobachtungen erzwingen. Es trifft zu, unabhängig davon, ob es ein Multiversum gibt oder nicht, und auch unabhängig von der zugrundeliegenden Erklärung für die Werte der Parameter in unseren Theorien – wenn es denn eine Erklärung gibt.

Die Verfechter des Multiversums führen das anthropische Prinzip deshalb so häufig an, weil sie behaupten, es sei die *einzige* Erklärung und es gebe keine andere Begründung, mit der die von uns beobachteten Parameter ausgewählt werden. Dann muss man allerdings zeigen, dass die Werte, die wir beobachten, tatsächlich die einzigen (oder wenigstens sehr wahrscheinlich) sind, wenn man fordert, dass Leben möglich sein soll. Und das ist höchst kontrovers.

Die typische Behauptung, das anthropische Prinzip erkläre den Wert der Parameter im Multiversum, lautet folgendermaßen: Wäre der Parameter x nur ein wenig größer oder kleiner, würden wir nicht existieren. Es gibt eine Handvoll Beispiele, für die dies zutrifft, wie etwa die Stärke der starken Kernkraft: Macht man sie schwächer, würden große Atome nicht zusammenhalten; macht man sie stärker, würden Sterne zu schnell ausbrennen.[25] Das Problem bei solchen Argumenten ist, dass kleine Abweichungen in einem von zwei Dutzend Parametern die große Mehrheit der möglichen Kombinationen außer Acht lassen. Man müsste tatsächlich unabhängige Modifikationen aller Parameter betrachten, um folgern zu können, es gebe nur eine Kombination, die das Leben unterstützt. Aber eine solche Berechnung ist derzeit nicht machbar.

Während wir zur Zeit nicht imstande sind, den gesamten Parameterraum abzusuchen, um herauszufinden, welche Kombinationen das Leben stützen würden, können wir immerhin einige ausprobieren. Das wurde getan, und es ist der Grund, warum wir heute meinen, dass es mehr als eine Kombination von Parametern gibt, die ein für das Leben günstiges Universum hervorbringen kann. Zum Beispiel stellten Roni Harnik, Graham Kribs und Gilad Perez 2006 in ihrer Abhandlung »A Universe Without Weak Interactions« ein Universum vor, das fähig schien, die Voraussetzungen für Leben zu schaffen, und dennoch Elementarteilchen enthält, die sich erheblich von den unseren unterscheiden.[26] Im Jahr 2013 erklärte der Harvard-Physiker Abraham Loeb, im frühen Universum könnte eine primitive Lebensform möglich gewesen sein.[27] Und wie Fred Adams und Evan Grohs unlängst gezeigt haben, können Sterne, wenn wir in unseren Theorien mehrere Parameter gleichzeitig variieren, durch andere Mechanismen als die von Hoyle vorhergesagten Kohlenstoff produzieren – nur dass diese anderen Möglichkeiten mit Beobachtungen kollidieren, von denen Hoyle bereits wusste.[28]

Diese drei Beispiele zeigen, dass eine Chemie, die komplex genug ist, um Leben zu unterstützen, unter Bedingungen auftreten kann, die keinerlei Ähnlichkeit mit den von uns beobachteten haben, und dass unser Universum eigentlich nichts Besonderes ist.[29] Jedoch könnte das anthropische Prinzip für einen bestimmten Parameter doch noch funktionieren, wenn die Wirkung dieses Parameters nahezu unabhängig davon ist, was die anderen Parameter tun. Das heißt, selbst wenn wir das anthropische Prinzip nicht anwenden können, um die Werte aller Parameter zu erklären, weil wir wissen, es gibt andere Kombinationen, welche die Voraussetzungen für Leben zulassen, könnte es sein, dass bestimmte Parameter in allen Fällen denselben Wert haben müssen, weil ihre Wirkung universell ist. Häufig wird behauptet, das treffe für die kosmologische Konstante zu.[30] Wenn sie zu groß ist, dann würde das Universum entweder alle darin befindlichen Strukturen auseinanderreißen, oder es würde wieder in sich zusammenbrechen, ehe sich Sterne bilden können (abhängig vom Vorzeichen der kosmologischen Konstante).

Dennoch, wenn wir eine Wahrscheinlichkeit statt einer Beschränkung ableiten wollen, brauchen wir eine Wahrscheinlichkeitsverteilung für die möglichen Theorien, und die Verteilung kann nicht aus den Theorien selbst hervorgehen – es erfordert eine zusätzliche mathematische Struktur, eine Metatheorie, die uns sagt, wie wahrscheinlich eine jede Theorie ist. Es handelt sich um dasselbe Problem wie im Fall der Natürlichkeit: Der Versuch, die menschliche Entscheidung auszuschalten, verlagert die Entscheidung einfach an einen anderen Ort. Und in beiden Fällen muss man unnötige Annahmen hinzufügen – in diesem Fall die Wahrscheinlichkeitsverteilung –, die zu vermeiden wären, würde man einfach einen schlichten, festgelegten Parameter verwenden.

***

Die bekannteste, von einem Multiversum ausgehende Voraussage ist die kosmologische Konstante, und sie stammt von keinem Geringeren als Steven Weinberg.[31] Sie wurde bereits 1997 formuliert, als Stringtheoretiker gerade erkannt hatten, dass sie in ihrer Theorie auf ein Multiversum nicht verzichten konnten. Weinbergs Abhandlung leistete einen erheblichen Beitrag zur Akzeptanz des Multiversums als wissenschaftliche Idee.

»Ich habe, gemeinsam mit zwei Leuten hier in der Astronomiefakultät, Paul Shapiro und Hugo Martel, vor einigen Jahren eine Abhandlung geschrieben«, sagt Weinberg. »Wir haben uns auf eine bestimmte Konstante konzentriert, die kosmologische Konstante, die in den vergangenen Jahren durch ihre Wirkung auf die Expansion des Universums gemessen wurde.*

---

* Das war im Jahr 1998.

»Wir gingen damals davon aus, dass die Wahrscheinlichkeitsverteilung vollkommen flach sei und alle Werte der Konstante gleich wahrscheinlich seien. Dann sagten wir: ›Was wir sehen, ist verzerrt, weil es einen Wert haben muss, der die Entstehung des Lebens zulässt. Wie sieht also die verzerrte Wahrscheinlichkeitsverteilung aus?‹ Und wir berechneten die Kurve für die Wahrscheinlichkeit und fragten: ›Wo ist das Maximum? Was ist der wahrscheinlichste Wert?‹« Der wahrscheinlichste Wert erwies sich als eng benachbart zur kosmologischen Konstante, die ein Jahr später gemessen wurde.«[32]

»Also«, erklärt Weinberg, »könnte man sagen, wenn man eine Grundlagentheorie hätte, die eine gewaltige Zahl von Urknallen mit variierenden Werten der Dunklen Energie vorhersagte und mit einer intrinsischen Wahrscheinlichkeitsverteilung für die kosmologische Konstante, die flach ist – die keinen Wert gegenüber einem anderen bevorzugt –, dann dürften Lebewesen erwarten, genau das zu sehen, was sie sehen.«

Oder vielleicht, denke ich, könnte man sagen, das Multiversum ist nur ein mathematisches Werkzeug. Wie diese inneren Räume. Ob es wirklich real ist, ist eine Frage, die wir den Philosophen überlassen können.

Ich drehe und wende diesen Gedanken eine Weile hin und her, aber ich sehe immer noch nicht, warum die Schätzung der Wahrscheinlichkeitsverteilung für einen Parameter besser sein sollte als die Schätzung des Parameters selbst. Abgesehen davon, dass man die erste Schätzung veröffentlichen kann, weil sie eine Berechnung erfordert, während die letztere einfach offenkundig unwissenschaftlich ist.

»Ich würde sagen, wir unterhalten uns nun seit einer halben Stunde, und meine Stimme macht nicht mehr recht mit«, sagt Weinberg hüstelnd. »Ich habe das Gefühl, dass ich alles abgedeckt habe, was mir wichtig ist. Können wir abbrechen?«

Die höfliche Reaktion besteht nun darin, mich zu bedanken und zu gehen, denke ich.

Emanzipierende Dissonanz

Ich kann nicht behaupten, dass ich ein Fan der Zwölftonmusik bin. Aber ich gebe zu, dass ich mir nicht viel Zeit genommen habe, sie anzuhören. Einer, der das getan hat, ist der Musikkritiker Anthony Tommasini. In einem Video für die *New York Times* von 2007 spricht er von der »emanzipierenden Dissonanz« in den Kompositionen Arnold Schönbergs, des Erfinders der Zwölftonmusik.[33] Schönbergs Neuerungen gehen auf die 1920er Jahre zurück und erfreuen sich in den 1970er Jahren unter Profimusikern für kurze Zeit einer gewissen Beliebtheit, erreichten aber nie ein breiteres Publikum.

»Schönberg wäre sehr bestürzt, wenn Sie seine Musik für dissonant in einer barschen, abschätzigen, negativen Weise halten würden«, meint Tommasini. »Er dachte, dass er gerade das volle Leben, Reichtum und Komplexität zulässt ... Zum Beispiel ist hier ein Klavierstück aus Opus 19, das sehr dissonant, aber erlesen und wunderschön ist.« Er spielt einige Takte, dann liefert er ein weiteres Beispiel. »Man kann [dieses Thema] in C-Dur harmonisieren« – Tommasini demonstriert es, erkennbar unzufrieden, »was *so* langweilig ist im Vergleich zu dem, was [Schönberg] macht.« Er kehrt zum Zwölfton-Original zurück. »Ach«, seufzt Tommasini und schlägt einen weiteren dissonanten Akkord an. Für mich hört es sich an, als würde eine Katze über die Tastatur spazieren.

Aber wahrscheinlich würde ich, wenn ich nur oft genug Zwölftonmusik höre, nicht mehr nur Kakophonien wahrnehmen und sie irgendwann einmal für »erlesen« und »emanzipierend« halten, so wie Tommasini. Die Attraktivität von Musik ist, wie Voss und Clarke gezeigt haben, teilweise universell und spiegelt sich, wie sie entdeckten, in stilunabhängigen Wiederholungen. Andere Forscher stellten fest, dass auch die Prägung während der Kindheit dafür mitverantwortlich ist, wie wir auf konsonante und dissonante Akkorde reagieren.[34] Aber wir schätzen auch Neuheit. Und Profis, die ihren

Lebensunterhalt damit verdienen, neue Ideen zu verkaufen, ergreifen gern die Gelegenheit, mit der Langeweile des Altbekannten zu brechen.

Auch in der Wissenschaft ist unsere Wahrnehmung von Schönheit und Einfachheit zum Teil universell und zum Teil auf Erfahrungen in der Kindheit zurückzuführen. Und wie in der Musik hängt das, was wir in der Wissenschaft als voraussagbar und doch überraschend wahrnehmen, von unserer Vertrautheit mit dem Medium ab; wir fördern unsere Toleranz gegenüber Neuem durch unsere Arbeit.

Tatsächlich wird das Multiversum umso interessanter, je mehr ich darüber lese. Ich sehe, dass es eine erstaunlich einfache und doch weitreichende Veränderung in der Wahrnehmung unserer eigenen Relevanz in der Welt (oder des Fehlens derselben) darstellt. Vielleicht hat Tegmark recht, und ich habe einfach ein emotionales Vorurteil gegen das, was lediglich eine logische Schlussfolgerung ist. Das Multiversum ist wahrhaft emanzipierte Mathematik, die volles Leben, Reichtum und Komplexität erlaubt.

Es schadet auch nicht, wenn sich ein Nobelpreisträger dafür stark macht.

KURZ GESAGT
- Theoretische Physiker bewerten Theorien nach den Kriterien der Einfachheit, Natürlichkeit und Eleganz.
- Da die Natürlichkeit mittlerweile im Widerspruch zur Beobachtung steht, glauben viele Physiker, die einzige Alternative zu »Natur«-Gesetzen sei, dass wir in einem Multiversum leben.
- Aber sowohl die Natürlichkeit als auch das Multiversum verlangen eine Metatheorie zur Quantifizierung der Wahrscheinlichkeit, mit der wir die Welt so beobachten, wie sie ist, was im Konflikt mit der Einfachheit steht.

- Es ist unklar, welches Problem die Natürlichkeit oder das Multiversum überhaupt zu lösen versuchen, weil keines von beiden benötigt wird, um Beobachtungen zu erklären.
- Das Multiversum wird nicht von jedem schön gefunden, was beweist, dass sich individuelle Auffassungen von Schönheit unterscheiden und verändern können; seine Beliebtheit kann also nicht durch Schönheit per se erklärt werden.

Sechstes Kapitel
Die unbegreifliche Begreifbarkeit der Quantenmechanik

In welchem ich über den Unterschied zwischen Mathematik und Magie nachsinne.

Alles ist erstaunlich, und niemand ist glücklich

Der Erfolg der Quantenmechanik ist eindrucksvoll. Sie erklärt die atomare und subatomare Welt mit höchster Präzision. Wir haben sie auf den Kopf gestellt und von innen nach außen gekehrt und konnten keine Fehler entdecken. Die Quantenmechanik hat wieder und wieder recht behalten. Dennoch, oder vielleicht gerade deswegen, mag sie niemand. Wir haben uns einfach nur an sie gewöhnt.[1]

In einem Artikel von *Nature Physics* aus dem Jahr 2014 bezeichnet Sandu Popescu die Axiome der Quantenmechanik als »sehr mathematisch«, »physikalisch undurchsichtig« und »weit weniger natürlich, intuitiv und ›physikalisch‹ als die anderer Theorien«.[2] Damit bringt er ein verbreitetes Gefühl zum Ausdruck. Auch Seth Lloyd, bekannt für seine Arbeiten über Quantencomputerprozesse, meint, dass »Quantenmechanik einfach kontraintuitiv« sei.[3] Und Steven Weinberg warnt in seinen Vorlesungen zur Quantenmechanik den Leser, »die der Quantenmechanik zugrundeliegenden Ideen stellen eine fundamentale Abkehr von der normalen menschlichen Intuition dar«.[4]

Nicht, dass die Quantenmechanik theoretisch schwierig wäre – das ist sie nicht. In der Mathematik der Quantenmechanik werden Gleichungen verwendet, für die es, im krassen Gegensatz zu den furchtbar schwer zu lösenden Formeln der Allgemeinen Relativitätstheorie, einfache Lösungstechniken gibt. Nein, die Schwierigkeit ist es nicht – vielmehr vermittelt die Quantenmechanik einfach das Gefühl, nicht ganz richtig zu sein. Sie ist verstörend.

Es fängt schon an mit der Wellenfunktion. Sie ist jenes Stück Mathematik, welches das System beschreibt, mit dem man es zu tun hat. Häufig bezeichnet man sie auch als Zustand des Systems, aber – und hier wird es vertrackt – es ist kein Messverfahren denkbar, mit dem sie selbst zu beobachten wäre. Die Wellenfunktion ist lediglich ein Vermittler; über sie berechnen wir die Wahrscheinlichkeit, bestimmte beobachtbare Phänomene messen zu können.

Das aber heißt, dass nach einer Messung die Wellenfunktion auf den neuesten Stand gebracht werden muss, so dass der gemessene Zustand jetzt eine Wahrscheinlichkeit von 1 hat. Diese Korrektur – manchmal als »Kollaps« oder »Reduktion« bezeichnet – ist unmittelbar: Sie findet für die gesamte Wellenfunktion im selben Augenblick statt, ungeachtet dessen, wie weit die Funktion zuvor im Raum verteilt war. Wenn sie sich zum Beispiel über zwei Inseln hinweg erstreckte, dann würde eine Zustandsmessung auf einer der Inseln die Wahrscheinlichkeit auf der anderen vollständig festlegen.

Das ist kein Gedankenexperiment, sondern wurde tatsächlich so durchgeführt.

Im Sommer 2008 kam Anton Zeilingers Team auf den Kanarischen Inseln zusammen, um den Weltrekord für Langstrecken-Quanteneffekte zu brechen.[5] Mit Hilfe eines Lasers ließen sie auf La Palma 19 917 Photonenpaare entstehen, deren Polarisation jeweils null betrug, während die Polarisierung der einzelnen Photonen unbekannt war. Zeilingers Leute schickten von jedem Paar ein Photon zu einem Empfänger auf der 114 Kilometer entfernten Insel Teneriffa. Das andere Photon kreiste auf La Palma in einem aufgewickelten Glasfaserkabel. Dann maßen die Experimentatoren die Polarisation an beiden Enden.

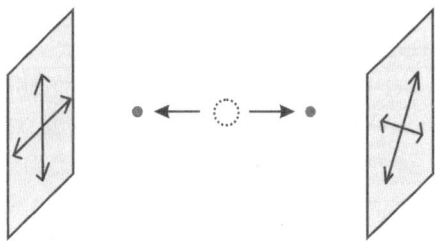

Abb. 9: Darstellung des im Text beschriebenen Experiments. Ein Anfangszustand mit einer Gesamtpolarisation von null (gepunkteter Kreis) zerfällt in zwei Teilchen, deren Polarisierung zusammengenommen null betragen muss. Dann misst man die jeweilige Polarisation an zwei Detektoren (graue Flächen) in zwei Richtungen, die in einem bestimmten Winkel relativ zueinanderstehen.

Da wir die Gesamtpolarisation kennen, verrät uns die gemessene Polarisation eines Photons etwas über die Polarisation des anderen. Doch wie viel sie uns verrät, hängt von dem Winkel zwischen den Richtungen ab, in dem die Polarisationen an den jeweiligen Detektororten gemessen werden (Abb. 9). Wenn wir die Polarisationen an beiden Orten in derselben Richtung messen, sagt uns die Messung der Polarisation des einen Photons sofort auch die Polarisation des anderen. Messen wir dagegen die Polarisation in zwei rechtwinkligen Richtungen, verrät uns die Messung des einen Photons nichts über das andere. Bei Winkeln zwischen 0 und 90 Grad erfahren wir ein wenig, und die Wahrscheinlichkeit, dass beide Messergebnisse übereinstimmen, beziffert genau, wie viel Informationen wir erhalten.

Wenn wir davon ausgehen, dass die Teilchen bei ihrer Entstehung bereits eine bestimmte Polarisierung hatten, können wir diese Wahrscheinlichkeit ohne die Quantenmechanik berechnen. Doch das Ergebnis dieser Berechnung stimmt mit der Messung nicht überein; es ist schlichtweg falsch. Und bei manchen Winkeln stimmen die Polarisierungsmessungen häufiger überein, als sie eigentlich dürften. Obwohl 144 Kilometer voneinander getrennt, sind die Teilchen offenbar stärker miteinander verbunden, als durch ihren gemeinsamen Ursprung zu erklären wäre. Erst wenn wir die Berechnung mit Hilfe der Quantenmechanik vornehmen, erhalten wir ein korrektes Ergebnis. Daraus ist zu schließen, dass die Teilchen vor der Messung nicht eine der zwei möglichen Polarisierungen hatten, sondern beide.

Zeilingers Experiment auf den Kanarischen Inseln war weder das erste noch das letzte, das zeigte, dass wir, um Beobachtungen richtig zu beschreiben, akzeptieren müssen, dass sich nicht beobachtete Teilchen in zwei verschiedenen Zuständen gleichzeitig befinden können. Mit diesem Experiment wurde zwar (damals) ein Rekord hinsichtlich der Entfernung aufgestellt, doch unzählige andere Experimente haben zum selben Ergebnis geführt: Die Quantenmechanik mag bizarr sein, aber sie erweist sich als korrekt. Ob es uns gefällt oder nicht, wir kommen ohne sie nicht aus.

Dass die Wellenfunktion bei der Messung einfach zusammenbricht, ist besonders irritierend, weil uns kein anderer Vorgang bekannt ist, der so unmittelbar eintritt. In allen anderen Theorien bedeutet die Verbindung zwischen zwei Orten, dass etwas mit einer geringeren Geschwindigkeit als der des Lichts von einem Punkt zum anderen wandert. Diese allmähliche Wanderung über einen Zeitraum wird in der Physik als »Lokalität« bezeichnet, und sie bestätigt unsere Alltagserfahrung. Doch die Quantenmechanik widerspricht unseren Erwartungen, weil hier miteinander verschränkte Teilchen nichtlokal verbunden sind. Misst man eins von ihnen, merkt es das andere sofort. Einstein nannte das »spukhafte Fernwirkung«.[6]

Jedoch ist die Nichtlokalität der Quantenmechanik äußerst subtil, da nämlich zwischen den verschränkten Teilchen keinerlei Informationen ausgetauscht werden. Da die Ergebnisse der Polarisationsmessungen nicht vorausgesagt werden können, besteht keine Möglichkeit, mit den Teilchenpaaren Botschaften von einem Ende zum anderen zu schicken. In der Quantenmechanik können, genau wie in der Nichtquantenmechanik, Informationen nicht schneller als mit Lichtgeschwindigkeit gesendet werden. Alles ist mathematisch konsistent. Nur dass es ... komisch erscheint.

Ein weiterer unattraktiver Aspekt der Quantenmechanik ist, dass ihre Axiome, indem sie sich auf Messungen beziehen, die Existenz makroskopischer Objekte – Detektoren, Computer, Gehirne und so weiter – voraussetzen. Eine grundlegende Theorie sollte die Emergenz – also das Erscheinen – der makroskopischen Welt begründen und nicht deren Vorhandensein in den Axiomen voraussetzen.

In den Quantenfeldtheorien begegnen uns dieselben Probleme wie in der Quantenmechanik. Deshalb hat das Standardmodell auch ähnliche Schwierigkeiten mit der Erklärung der makroskopischen Welt.

Um das Problem mit der Emergenz einer makroskopischen, nicht quantisierten Welt zu verdeutlichen, forderte uns Erwin Schrödinger 1935 auf, uns eine Katze in einer Kiste vorzustellen. Die Kiste ist mit einem Mechanismus versehen, der, wenn er durch den radioaktiven Zerfall eines Atoms ausgelöst wird, ein Gift freisetzen und die Katze töten kann. Der radioaktive Zerfall ist ein Quantenprozess, und wenn das Atom eine Halbwertszeit von, sagen wir, 10 Minuten hat, besteht eine Wahrscheinlichkeit von 50 Prozent, dass das Atom innerhalb von 10 Minuten zerfällt. Aber die Quantenmechanik sagt uns, dass, bevor wir die Messung vorgenommen haben, das Atom weder zerfallen noch nicht zerfallen ist. Es befindet sich in einer *Superposition* – also einer Überlagerung – der beiden Möglichkeiten. Was ist nun mit Schrödingers Katze? Ist sie sowohl tot als auch lebendig und stirbt oder überlebt erst in dem Augenblick, da man die Kiste öffnet? Es scheint absurd.

Es *ist* absurd. Wir haben allen Grund zu der Annahme, dass wir im Alltagsleben niemals Zeugen des Quantenverhaltens werden. Bei großen Gegenständen – wie Katzen, Gehirnen oder Computern – schwinden die quantentypischen Eigenschaften extrem schnell dahin. Solche Gegenstände sind Teil warmer und unsteter

Umgebungen, und die ständigen Wechselwirkungen zerstören die Quantenverbindungen zwischen Teilen des Systems. Dieser Vorgang – bezeichnet als Dekohärenz – wandelt Quantenzustände in normale Wahrscheinlichkeitsverteilungen um, auch wenn kein Messapparat eingesetzt wird. Die Dekohärenz erklärt daher, warum wir keine Superpositionen größerer Gegenstände beobachten. Die Katze ist nicht zugleich tot und lebendig; es besteht einfach eine 50-prozentige Wahrscheinlichkeit, dass die Katze tot ist.

Aber die Dekohärenz erklärt nicht, warum nach der Messung die Wahrscheinlichkeitsverteilung für das, was wir beobachtet haben, zu einer Verteilung mit einer Wahrscheinlichkeit von 1 berichtigt wird. Die Dekohärenz löst somit einen Teil des Rätsels, aber nicht das ganze.

Ein Verlustgeschäft

Ich befinde mich immer noch in Steven Weinbergs Büro in Austin. Er hat mir soeben erklärt, dass er heiser wird, und fragt mich, ob wir das Gespräch abbrechen können. Seine Frage übergehend sage ich: »Ich wollte Sie nach Ihrer Meinung zu den Grundlagen der Quantenmechanik fragen. Sie haben in Ihrem Buch geschrieben, dass man kaum etwas an der Quantenmechanik verändern kann, ohne sie ganz zu zerstören.«

»Ja, das ist richtig«, erwidert Weinberg. »Aber wir haben keine wirklich befriedigende Theorie der Quantenmechanik.«

Er sieht mich müde an, dann nimmt er eins der Bücher von seinem Schreibtisch: »Ich kann Ihnen vorlesen, was in der zweiten Auflage meines Handbuchs über Quantenmechanik steht. Es ist Abschnitt 3.7. In der ersten Ausgabe habe ich einen ziemlich negativen Absatz geschrieben, und als ich dann weiter darüber nachdachte, wurde er noch negativer. Da steht:

Meine Schlussfolgerung lautet, dass es heute keine Interpretation der Quantenmechanik gibt, die nicht schwerwiegende Mängel aufweist. Diese Ansicht wird nicht überall geteilt. Im Gegenteil, viele Physiker sind zufrieden mit ihrer Interpretation der Quantenphysik. Aber die verschiedenen Physiker erachten jeweils verschiedene Interpretationen als zufriedenstellend. Aus meiner Sicht sollten wir ernsthaft die Möglichkeit in Betracht ziehen, eine befriedigendere andere Theorie zu finden, zu der die Quantenmechanik lediglich eine gute Annäherung darstellt.

»Das meine ich wirklich. Ich habe mir viel Mühe gegeben, um diese befriedigendere andere Theorie zu entwickeln, aber vergeblich ... Es ist sehr schwierig, etwas Besseres als die Quantenmechanik zu finden. Die Quantenmechanik ist zwar nicht inkonsistent, aber sie hat einige Aspekte, die wir abstoßend finden. Nicht die Tatsache, dass sie Wahrscheinlichkeiten enthält. Sondern welche Art von Wahrscheinlichkeiten.«

Weiter erklärt er: »Wenn wir eine Theorie hätten, nach der, sagen wir, Teilchen umherwandern und eine gewisse Wahrscheinlichkeit besteht, dass diese Bewegung in diese oder jene Richtung oder ganz woanders hinläuft, könnte ich damit leben. Was mir an der Quantenmechanik nicht gefällt, ist, dass es sich um einen Formalismus zur Berechnung von Wahrscheinlichkeiten handelt, auf den Menschen stoßen, wenn sie bestimmte Interventionen in der Natur vornehmen, die wir als Experimente bezeichnen. Und in den Postulaten einer Theorie sollten Menschen eigentlich keine Rolle spielen. Man möchte makroskopische Dinge wie etwa experimentelle Apparaturen und Menschen mit Hilfe der zugrundeliegenden Theorie verstehen. Aber auf der Ebene der Axiome einer Theorie möchte man sie nicht einführen.«

***

Um die Quantenmechanik attraktiver zu machen, haben Physiker verschiedene Methoden der Neuinterpretation der mathematischen

Formeln vorgelegt, die sich in zwei Kategorien einteilen lassen. Entweder wird die Wellenfunktion (gewöhnlich bezeichnet mit ψ, ausgesprochen »psi«) als etwas Wirkliches betrachtet (die »psi-ontische« Methode), oder sie wird als ein Hilfsmittel angesehen, das lediglich Wissen über die Welt kodiert (der »psi-epistemische« Ansatz).

In der Psi-Epistomologie geht es weniger um die Beantwortung von Fragen als darum, sie für bedeutungslos zu erklären. Das bekannteste Mitglied dieser Klasse ist die Kopenhagener Interpretation. Sie ist die meistgelehrte Interpretation der Quantenmechanik (auf die ich auch im vorhergehenden Abschnitt zurückgegriffen habe). Ihr zufolge ist die Quantenmechanik eine Black Box: Wir gehen in eine Versuchsanordnung, drücken den Mathematikknopf, und heraus kommt eine Wahrscheinlichkeit. Wie sich ein Teilchen vor der Messung verhalten hat, ist eine Frage, die man nicht stellen sollte. Mit anderen Worten: »Halt den Mund und rechne«, wie David Mermin es ausdrückte.[7] Das ist eine pragmatische Haltung, aber der Kollaps wird weithin als »eine hässliche Narbe« (Lev Vaidman) wahrgenommen, die die Theorie »zusammengeschustert« (Max Tegmark) erscheinen lässt.[8]

Eine modernere psi-epistemische Interpretation ist der QBismus, wobei das »Q« für »Quantum« steht und das »B« für »Bayesianische Schlussfolgerung«, eine Methode zur Wahrscheinlichkeitsberechnung. Im QBismus ist die Wellenfunktion ein Instrument zur Sammlung der Informationen eines Beobachters über die reale Welt, die jeweils aktualisiert wird, wenn er oder sie eine Messung vornimmt. In dieser Interpretation liegt der Schwerpunkt darauf, dass es mehrere Beobachter mit jeweils anderen Informationen geben kann (Menschen oder Maschinen). Die Box ist immer noch schwarz, aber jetzt hat jeder eine eigene. David Mermin bezeichnet diese Interpretation als »die bei weitem interessanteste Möglichkeit«, während sie für Sean Carroll eine »›Verdrängungs‹-Strategie« ist.[9]

Die psi-ontischen Interpretationen hingegen haben den Vorteil, konzeptuell näher bei den Prä-Quantentheorien zu liegen, die wir so mögen, doch leider zwingen sie uns zur Auseinandersetzung mit den anderen Problemen der Quantenmechanik.

In der Theorie der Führungswelle (oder auch De-Broglie-Bohm-Theorie) setzt ein nichtlokales Führungsfeld ansonsten klassische Teilchen in Bewegung. Obwohl das gar nicht nach Quantenmechanik klingt, handelt es sich tatsächlich um dieselbe Theorie, nur anders formuliert und interpretiert.[10] Die Theorie der Führungswelle ist zur Zeit unpopulär, weil sie nicht so allgemein formuliert wurde und nicht so flexibel angewendet werden kann wie die Kopenhagener Interpretation. Doch aufgrund ihres intuitiven Aspekts betrachtete Bell sie als »natürlich und einfach«.[11] John Polkinghorne hingegen meint, sie habe »einen unattraktiven opportunistischen Zug«.[12]

Nach der Viele-Welten-(oder Viele-Geschichten-)Interpretation bricht die Wellenfunktion niemals zusammen. Stattdessen zerteilt oder »verzweigt« sie sich in parallele Universen – eins für jedes mögliche Messergebnis. In der Viele-Welten-Interpretation stellt sich kein Messproblem, sondern lediglich die Frage, warum wir gerade in diesem bestimmten Universum leben. Steven Weinberg findet all diese Universen »abstoßend«, Max Tegmark wiederum findet die Logik »schön« und glaubt, dass »in der einfachsten und wohl elegantesten Theorie von Haus aus Paralleluniversen vorkommen«.[13]

Dann gibt es noch die Modelle des spontanen Kollapses, in denen sich die Wellenfunktion nicht zunächst ausbreitet und dann plötzlich zusammenbricht, sondern sich konstant immer ein wenig zusammenzieht, so dass sie sich ohnehin nie sehr weit ausdehnt. Das ist weniger eine Neuinterpretation als ein Zusatz zur Quantenmechanik, der den Kollaps durch einen expliziten Prozess ergänzt. Adrian Kent, der meint, dass in der Quantenmechanik »Eleganz ein überraschend deutlicher Hinweis für physikalische Relevanz zu sein scheint«, findet den Kollaps ein »bisschen ad hoc und utilitaristisch«, aber immerhin »bedeutend weniger hässlich als die De-Broglie-Bohm-Theorien«.[14]

Und das sind nur die wichtigsten Interpretationen der Quantenmechanik. Es gibt noch weitere, und jede von ihnen kann sich zur gleichen Zeit in verschiedenen Zuständen befinden.

***

Steven Weinberg legt sein Buch über Quantenmechanik aus der Hand. Er sieht mich an, und ich versuche, seinen Gesichtsausdruck zu deuten, kann aber nicht erkennen, ob er eher amüsiert oder eher verärgert ist, dass ich immer noch da bin. Die hochgezogene Augenbraue, die mir vorher aufgefallen ist, scheint, wie ich jetzt sehe, in dieser Position eingefroren zu sein.

Weinbergs *Quantenmechanik*, 2012 erschienen, war ein Nachzügler unter den einschlägigen Lehrbüchern. Seither hat Weinberg außerdem verschiedene Artikel zu der Frage veröffentlicht, wie man die Grundlagen der Quantenmechanik erforschen oder besser verstehen kann. Zweifellos ist dies ein Thema, das ihn erst in jüngerer Zeit beschäftigt. Ich frage mich, warum er diese Forschungsrichtung eingeschlagen hat. Warum ist das angesichts all der anderen Probleme, mit denen er sich befassen könnte, ein Thema, über das sich nachzudenken lohnt?

»Was mögen Sie an der Dekohärenztheorie nicht, wo sie Ihnen doch eine Wahrscheinlichkeitsverteilung an die Hand gibt?«, frage ich.

»Man kann die Quantenmechanik ganz gut als eine Wechselwirkung des Systems, das man untersucht, mit einer äußeren Umgebung einschließlich eines Beobachters verstehen«, sagt er.[15] Aber das bedeutet, dass ein quantenmechanisches mit einem makroskopischen System interagiert, das die Dekohärenz zwischen verschiedenen Zweigen der ursprünglichen Wellenfunktion hervorruft. Und woher kommt das? Auch das müsste quantenmechanisch beschrieben werden. Und strenggenommen[16] gibt es in der Quantenmechanik selbst keine Dekohärenz.«

Er hustet erneut. »Inzwischen wird ein Versuch unternommen, sich dieses Themas anzunehmen, in dem die Dekohärenz geleugnet und darüber nachgedacht wird, Menschen vollständig quantenmechanisch zu betrachten, so wie alles andere auch, und das ist die Methode des Viele-Geschichten-Ansatzes. Wenn man hier mit einer reinen Wellenfunktion beginnt, bleibt es eine reine Wellenfunktion. Doch im Lauf der Zeit gibt es viele Abschnitte darin, von denen jeder eine andere Beschreibung des Beobachters enthält, während die Beobachter in den einzelnen Abschnitten glauben, jeweils etwas anderes zu sehen – so wie ein Beobachter den Spin [eines Teilchens als] nach oben und der andere ihn als nach unten gerichtet wahrnimmt.

Und während man damit leben kann, dass sich die Geschichte des Universums in zwei Äste teilt, hat man in diesem Viele-Geschichten-Ansatz eine endlose und kontinuierliche Produktion unvorstellbar vieler Geschichten des Universums.

Tja«, schließt Weinberg, »so stehen die Dinge wahrscheinlich, und ich sehe daran nichts logisch Inkonsistentes. Aber die Vorstellung dieser ungeheuer vielen Geschichten ist einfach abstoßend.«

»Was macht sie so abstoßend?«

»Ich weiß nicht. Es ist einfach so. Es ist diese unüberschaubare Zahl. Es ist ja nicht etwas, was nur vorkommt, wenn ein Physiker ein staatliches Stipendium bekommt und ein Experiment macht, es passiert ständig. Jedes Mal, wenn zwei Luftmoleküle zusammenstoßen oder ein Photon von einem Stern die Atmosphäre trifft – jedes Mal, wenn etwas geschieht, wird die Geschichte des Universums anhaltend vervielfältigt.

Ich wünschte, ich könnte nachweisen, dass diese ständige Zersplitterung der Geschichten unmöglich ist. Ich kann es nicht. Aber ich finde es abstoßend. Offensichtlich gilt das für die Leute, auf die dieser Gedanke zurückgeht, nicht. Aber er ist abstoßend. Verschiedene Menschen interpretieren die Quantenmechanik unterschiedlich, und all diese Interpretationen sind zufriedenstellend, aber jede ist anders.«

»Und alle finden die Theorien der anderen abstoßend«, werfe ich ein.

»Genau. Und damit habe ich abgeschlossen«, sagte Weinberg und seufzte. »Sogar die großen Philosophen auf diesem Gebiet waren sich uneins«, fährt er fort. »Niels Bohr glaubte ursprünglich, eine Messung bedeute eine Abweichung von der Quantenmechanik, man könne eine Messung nicht mit rein quantenmechanischen Begriffen beschreiben. Dann meinten andere, doch, man kann, aber man muss den Gedanken aufgeben, sagen zu können, was da genau passiert, man muss einfach sagen, dies sind die Regeln für die Berechnung der Wahrscheinlichkeit dessen, was herauskommt, wenn man eine Messung vornimmt ... und dann sagen wieder andere, die Quantenmechanik ist völlig in Ordnung, nur dass man damit unendlich viele Geschichten hat. Das ist die [Viele-Welten-] Interpretation ...

Das eigentliche Problem ist hier natürlich, dass man diese ganzen Konflikte gar nicht beilegen muss«, fährt Weinberg fort. »Ich habe eine ganze Berufslaufbahn hinter mich gebracht, ohne zu wissen, was Quantenmechanik ist. In einem meiner Bücher erzähle ich die Geschichte von meinem Kollegen Philip Candelas. Er hatte einen Doktoranden, dessen Karriere mehr oder weniger den Bach hinunterging, und als ich Candelas fragte, was da passiert sei, sagte er: ›Er hat versucht, die Quantenmechanik zu verstehen.‹ Ohne diesen Versuch hätte er eine perfekte Karriere haben können. Aber sich mit den Grundlagen der Quantenmechanik zu befassen ist ein Verlustgeschäft.«

(Wenn Sie das zitieren, sind Sie vielleicht der erste Mensch, der jemanden zitiert, der einen anderen zitiert, der sich selbst zitiert, wie er jemanden zitiert.)

»Kennen Sie das Buch *Beauty and Revolution in Science* von einem Wissenschaftsphilosophen namens McAllister?«, frage ich.[17]

»Eigentlich nicht.«

Ein Verlustgeschäft

»Er geht darin näher auf Kuhns Konzept der wissenschaftlichen Revolutionen ein. McAllister behauptet, dass jede Revolution in der Wissenschaft die Schönheitskonzepte über den Haufen werfen muss, die Wissenschaftler entwickelt haben.«

»Kuhn ist noch viel radikaler«, sagt Weinberg. »Offensichtlich verlangt eine Revolution immer einen Umsturz von etwas. Kuhn stellte sich das als Umsturz von allem vor, so dass eine Generation die Physik einer früheren nicht verstehen kann. Ich halte das schlichtweg für falsch. Doch bei einer wissenschaftlichen Revolution muss offenbar etwas umgestürzt werden.«

Nach einer kurzen Pause fügt er hinzu: »Ich finde den Gedanken, dass dies die ästhetische Beurteilung sein könnte, nicht schlecht. Die kopernikanische Wende fand beispielsweise statt, weil Kopernikus meinte, das heliozentrische System sei viel attraktiver als das ptolemäische, und nicht aufgrund von Daten. Offensichtlich hatte er eine andere ästhetische Auffassung als seine Vorgänger. Und die Newton'sche Revolution fand meines Erachtens statt, weil Newton im Gegensatz zu Descartes eine Kraftwirkung über eine Distanz nicht hässlich fand. Descartes hatte ein sehr hässliches Bild des Sonnensystems entworfen, in dem alles die Folge von Schub- und Zugkräften war. Newton hingegen gab sich mit einer Kraft zufrieden, die nach dem Quadratabstandsgesetz wirkte. Es war ein Wechsel in der Ästhetik. Man könnte auch sagen, ein Wechsel in der philosophischen Voreingenommenheit. Da ist kein großer Unterschied.« Weinberg hält eine Weile inne, dann sagt er leise, fast wie zu sich selbst: »Ja, das ist ein interessanter Gedanke«, meint er. »Ich sollte mir dieses Buch einmal ansehen.«

»Aber wenn das so ist«, sage ich, um auf McAllisters Argument zurückzukommen, »wenn man in einer Revolution das Schönheitskonzept der Theorieentwicklung über den Haufen werfen muss, was bringt es dann, an den Schönheitskonzepten der Vergangenheit festzuhalten?«

»Nun, Schönheit ist nur ein Mittel zum Zweck, um erfolgreiche Theorien zu entwickeln«, sagt Weinberg. »Wenn sich ein Schönheitskonzept ändert, können die Theorien trotzdem weiterhin richtig sein.« Er bringt ein Beispiel: »Ich nehme an, Maxwell meinte, eine wirklich zufriedenstellende Theorie des Elektromagnetismus müsse Spannungen in einem Medium berücksichtigen, das Schwingungen ausgesetzt ist, und diese würden das Oszillieren von elektrischen und magnetischen Feldern erklären, das man in einem Lichtstrahl beobachtet hatte. Durch die Arbeit Maxwells und anderer wie beispielsweise Oliver Heaviside kam man dann zu der Erkenntnis, dass elektrische und magnetische Felder einfach den leeren Raum durchdringen, und die Schwingungen sind nur Schwingungen der Felder selbst, nicht eines darunter liegenden Mediums. Aber die Gleichungen, die Maxwell aufstellte, sind immer noch gut. Maxwells Theorie gilt weiterhin, obwohl seine Auffassung, warum sie richtig sein musste, nicht mehr gilt.«

Er fährt fort: »Häufig ändern sich gar nicht einmal die physikalischen Theorien, sondern unsere Vorstellung davon, was sie bedeuten und warum sie richtig sein müssen. Ich glaube deshalb nicht, dass man alles umstürzt, auch wenn man durchaus frühere ästhetische Urteile verwerfen kann. Und was bleibt, sind die Theorien, die durch die früheren ästhetischen Urteile entstanden sind. Wenn sie denn erfolgreich sind – was durchaus nicht immer der Fall ist.«

Dann steht er auf und geht hinaus.

Quantenmechanik ist Magie

Nicht nur die Quantenmechanik an sich ist seltsam, sondern auch ihr Forschungsgebiet. In der Teilchenphysik haben wir Theorie, Experiment und dazwischen die Phänomenologie. Phänomenologen sind diejenigen, die (wie Gordy Kane) Theorien Voraussagen entlocken, in der Regel indem sie die Mathematik vereinfachen und herausfinden, was wie mit welcher Genauigkeit (und nicht selten auch von wem) gemessen werden kann.

In anderen Bereichen der Physik grenzen sich diese drei Kategorien von Forschern nicht so klar voneinander ab wie in der Teilchenphysik. Doch Phänomenologen finden wir auch dort. Selbst in der Quantengravitation, wo es keine Experimente gibt, haben wir Phänomenologen. Nicht jedoch in der Quantenmechanik. In der Quantenmechanik gibt es auf der einen Seite die Experimente, und zwar reichlich, und auf der anderen viel Wirbel um die Interpretation. Die Mitte dazwischen ist mehr oder weniger leer.

Nachdem ich all die verschiedenen Interpretationen betrachtet und versucht habe, das Ausmaß ihrer Hässlichkeit zu ermitteln, beschließe ich, mit einem Fachmann zu sprechen, mit jemandem, der sich mit der Quantenmaterie im Alltag beschäftigt. Meine Wahl fällt auf Chad Orzel.

Chad ist Physikprofessor am Union College in Schenectady, New York. Besser bekannt ist er als derjenige, der seinem Hund die Quantenphysik beigebracht und darüber ein Buch geschrieben hat.[18] Chad unterhält auch einen sehr beliebten Wissenschaftsblog unter dem Titel *Uncertain Principles*, in dem er sich der Entmystifizierung der Quantenmechanik widmet. Ich starte einen Videoanruf und frage ihn, was er von all den Interpretationen der Quantenmechanik hält.

»Chad«, beginne ich, »sagen Sie mir bitte noch einmal, welchen Beruf Sie ausüben.«

»Ich komme aus dem Bereich der Laserkühlung und der Physik der kalten Atome«, erzählt mir Chad. Nach seiner Promotion arbeitete er an Bose-Einstein-Kondensaten, Atomwolken, die auf so niedrige Temperaturen heruntergekühlt werden, dass die Quanteneffekte besonders stark werden.

»Für meine Doktorarbeit habe ich Kollisionen ultrakalter Xenon-Atome untersucht«, sagt Chad. »Sie haben relative Geschwindigkeiten im Bereich von Zentimetern oder Millimetern pro Sekunde, und bei dieser Geschwindigkeit bewegen sie sich so langsam, dass man Quanteneffekte bei den Kollisionen sehen kann.

Xenon hat eine Menge Isotope«, erklärt Chad.* »Bei manchen handelt es sich um zusammengesetzte Bosonen, manche sind zusammengesetzte Fermionen. Und wenn man sie polarisiert, und es sind Fermionen, dürften sie nicht miteinander kollidieren, weil das zwei symmetrischen Zuständen gleichkommt, und das wird blockiert.«

Diese Blockade ist ein Beispiel für die extreme Individualität der Fermionen, die ich im ersten Kapitel geschildert habe. Man kann nicht zwei Fermionen zwingen, sich am selben Ort gleich zu verhalten.

Chad fährt fort: »Also stellen wir eine Wolke von Xenon-Atomen zusammen, und wenn sie zusammenprallen, tauschen sie viel Energie aus, und es kommt ein Ion heraus. Wir zählen einfach jeweils die Ionen für den Fall, dass die Atome polarisiert sind, und für den Fall, dass sie es nicht sind, und das zeigt uns dann, wie viele von ihnen kollidieren. Das ist ein sehr sauberes Signal. Und in der Kollisionsrate sehen wir den Unterschied: Die Bosonen kollidieren fröhlich miteinander, die Fermionen nicht. Das ist ein reiner Quanteneffekt.«

»Was machen die Atome, wenn sie nicht zusammenprallen?«, frage ich.

»Sie bewegen sich einfach aneinander vorbei«, erwidert Chad und zuckt die Achseln. »Diese Frage wurde mir auch bei meinem Rigorosum gestellt: ›Was passiert, wenn man diese Atome ausrichtet – warum kollidieren sie nicht?‹ Darauf habe ich scherzhaft gesagt: ›Quantenmechanik ist Magie.‹ Die ernste Antwort lautet, dass man sie sich nicht als kleine Billardkugeln vorstellen darf, die man ordentlich

---

* Der Atomkern eines chemischen Elements hat eine feste Zahl von Protonen, kann aber unterschiedlich viele Neutronen haben. Diese verschiedenen Varianten desselben Elements nennt man Isotope.

ausrichten kann; man muss sie sich als große verschwommene Dinger vorstellen, die durcheinander hindurchgehen. Ich wandte mich an meinen Doktorvater, der soeben den Nobelpreis erhalten hatte, und fragte ihn: ›Stimmen Sie dem zu? Ist das richtig?‹, und er sagte: ›Ja, Quantenmechanik ist Magie.‹«[19]

***

Intuitiv erscheint es mir logisch, dass Intuition in der Quantenwelt versagt. Im Alltag begegnen uns keine Quanteneffekte – sie sind einfach zu schwach und fragil. Ja, es wäre erstaunlich, wenn die Quantenphysik intuitiv verstanden werden könnte, denn wir hatten keine Gelegenheit, uns an sie zu gewöhnen.

Deshalb dürfte es nicht gegen eine Theorie sprechen, wenn sie nicht intuitiv erfasst werden kann. Doch wie der Mangel an ästhetischer Attraktivität stellt es trotzdem ein Hindernis für den Fortschritt dar. Und vielleicht, denke ich, handelt es sich hier nicht um ein Hindernis, das wir überwinden können. Vielleicht befinden wir uns in der Grundlagenphysik in einer Sackgasse, weil wir die Grenzen dessen erreicht haben, was Menschen begreifen können. Vielleicht ist es an der Zeit, den Stab weiterzureichen.

***

Adam führt Experimente zum Mikrobenwachstum durch. Adam stellt Hypothesen auf und entwickelt Forschungsstrategien. Adam sitzt in einem Labor und hantiert mit Inkubatoren und Zentrifugen. Aber Adam ist kein Mann. Adam ist ein Roboter, den das Team um Ross King an der Aberystwyth University in Wales entworfen hat. Adam hat Gene identifiziert, die für die Kodierung bestimmter Enzyme verantwortlich sind.[20]

Auch in der Physik halten Maschinen Einzug. Forscher am *Creative*

Machines Lab der Cornell University in Ithaca, New York, haben eine Software entwickelt, die, gefüttert mit Rohdaten, die Gleichungen ausspuckt, die die Bewegung von Systemen wie etwa dem chaotischen Doppelpendel beschreiben. Der Computer brauchte 30 Stunden für die Ableitung von Naturgesetzen, um die Menschen jahrhundertelang gerungen haben.[21]

In einer kürzlich durchgeführten Studie zur Quantenmechanik verwendete Anton Zeilingers Team eine Software namens »Melvin«, um Experimente zu entwickeln, die dann von Menschen durchgeführt wurden.[22] Mario Krenn, der Doktorand, der die Idee hatte, die Experimententwürfe zu automatisieren, ist erfreut über die Ergebnisse, meint aber, er finde es immer noch »ziemlich schwierig, intuitiv zu verstehen, was eigentlich vor sich geht«.[23]

Und das ist erst der Anfang. Muster zu finden und Informationen zu ordnen sind Aufgaben von zentraler Bedeutung für die Wissenschaft, und genau dies sind die Aufgaben, für die künstliche neuronale Netze geschaffen wurden, um darin Höchstleistungen zu erbringen. Solche Computer, entworfen, um die Funktion natürlicher Gehirne nachzuahmen, analysieren heute Datensätze, die kein Mensch verstehen kann, und suchen mit Deep-Learning-Algorithmen nach Korrelationen. Zweifellos verändert der technologische Fortschritt, was wir unter »wissenschaftlicher Arbeit« verstehen.

Ich versuche mir den Tag vorzustellen, an dem wir einfach eine künstliche Intelligenz (KI) mit kosmologischen Daten füttern. Heute fragen wir uns, was Dunkle Materie und Dunkle Energie sind, aber diese Fragen ergeben für die KI womöglich nicht einmal Sinn. Sie macht nur Voraussagen. Die überprüfen wir, und wenn die KI konsistent richtige Ergebnisse liefert, wissen wir, dass sie die richtigen Muster gefunden und extrapoliert hat. Das wird dann unser neues Konkordanzmodell sein. Wir geben eine Frage ein, heraus kommt eine Antwort – und das war's dann.

Wenn Sie kein Physiker sind, dann sehen Sie wahrscheinlich keinen großen Unterschied zu den Voraussagen, die eine Gemeinschaft von Physikern unter Verwendung unverständlicher mathematischer Formeln und einer kryptischen Terminologie getroffen hat. Es ist nur eine weitere Black Box. Vielleicht vertrauen Sie der KI sogar mehr als uns.

Aber Voraussagen zu treffen und sie für die Entwicklung von Anwendungen zu nutzen ist von jeher nur eine Seite der Wissenschaft. Die andere ist das Verstehen. Wir wollen nicht nur Antworten, wir wollen auch Erklärungen für diese Antworten. Am Ende werden wir die Grenzen unserer mentalen Leistungsfähigkeit erreichen, und dann ist das Beste, was wir tun können, komplexeren Denkapparaten die Fragen zu überlassen. Ich meine aber, dass es zu früh ist, um das Ziel, unsere Theorien zu verstehen, aufzugeben.

»Wenn junge Leute in mein Team kommen«, sagt Anton Zeilinger, »kann man sehen, wie sie im Dunkeln tappen und ihren Weg nicht intuitiv finden. Doch nach einer Weile, nach etwa zwei bis drei Monaten, sind sie mit den anderen im Gleichschritt und bekommen ein intuitives Verständnis der Quantenmechanik. Es ist wirklich ganz interessant, das zu beobachten. Es ist wie Fahrrad fahren lernen.«[24]

Und die Intuition kommt, wenn man Erfahrungen ausgesetzt ist. In dem Videospiel *Quantum Moves* kann man sich mit der Quantenmechanik – völlig ohne Gleichungen – beschäftigen.[25] In diesem von Physikern der Universität Aarhus in Dänemark konzipierten Spiel erhalten die Spieler Punkte, wenn sie effiziente Lösungen für Quantenprobleme finden, etwa Atome von einem Potentialtopf in den nächsten zu befördern. Die simulierten Atome gehorchen den Gesetzen der Quantenmechanik. Sie sehen nicht aus wie kleine Kugeln, sondern wie eine seltsame Flüssigkeit, die der Unschärferelation unterliegt und sich von einem Ort zu einem anderen bewegen kann. Es ist etwas gewöhnungsbedürftig. Doch zur Verblüffung der Forscher war die beste Lösung, die sie unter den Strategien der Spieler

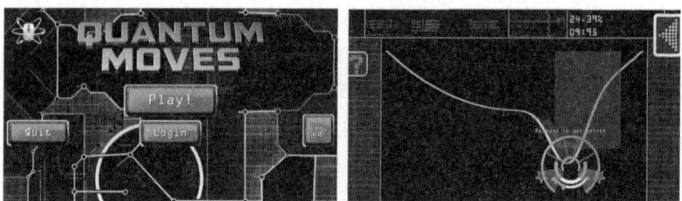

Abb. 10: Screenshots des Videospiels *Quantum Moves*.

fanden, effizienter als ein durch einen Computer-Algorithmus generierter Lösungsweg.[26] Wenn es um Quantenintuition geht, scheinen Menschen die KI zu schlagen. Zumindest vorerst.

Also sollten wir, denke ich, einfach aufhören, uns gegenseitig zu versichern, die Quantenmechanik sei seltsam, und uns stattdessen lieber an sie gewöhnen. Es ist eine hochentwickelte Technologie, gut, aber dennoch etwas anderes als Magie.

***

Chads scherzhafte, von einem Achselzucken begleitete Äußerung, die Quantenmechanik sei Magie, erweckt bei mir den Eindruck, dass er sich keine großen Gedanken um die Interpretation der Mathematik macht. Aber es fällt schwer, die Formeln nicht zu interpretieren. Wer häufig einen bestimmten mathematischen Formalismus anwendet, bekommt ein Gespür dafür, was bei der Berechnung vor sich geht. Man blickt nicht nur auf das Ergebnis, sondern sieht auch, wie man dorthin gelangt ist. Und wie die Interessen der Menschen nun einmal gelagert sind, kommen wir mit Abstraktionen besser zurecht, wenn eine Geschichte dazu serviert wird.

»Bevorzugst du eine bestimmte Interpretation der Quantenmechanik?«, frage ich Chad.

»Von meinem Temperament her bin ich jemand, der den Mund hält und rechnet«, sagt er. »Mir kommt es immer so vor, als würde es nichts bringen, wenn man sich kein Experiment vorstellen kann, bei dem unterschiedliche Ergebnisse für die verschiedenen Fälle herauskommen. Es ist interessant, darüber zu reden, was auf dem Weg zur normalen Wirklichkeit mit all dem seltsamen Zeug passiert. Aber nach allem, was ich weiß, kann beim derzeitigen Stand der Forschung niemand ein machbares Experiment nennen, das verschiedene Ergebnisse für, sagen wir, die Viele-Welten-Theorie und der Theorie der Führungswelle liefern würde. Und da es ein solches Experiment nicht gibt, bleibt es eine rein ästhetische Wahl.

Aber ich halte es für nützlich, wenn Leute all die verschiedenen Interpretationen prüfen, weil damit die Fragen, die man für lohnend hält, mehr Farbe bekommen. Und obwohl man jedes Experiment mittels beliebiger Interpretation erklären kann, ergeben sich unter Verwendung gewisser Interpretationen bestimmte Experimente auf natürlichere Weise.«

Als Beispiel nennt er Experimente, die die durchschnittlichen Bahnen nachzeichnen, auf denen sich Teilchen bewegen, wenn sie einen Doppelspalt durchlaufen, Bahnen, die nach der Theorie der Führungswelle plausibel sind, aber keinen Sinn ergeben, wenn man der Ansicht ist, dass die Wellenfunktion lediglich die Informationen des Beobachters verkörpert. Auf der anderen Seite sind Experimente, die Quantenzustände kopieren und löschen, leichter in Begriffen der Informationsübertragung zu interpretieren.

»Warum wird so viel über die ›richtige‹ Interpretation gestritten, wenn diese Interpretationen nicht mit einer experimentellen Untersuchung verbunden sind?«, frage ich.

»Nach meinem Verständnis«, sagt Chad, »gibt es eine Kluft zwischen dem epistemologischen und dem ontologischen Lager. Im ontologischen Lager ist die Wellenfunktion etwas Reales, das existiert und sich verändert, und im epistemologischen Lager beschreibt die Wellenfunktion lediglich, was wir wissen – sie beziffert nur unsere Unkenntnis im Hinblick auf die Welt. Und im Kontinuum zwischen diesen beiden Interpretationen kann man jedem Physiker einen Platz zuweisen.

Auf der einen Seite finden die Leute es abstoßend, dass es diesen diskontinuierlichen Kollaps gibt. Wenn man den epistemischen Ansatz verfolgt, erscheint das sehr hässlich. Auf der anderen Seite ist da diese klassisch Einstein'sche Frage, ob es den Mond gibt, wenn niemand hinschaut.«

Einstein glaubte, die Quantenmechanik sei eine unvollständige Theorie. Objekte, so meinte er, sollten eindeutige Eigenschaften haben, ob jemand sie beobachtet oder nicht. Das Argument, es sei absurd zu meinen, der Mond sei nicht da, wenn niemand hinschaue, ist ein Beispiel für seine Denkweise.[27] Nun erwartet aber aufgrund der Dekohärenz sowieso keiner von großen Objekten, dass sie Quanteneigenschaften hätten. Wie Schrödingers Katze ist auch Einsteins Mond eine Überspitzung, um ein Problem zu verdeutlichen, und keineswegs selbst ein echtes Problem.

Chad legt den Reiz von Einsteins Mond-Argument dar: »Dinge sollten existieren, unabhängig davon, ob Menschen Informationen über sie haben oder nicht. Die Leute wollen, dass es eine tiefer liegende Realität gibt, und die von der ontologischen Seite finden es hässlich, wenn man sagen muss, dieses Ding ist erst wirklich da, wenn man eine Eigenschaft misst. So finden beide Seiten auf der Gegenseite etwas Anstößiges.«

»Und wo in diesem Spektrum stehst du?«

»Ich bin der Meinung, dass beide Betrachtungsweisen gewisse Vorzüge haben«, sagt Chad. »Ich stimme weitgehend zu, dass wir durch Messungen tatsächlich etwas über die Welt erfahren, aber ich kann mich auch mit dem Gedanken anfreunden, dass es sich lediglich um Informationen über einen *Zustand* handelt. Ich befinde mich also in der windelweichen Mitte.«

»In der Teilchenphysik«, sage ich, »hacken manche Leute auf Dingen herum, die sie nicht mögen, weil sie diese Mängel für Hinweise auf eine bessere Theorie halten. Ist es in der Grundlagenphysik der Quantenmechanik auch so?«

»Mein Eindruck ist, dass es nicht ganz so ist wie in der Teilchenphysik«, erwidert Chad. »In der Teilchenphysik gibt es einige sehr spezifische quantitative Probleme, die man klar identifizieren kann und die zu lösen wir nicht in der Lage sind. Zum Beispiel die Dunkle Energie. Wir können die Vakuum-Energie berechnen, und das Ergebnis ist um 120 Größenordnungen zu hoch, und man muss was Verrücktes machen, um das wieder wegzukriegen. In der Grundlagenforschung zur Quantenmechanik können wir uns alle darauf einigen [was passiert, wenn man ein Elektron durch einen Doppelschlitz schickt]. Die Frage ist, was, glaubt man, passiert auf dem Weg *dahin*.

Jeder kann sich des vorhandenen [mathematischen] Formalismus bedienen, die Berechnungen vornehmen und das richtige Ergebnis mit lächerlich vielen Dezimalstellen herausbekommen. Es ist also kein quantitatives Problem. Es ist viel eher ein philosophisches Problem, vergleichbar mit den Problemen in der Teilchenphysik. Beide haben eine ästhetische Komponente. Bei beiden hat man den Eindruck, dass etwas nicht stimmt, weil es mathematisch betrachtet hässlich ist. Aber bei der Grundlagenforschung zur Quantenmechanik gibt es keine quantitativen Unstimmigkeiten. Die Leute sind nicht glücklich mit den verrückten Dingen, die nach unserer Kenntnis wahr sein müssen, und sie versuchen, damit zurechtzukommen.

Ein Großteil des philosophischen Krams, mit dem man es bei der Quantenphysik zu tun bekommt, ist nur einen Schritt entfernt von dem wirklich lächerlichen philosophischen Kram, also von Eugene Wigners Frage, warum wir überhaupt Dinge mit Hilfe der Mathematik beschreiben können.[28] Und wenn man es so sieht, verbringt man eine Menge schlafloser Nächte mit der Frage, warum das Universum ohne erkennbaren Grund einfachen, eleganten mathematischen Gesetzen gehorcht. Aber das alles kann man auch hinwegwischen und sagen: ›Schauen Sie, wir *haben* ja einfache, elegante Gesetze und können (damit) Berechnungen anstellen!‹ Und so denke ich auch.«

»Aber ist das auch eine sinnvolle Haltung, wenn man versucht, eine neue Theorie zu finden?«, frage ich.

»Ja, das ist das Problem dabei«, sagt Chad. »Vielleicht müssen wir über diese philosophischen Fragen und die nicht berechenbaren Dinge nachdenken. Aber vielleicht ist auch einfach die Mathematik hässlich, und jemand muss sich da hindurchwühlen.«

KURZ GESAGT

- Die Quantenmechanik funktioniert großartig, aber viele Physiker bemängeln, dass sie der Intuition zuwiderläuft und hässlich ist.
- Intuition kann durch Erfahrung geschult werden, und die Quantenphysik ist noch eine ziemlich junge Theorie. Vielleicht wird sie von zukünftigen Generationen eher als intuitiv empfunden.
- Auch in der Grundlagenforschung zur Quantenmechanik ist unklar, worin eigentlich das Problem besteht, das gelöst werden soll.
- Vielleicht ist es einfach schwerer, die Quantenmechanik zu verstehen, als wir gedacht haben.

Siebtes Kapitel
Eine für Alles

In welchem ich versuche herauszufinden, ob sich irgendjemand für die Naturgesetze interessieren würde, wenn sie nicht schön wären. Ich mache Zwischenstopp in Arizona, wo mir Frank Wilczek seine kleine Theorie von etwas erläutert, dann fliege ich nach Maui und höre, was Garrett Lisi zu sagen hat. Ich mache Bekanntschaft mit hässlichen Tatsachen und zähle Physiker.

Konvergierende Geraden

Eine Theorie von Allem hatten wir das letzte Mal vor 2500 Jahren. Der griechische Philosoph Empedokles postulierte, die Welt bestehe aus vier Elementen: Erde, Wasser, Luft und Feuer. Aristoteles fügte später ein fünftes hinzu, das himmlische Element Äther. Alles zu erklären sollte nie wieder so einfach sein.

In der Philosophie des Aristoteles vereinen sich in jedem Element zwei Eigenschaften: Feuer ist trocken und heiß, Wasser feucht und kalt, Erde trocken und kalt, und Luft ist feucht und heiß. Veränderungen entstehen erstens, weil die Elemente zu ihrem natürlichen Ort streben – Luft steigt auf, Steine fallen und so weiter – und zweitens, weil sie jeweils eine ihrer Eigenschaften wechseln können, sofern keine Widersprüche entstehen; so kann trockenes und heißes Feuer zu trockener und kalter Erde werden, feuchtes und kaltes Wasser kann zu feuchter und heißer Luft werden und so weiter.

Zu postulieren, dass Steine hinunterfallen, weil es ihrer natürlichen Neigung entspricht, erklärt nicht viel, aber es war jedenfalls eine einfache Theorie, die sich zudem in einem zufriedenstellend symmetrischen Diagramm zusammenfassen ließ (Abb. 11).

Schon im 4. Jahrhundert v. Chr. wurde deutlich, dass dieses Modell zu einfach war. Alchemisten gelang es, immer mehr Stoffe zu iso-

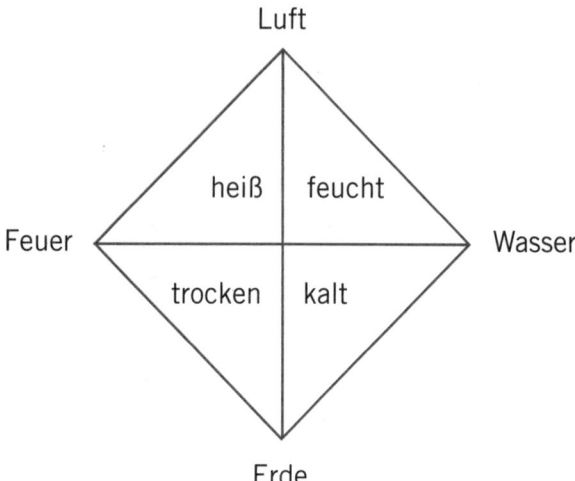

Abb. 11: Schematische Darstellung der vier Elemente des Aristoteles und ihrer Beziehungen, einer Theorie aus dem 4. Jahrhundert v. Chr. Ähnliche Klassifikationen finden sich in den Aufzeichnungen östlicher Zivilisationen aus derselben Zeit.

lieren, und eine Theorie mit nur vier Elementen konnte diese Vielfalt nicht erklären. Aber erst im 18. Jahrhundert wurde den Chemikern klar, dass alle Stoffe Kombinationen aus einer relativ kleinen Zahl von »Elementen« sind (damals meinte man, es seien weniger als hundert), die nicht weiter zerlegt werden können. Das Zeitalter des Reduktionismus hatte begonnen.

Unterdessen fand Newton heraus, dass das Fallen von Steinen und die Bewegung der Planeten eine gemeinsame Ursache haben: die Gravitation. Joule zeigte, dass Hitze eine Form von Energie ist, und später entdeckte man, dass beides auf die Bewegung kleiner Dinge zurückging, der sogenannten Atome; es gab verschiedene Atomformen für jedes chemische Element. Maxwell führte Elektrizität und Magnetismus zum Elektromagnetismus zusammen. Und jedes Mal wurden zuvor unverbundene Wirkungen durch eine gemeinsame Theorie erklärt, neue Einsichten und Anwendungen folgten: Die Gezeiten werden durch den Mond verursacht, Energie kann zur Kühlung verwendet werden, Stromkreise können elektromagnetische Strahlung erzeugen.

Am Ende des 19. Jahrhunderts bemerkten Physiker, dass Atome nur Licht einer bestimmten Wellenlänge abgeben oder absorbieren können, waren aber außerstande, die beobachtete Regelmäßigkeit der Muster zu erklären. Um sie zu verstehen, entwickelten sie die Quantenmechanik, die nicht nur die Atomspektren erklärte, sondern auch die meisten Eigenschaften der chemischen Elemente. In den 1930er Jahren hatten Physiker herausgefunden, dass alle Atome einen Kern haben, der aus kleineren Teilchen besteht, den Neutronen und Protonen, die von Elektronen umgeben sind. Es war ein weiterer Meilenstein des Reduktionismus.

Die nächsten Schritte in der Geschichte der Vereinheitlichung tat Einstein, als er durch die Verknüpfung von Raum und Zeit zur Speziellen Relativitätstheorie gelangte und dann durch Einbeziehung der Gravitation die Allgemeine Relativitätstheorie entwickelte. Damit wurde es erforderlich, die Widersprüche zwischen Quantenmechanik und Spezieller Relativitätstheorie zu beseitigen, was zur erfolgreichen Quantisierung der Elektrodynamik führte.

Ich glaube, etwa zu dieser Zeit waren unsere Theorien am einfachsten. Aber schon damals wussten die Physiker um den radioaktiven Zerfall, ein Phänomen, das nicht einmal die quantisierte Elektrodynamik erklären konnte. Eine neue, schwache Kernkraft wurde für den Zerfall verantwortlich gemacht und in die Theorie aufgenommen. Dann wurden mit Teilchenbeschleunigern Energien erzeugt, die ausreichten, um die starke Kernkraft zu erforschen, und die Physiker stießen auf den Teilchenzoo.[1] Das Dickicht dieser gesteigerten Komplexität wurde bald durch die Vereinigung der elektromagnetischen mit der schwachen Wechselwirkung in einer Theorie gerodet, die zeigte, dass der Großteil des Zoos aus nur 24 Teilchen zusammengesetzt war, die nicht weiter zerlegt werden konnten.

Diese 24 (zusammen mit dem später hinzugefügten Higgs-Boson 25) Teilchen sind noch heute grundlegend, und das Standardmodell kann gemeinsam mit der Allgemeinen Relativitätstheorie nach wie vor alle Beobachtungen erklären. Wir haben sie mit Dunkler Materie und Dunkler Energie aufgefrischt, aber weil wir keine Daten über die mikroskopische Struktur dieses dunklen Zeugs haben, kann es derzeit leicht in die Theorie aufgenommen werden.

Die Vereinigung war jedoch so erfolgreich, dass Physiker meinten, der nächste logische Schritt sei die Große Vereinheitlichte Theorie (Grand Unified Theory, GUT).

Die Symmetrien unserer Theorien klassifizieren wir mit dem, was Mathematiker als »Gruppe« bezeichnen. Die Gruppe sammelt alle Transformationen, die die Theorie nicht verändern, sofern die Symmetrie beachtet wird. Die Symmetriegruppe des Kreises zum Beispiel besteht aus allen Drehungen um einen Mittelpunkt und läuft unter der Bezeichnung $U(1)$.

Aber in unserer Erörterung der Symmetrie haben wir bisher lediglich die Symmetrien der Gleichungen, der Naturgesetze besprochen. Was wir beobachten, wird jedoch nicht durch die Gleichungen selbst beschrieben, sondern vielmehr durch eine Lösung dieser Gleichungen. Und nur weil eine Gleichung eine Symmetrie aufweist, muss in ihren Lösungen nicht unbedingt dieselbe Symmetrie erscheinen.

Stellen Sie sich einen Kreisel auf einem Tisch vor (siehe Abb. 12). Seine Umgebung ist dieselbe in allen Richtungen, die parallel zur Tischfläche laufen, daher sind die Bewegungsgleichungen um jede Achse, die senkrecht zum Tisch steht, rotationssymmetrisch. Sobald der Kreisel gedreht wird, ist seine Bewegung wegen des Drehimpulsverlusts durch Reibung gelenkt. Zunächst respektiert die Drehung tatsächlich die Rotationssymmetrie. Aber letztlich gerät der Kreisel ins Taumeln und steht still. Dann wird er in eine bestimmte Richtung zeigen. Wir sagen dann, die Symmetrie wurde »gebrochen«.

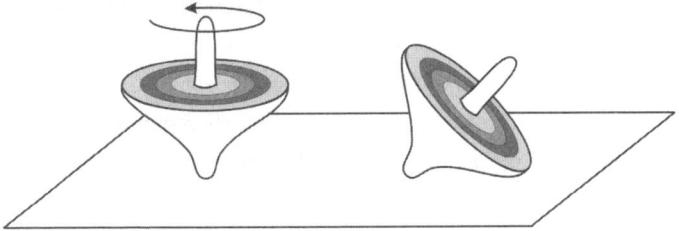

Abb. 12: Ein Kreisel ist, solange er sich bewegt, rotationssymmetrisch. Verliert er Energie durch Reibung, wird die Symmetrie gebrochen.

Derlei spontan gebrochene Symmetrien sind in den fundamentalen Naturgesetzen allgegenwärtig. Wie das Beispiel mit dem Kreisel zeigt, kann die Frage, ob eine Symmetrie von einem System respektiert wird, von der Energie im System abhängen. Solange der Kreisel ausreichend Rotationsenergie hat, respektiert er die Symmetrie. Erst wenn die Reibung genügend Energie entfernt hat, wird die Symmetrie gebrochen.

Dasselbe gilt für fundamentale Symmetrien. Die Energien, mit denen wir im Alltag normalerweise umgehen, werden durch die Temperatur der Umgebung bestimmt, in der wir uns aufhalten. Bezogen auf die Teilchenphysik sind diese Alltagsenergien winzig. Die Zimmertemperatur entspricht zum Beispiel einem Vierzigstel eV, ist also um 14 Größenordnungen geringer als die Energie, die der LHC in Protonkollisionen hineinpumpt. Bei einem so niedrigen Energieniveau wie der Zimmertemperatur werden die meisten fundamentalen Symmetrien gebrochen. Bei hohen Energien können sie jedoch »wiederhergestellt« werden.

Die Symmetrie der elektroschwachen Wechselwirkung wird zum Beispiel ungefähr bei LHC-Energien wiederhergestellt, und ein Anzeichen dafür ist die Erzeugung des Higgs-Bosons.

***

Das Standardmodell benötigt drei unterschiedliche Symmetriegruppen – U(1) und SU(2) für die elektroschwache Wechselwirkung und SU(3) für die starke Kernkraft. Dass dies kleine Gruppen sind, erkennt man an den kleinen Zahlen. Größere Symmetriegruppen enthalten aber oft mehrere kleinere Gruppen, und deshalb könnte eine große Gruppe, deren Symmetrie bei hoher Energie gebrochen wird, bei den von uns beobachteten Energien zum Standardmodell führen. In diesem Bild gleicht die große vereinheitlichte Symmetrie einem Elefanten, von dem wir derzeit bei geringen Energien nur ein Ohr, einen Schwanz und ein Bein haben. Der ganze Elefant würde nur bei der Vereinigungsenergie, schätzungsweise bei rund 10^{16} GeV oder 15 Größenordnungen über den LHC-Energien, wiederhergestellt.

Der erste Vorschlag für eine solche vereinheitlichte Symmetrie benutzte die kleinste Gruppe, welche die Symmetriegruppen des Standardmodells enthält, SU(5). Vereinheitlichte Kräfte wie diese ermöglichen jedoch allgemein neue Wechselwirkungen, die den Zerfall von Protonen zulassen. Und wenn Protonen instabil sind, dann gilt das auch für alle Atomkerne. In solchen vereinheitlichten Theorien könnte die Lebensdauer des Protons bis zu 10^{31} Jahre betragen und damit das gegenwärtige Alter des Universums deutlich übersteigen. Aber die Quantenmechanik sagt nur, dass die *durchschnittliche* Lebensdauer des Protons so hoch wäre. Sobald Protonen überhaupt zerfallen können, kann dies auch rasch geschehen, nur kommt ein schneller Zerfall eben sehr selten vor.

Jedes Wassermolekül enthält 10 Protonen, und in einem Liter Wasser befinden sich 10^{25} Wassermoleküle. Also können wir, statt 10^{31} Jahre auf den Zerfall eines einzelnen Protons zu warten, einen großen Wassertank überwachen und darauf warten, dass eines seiner Protonen zerfällt. Derartige Experimente laufen seit Mitte der 1980er Jahre, aber bisher hat niemand den Zerfall eines Protons beobachtet. Die derzeitigen (fehlenden) Beobachtungen lassen darauf schließen, dass die durchschnittliche Lebensdauer eines Protons mehr als 10^{33} Jahre beträgt. Somit ist eine SU(5)-Vereinheitlichung auszuschließen.

Der nächste Versuch einer Vereinheitlichung stützte sich auf eine größere Gruppe, SU(10), bei der die Obergrenze für die Protonlebensdauer höher ist. Seither hat man es noch mit einigen anderen Symmetriegruppen versucht, von denen manche die Protonlebensdauer auf bis zu 10^{36} Jahre hochschrauben, was um Größenordnungen sogar über demnächst stattfindenden Experimenten liegt.

Neben dem Protonenzerfall sagen große vereinheitlichte Theorien auch neue Teilchen voraus, da nämlich die großen Gruppen mehr davon enthalten als das Standardmodell. Von diesen neuen Teilchen nimmt man an, sie seien zu schwer, um bisher entdeckt worden zu sein. Also haben theoretische Physiker nun eine Auswahl an vereinheitlichten Theorien, die sich auf absehbare Zeit der experimentellen Überprüfung entziehen.

Die große Vereinheitlichung allein löst aber nicht das Problem mit der Higgs-Masse. Deshalb supersymmetrisieren Physiker auch die große Vereinheitlichung. Wir wissen, dass Supersymmetrie – wenn sie eine Symmetrie der Natur ist – bei Energien gebrochen werden muss, die oberhalb des bereits Getesteten liegen, weil wir bisher keine Susy-Teilchen gesehen haben. Aber wir wissen noch nicht, bei welcher Energiemenge die Symmetrie wiederhergestellt wird – oder ob das überhaupt geschieht. Das Argument, dass Supersymmetrie die Higgs-Masse natürlich machen müsse, bedeutet, dass die Energie, bei der die Susy gebrochen wird, im LHC hätte erreicht werden müssen.

Ergänzt man die große Vereinheitlichung durch Supersymmetrie, erhöht sich damit nicht nur die Menge der Symmetrien; darüber hinaus liefert sie noch den Vorteil einer leicht erhöhten Protonenlebensdauer. Einige Varianten der supersymmetrischen SU(5) zum Beispiel verharren noch am Rande der Machbarkeit. Der Hauptgrund, warum Supersymmetrie hinzugenommen wird, ist jedoch eine weitere numerische Koinzidenz, die wir in Kapitel 4 erörtert haben: die Eichkopplungvereinigung (Abb. 8).

Darüber hinaus müssen große vereinheitlichte Theorien eine strengere Struktur haben als das Standardmodell, was ihre Attraktivität erhöht. Zum Beispiel ist die elektroschwache Theorie keine befriedigende Vereinheitlichung, weil sie immer noch zwei verschiedene Gruppen aufweist – U(1) und SU(2) – mit zwei dazugehörigen Kopplungskonstanten. Diese beiden Konstanten sind durch einen Parameter verbunden, den man als »schwachen Mischungswinkel« bezeichnet, und im Standardmodell muss der Wert dieses Parameters durch Messung bestimmt werden. In den meisten großen vereinheitlichten Theorien ist dagegen der Mischungswinkel durch die Gruppenstruktur auf einen exakten Wert von $3/8$ auf Höhe der Vereinigungsenergie festgelegt. Extrapoliert man dies auf niedrige Energien herunter, ist er mit experimentellen Daten vereinbar.

Viele Physiker meinen, diese Zahlen könnten kein Zufall sein. Man hat mir so oft gesagt, sie müssten etwas bedeuten, dass ich es manchmal selbst glaube. Dagegen gibt es jedoch Einwände, die ich Ihnen nicht vorenthalten will.

Der wichtigste Einwand ist folgender: Wie gut die Eichkopplungen auf denselben Wert konvergieren, hängt von der Energie ab, unterhalb deren die Supersymmetrie gebrochen wird. Wenn diese Energie höher als etwa 2 TeV ist, wird die Konvergenz schlechter. Der LHC steht kurz davor, auszuschließen, dass der Susy-brechende Energiebereich darunterliegt, und ruiniert damit die größten Reize der Supersymmetrie. Des Weiteren gibt es, wenn wir die große Vereinheitlichung wollen, keinen besonderen Grund, warum sich die Kopplungen alle bei derselben Energie treffen sollten, statt dass sich zunächst zwei von ihnen treffen und sich dann eine dritte anschließt. Es geht nur darum, dass dies weniger hübsch wäre, weil ein weiterer Energiebereich hinzugenommen werden müsste.

Erwähnt werden sollte auch, dass sich die Konvergenz der Kopplungskonstanten nicht auf die Supersymmetrie beschränkt. Sie ergibt sich aus der Hinzunahme von schweren Teilchen, die bei hohen Energien an Bedeutung gewinnen. Wir können uns viele andere Kombinationen aus zusätzlichen Teilchen ausdenken, die dazu führen, dass sich diese Kurven treffen. In der Supersymmetrie dürfen wir jedoch die zusätzlichen Teilchen nicht frei wählen, und Physiker denken, solche Strenge spreche für die Theorie. Überdies hatte niemand mit dem Zusammentreffen der Kurven in der Supersymmetrie gerechnet, als es erstmals bemerkt wurde. Und, wie wir bereits gesehen haben, schenken Physiker unerwarteten Entdeckungen mehr Aufmerksamkeit.

Das sind also die Einwände. Es gibt jedoch einen weiteren Aspekt, der nun wiederum für die Supersymmetrie spricht: Einige der neuen supersymmetrischen Teilchen hätten die richtigen Eigenschaften, um daraus Dunkle Materie entstehen zu lassen. Sie wurden im frühen Universum in Hülle und Fülle erzeugt, sind stabil, bleiben daher erhalten und wechselwirken nur schwach.

Die Supersymmetrie vereint daher alles, was theoretische Physiker in Ehren halten: Symmetrie, Natürlichkeit, Vereinheitlichung und unerwartete Einsichten. So etwas bezeichnen Biologen treffend als »Superstimulus« – ein künstlicher, aber unwiderstehlicher Anreiz.

»Supersymmetrie liefert eine Lösung für all diese Probleme, die unleugbar einfacher, eleganter und schöner ist als jede andere Theorie, die bislang vorgeschlagen wurde. Wenn unsere Welt supersymmetrisch ist, fügen sich alle Puzzleteile schön zusammen. Je mehr wir uns mit Supersymmetrie befassen, desto verlockender wird die Theorie«, schreibt der Teilchenphysiker Dan Hooper.[2] Michael Peskin zufolge, Autor eines vielgelesenen Lehrbuchs der Quantenfeldtheorie, ist Susy »der nächste Schritt zu einer ultimativen Weltsicht, wo wir alles symmetrisch und schön machen«.[3] David Gross nennt sie »schön und ›natürlich‹ und einzigartig« und glaubt, »Einstein hätte sie geliebt, wenn er sich mit [Supersymmetrie] beschäftigt hätte«.[4] Und Frank Wilczek vertraut, wenn auch vorsichtiger formuliert, der Natur: »All diese Hinweise könnten in die Irre führen, aber das wäre ein wirklich grausamer Scherz von Mutter Natur – und wirklich schlechter Geschmack ihrerseits.«[5]

Eine Theorie von etwas

Ich bin in Tempe, Arizona, ein junger Mann überquert bei Rot die Straße. Der Busfahrer tritt auf die Bremse und reißt mich mit einer Flut von Beschimpfungen aus meinen Gedanken. Gemächlich entfernt sich der Passant von der Fahrbahn, den Blick fest auf sein Smartphone gerichtet. Als der Fahrer seinem Unmut Luft gemacht hat, erzählt er mir von dem erweiterten Programm der Universität, der wachsenden Zahl der Studenten, die an jeder Straßenecke auftauchen, den neuen Dienstleistungen für die Studierenden und den neu errichteten Unterkünften. Ich nicke, erfreut über den Bildungshunger junger Amerikaner und die Bemühungen des Busfahrers, sie nicht zu überfahren.

Dann erkundigt er sich nach dem Grund meines Besuchs, und als er hört, dass ich die Physikfakultät besuche, fragt er, ob ich mit dem CERN zu tun habe. Das habe ich eigentlich nicht, aber er will nur wissen, ob ich jemals dort war. Ja, zu Besuch, und ich habe den Tunnel und einige Magnete gesehen sowie den größten Detektor, AT-LAS, als er noch im Bau war. Abgesehen davon habe ich nur auf einer Konferenz, von der mir sonst wenig in Erinnerung geblieben ist, eine Menge PowerPoint-Folien gesehen und zu viel Kaffee getrunken. Er hoffe, verrät er mir, eines Tages das CERN zu besuchen; er verfolge die Forschung und hoffe, dass wir etwas Neues entdecken werden. Ich fühle mich schuldig, weil wir das nicht getan haben und wahrscheinlich nicht tun werden, und fürchte, dass wir ihn enttäuschen werden. Beinahe hätte ich mich entschuldigt.

Am nächsten Morgen hole ich mir zwei Blasen, weil ich mich entscheide, ausnahmsweise keine Turnschuhe zu tragen, und stelle fest, dass das Café, in dem ich Frank Wilczek treffen will, geschlossen hat. Aber es dauert nicht lange, bis Frank mit einem großen Hut auf dem Kopf erscheint und mir zuwinkt, als er mich von weitem sieht. Um mir nicht noch mehr Blasen zu holen, schlage ich das kleine Bistro nebenan vor, das Frühstück serviert.

Frank ist regelmäßiger Gast an der *Arizona State University*, und zu seinem jetzigen Besuch wurde er vom *Origins Project* eingeladen, einer transdisziplinären Initiative, die sich, begleitet von intensiver Öffentlichkeitsarbeit, der Grundlagenforschung widmet. Heute Abend wird er an einer Podiumsdiskussion teilnehmen, moderiert von Lawrence Krauss, dem Leiter des *Origins Project*. Frank gab dem Axion seinen Namen, hat eine Vorliebe für den Fangschreckenkrebs und wurde mit Preisen und Auszeichnungen praktisch zugeschüttet.[6] 2004 erhielt er, gemeinsam mit David Gross und H. David Politzer, den Nobelpreis für die Entdeckung, dass die starke Kernkraft »asymptotisch frei« ist, das heißt, auf sehr kurze Entfernungen wird sie schwächer. Was ihn aber angesichts meines Anliegens besonders interessant macht, ist seine künstlerische Seite.

In seinem neuesten Buch *A Beautiful Question* fragt Frank, ob »die Welt schönen Ideen eine Form gibt«, und beantwortet seine eigene Frage mit einem schallenden Ja. Aber ich weiß bereits, dass die Welt schöne Ideen verkörpert. Was ich wissen möchte, ist, ob die Welt auch hässlichen Ideen eine Form gibt, und wenn ja, ob wir sie dann weiterhin für hässlich halten würden.

Ich wühle in meinem Rucksack, denn im Flugzeug habe ich Fragen für Frank notiert, aber jetzt finde ich sie nicht. Das kann ja nicht so schwer sein, sage ich mir; wahrscheinlich hat er ohnehin schon eine Rede vorbereitet. Vage formuliere ich: »Welche Bedeutung hat Schönheit in der theoretischen Physik?« Und schon legt er los.

»Wenn wir in unvertraute Bereiche der Wirklichkeit vorstoßen

– den subatomaren, den Quantenbereich –, ist die Alltagsintuition unzuverlässig«, beginnt Frank. »Und die Idee, einfach eine Menge Daten zu sammeln, wie es Francis Bacon und Isaac Newton empfahlen, ist schlichtweg nicht machbar, weil Experimente mittlerweile so schwer durchführbar sind. Der Leitstern, der über weite Teile des 20. Jahrhunderts sehr zuverlässig war, bestand in der Hoffnung, dass die Gleichungen stets schön, symmetrisch und sparsam sein würden; man leitete Folgerungen ab und überprüfte sie. So machen wir das jetzt – erst treffen wir Annahmen in Form von Gleichungen, und dann überprüfen wir sie.«

»Was macht eine Theorie schön?«, will ich wissen. »Du hast gesagt, sie ist ökonomisch und sollte Symmetrie haben?«

»Symmetrie gehört unbedingt dazu«, erklärt Frank. »Wie du weißt, sind Theorien inzwischen sehr anspruchsvoll – es gibt eine lokale Symmetrie, eine Raumzeit-Symmetrie, eine anomale Symmetrie, eine asymptotische Symmetrie –, sie alle haben sich als sehr wertvolle Konzepte erwiesen. Es gibt aber auch ein primitiveres Konzept von Schönheit. Man weiß es, wenn man es sieht. Wenn man mehr herausbekommt, als man hineinsteckt. Wenn man ein Konzept vorschlägt, um eine Sache zu erklären, und man stellt fest, dass es auch etwas anderes erklärt. All das trägt irgendwie zu dem Gefühl bei, dass es richtig ist«, führt Frank aus.

»In den meisten Fällen kann man, wie ich meine, das als Aspekt der Schönheit bezeichnen«, fährt Frank fort, »aber es ist ein bisschen anders – es geht um Sparsamkeit und Einfachheit.«

»Glaubst du, dass eine bessere Theorie einfacher sein muss als unsere derzeitigen Theorien?«

»Tja, das wird sich zeigen«, meint Frank. »Die Natur darf alles. Sicher würde ich hoffen, dass sie einfacher ist. Aber im Augenblick ist das nicht klar. Ich nehme an, die beste Kandidatin für eine bessere Theorie – besser im Sinne der Vereinigung der Gravitation mit den anderen Wechselwirkungen und der Lösung [des Problems mit der Quantengravitation] – ist die Stringtheorie. [Aber] mir ist nicht klar, worin die Theorie besteht. Sie ist eine Art Miasma aus Ideen, das noch keine Gestalt angenommen hat, und zum jetzigen Zeitpunkt kann man noch nicht sagen, ob sie einfach ist oder nicht – oder ob sie überhaupt richtig ist.«

»Das wäre einfacher zu entscheiden, wenn wir Daten hätten«, hebe ich hervor.

»Ja, es wäre viel einfacher«, räumt Frank ein. »Aber eine physikalische Theorie, die nichts über die physische Welt aussagt, ist auch eine höchst eigenartige Vorstellung. Wenn du also sagst, wir haben keine Daten, dann heißt das für mich auch, wir haben keine physikalische Theorie. Wenn wir keine Daten haben, worum geht es dann bei der Stringtheorie?«

»Sie hat Grenzen, innerhalb deren man die Gravitation findet«, sage ich in einem Versuch, die Stringtheorie zu verteidigen, »also weiß man wenigstens, dass sie in einem gewissen Bereich des Parameterraums etwas beschreibt, das wir sehen.«

»Wenn du keine hohen Maßstäbe ansetzt, ja. Aber ich finde nicht, dass wir bei dieser Idee der postempirischen Physik Kompromisse machen sollten. Das finde ich abstoßend, wirklich abstoßend.«

Ich hatte nicht gewusst, dass Frank die Kontroverse über die Revidierung der wissenschaftlichen Methode zur Rechtfertigung der Stringtheorie beobachtet. »Das wollte ich dich gerade fragen. Ich weiß nicht, inwieweit du die Debatte verfolgst ...«

»Nicht im Detail. Mehr musste ich nicht wissen – diese Idee der postempirischen Physik.«

»Sie geht auf das Buch von Richard Dawid zurück, der seine Laufbahn als Physiker begann, aber dann zur Philosophie wechselte.«

Richard zufolge, so erkläre ich, ist es nur vernünftig, wenn Stringtheoretiker alle verfügbaren Informationen berücksichtigen, einschließlich mathematischer Eigenschaften, um ihre Theorie zu evaluieren.

»Aber welchen Sinn hat so eine Theorie, wenn sie nichts erklärt?«

»Zu dieser Frage schweigt sich Richard aus«, erwidere ich.

»Tja, lass es mich so formulieren. Wenn es nur den kleinsten experimentellen Beweis gäbe, der eindeutig ist und zugunsten der Theorie ausfällt, würdest du solche Argumente nicht hören. Auf keinen Fall. Niemand würde das ernst nehmen. Es ist eine Ausrede. Man gibt auf und erklärt den Sieg. Das gefällt mir überhaupt nicht.«

Ja, denke ich, die Debatte um postempirische Argumente kam auf, weil empirische Argumente fehlten. Aber das zu wissen allein bringt uns nicht weiter.

»Wenn es aber so schwierig und kostspielig ist, neue Experimente durchzuführen, ist es doch unrealistisch zu erwarten, dass wir zufällig über neue Daten stolpern«, bemerke ich. »Wir müssen entscheiden, wo wir suchen – und wofür wir eine Theorie brauchen. Aber das wirft die Frage auf, selbst wenn Daten fehlen, an welcher Theorie arbeiten wir? Und deshalb sagt Richard, dass manche Theorien plausibler sind als andere, und zwar aus verschiedenen guten Gründen, auf die sich Theoretiker stützen. Zum Beispiel das Fehlen von Alternativen – je weniger Alternativen gefunden wurden, desto wahrscheinlicher ist es, dass die Optionen, die entdeckt wurden, richtig sind. Wenigstens Richard zufolge. Aber die Frage der Ästhetik spricht er nicht an. Und das ist meiner Meinung nach eine riesige Lücke – weil Physiker durchaus ästhetische Kriterien benutzen.«

»Natürlich. Aber diese Diskussion scheint mir sehr abstrakt und am weitesten entfernt von der Realität. Und es gibt ja durchaus aufregende Experimente; wir brauchen das nicht. Man sucht experimentell nach Axiomen, dem elektrischen Dipolmoment, dem seltenen Zerfall [von Elementarteilchen] – und das ist nur die Teilchenphysik. Dann sind da noch die Kosmologie, Gravitationswellen, ungewöhnliche Himmelskörper. Es könnten sich alle möglichen Anomalien zeigen. Wir brauchen keine in Selbstgespräche vertieften Theoretiker, die Leitlinien für Experimente vorgeben.«

Ja, es gibt Experimente, aber seit Jahrzehnten haben sie lediglich die bereits existierenden Theorien bestätigt. Soweit ich sehe, sind die Selbstgespräche der Theoretiker sowohl Ursache wie Folge des Datenmangels.

»Die Voraussagen für Experimente waren in den letzten Jahrzehnten nicht gerade erfolgreich«, werfe ich ein.

»Nun ja, man hat das Higgs-Teilchen gefunden«, sagt Frank.

»Ja, aber das lag nicht außerhalb der Physik des Standardmodells«, wende ich ein und lasse unerwähnt, dass diese Voraussage aus den 1960er Jahren stammt.

»Indirekt weist die Leichtigkeit des Higgs-Teilchens auf Supersymmetrie hin«, erklärt Frank.

»Trotzdem ist es schwer genug, um die Sorge zu wecken, dass doch keine Supersymmetrie existiert.«

»Ja«, gibt Frank zu, »aber es hätte viel schlimmer kommen können.«

»Es wurden aber keine supersymmetrischen Partner gefunden«, stelle ich fest. »Bereitet dir das Sorge?«

»Ja, allmählich mache ich mir Sorgen. Ich habe nie gedacht, dass es leicht sein würde. [Aufgrund der LEP-Experimente und des] Protonenzerfalls konnten schon seit einiger Zeit Grenzen gezogen werden, und dies deutete darauf hin, dass viele der Superpartner schwer sein müssen. Aber mit dem [LHC-]Energie-Upgrade haben wir noch einmal gute Aussichten. Die Hoffnung stirbt zuletzt.«

»Viele Leute sind jetzt besorgt, weil Susy im LHC nicht auftaucht«, hake ich nach, »denn das bedeutet, dass die zugrundeliegende Theorie, ganz gleich, welche es ist, entweder unnatürlich oder fein abgestimmt ist. Was sagst du dazu?«

»Viele Dinge sind fein abgestimmt, und wir wissen nicht, warum. Ich würde definitiv nicht an Supersymmetrie glauben, wenn da nicht die Vereinheitlichung der Eichkopplungen wäre, die ich sehr beeindruckend finde. Ich kann hier nicht an einen Zufall glauben. Unglücklicherweise liefert uns diese Berechnung keine präzisen

Informationen über die Energiebereiche, in denen Susy auftauchen sollte. Aber die Chancen auf Vereinheitlichung verschlechtern sich zusehends, wenn Susy-Partner nicht bei rund 2 TeV erscheinen. Das ist also für mich der einzige Grund, optimistisch zu bleiben.«

»Du findest es also nicht beunruhigend, dass die zugrundeliegende Theorie nicht natürlich sein könnte?«

»Nein, es könnte etwas nahezu Minimales oder ein Aspekt der Symmetriebrechung sein, den wir nicht verstehen. Das sind komplizierte Theorien. Ich glaube, wir werden aus diesen experimentellen Entdeckungen lernen. Oder wir lernen einfach, mit der Unnatürlichkeit zu leben. Das Standardmodell selbst ist ja bereits ziemlich unnatürlich. Der [Parameter], der dem Elektron seine Masse gibt, liegt schon bei 10^{-6}. So ist es eben.« Er zuckt die Achseln.

»Es beunruhigt dich also nicht wirklich?«

»Nein. Die Argumente für Susy wären noch überzeugender, wenn, nun ja, wenn sie entdeckt worden wäre. Realistischer ausgedrückt, wenn damit das Hierarchieproblem eine klare Lösung gefunden hätte. Aber für mich ist das bei weitem stärkste Argument die vereinheitlichte Eichkopplung, und das gilt nach wie vor.«

»Du wärst also zufrieden mit der Feststellung, dass es irgendwelche zugrundeliegenden Theorien gibt, und hier sind die Parameter, und sie sind eben, wie sie sind?«, frage ich.

»Tja, letztlich hätte man gern eine bessere Theorie. Noch einmal – man braucht keine Theorie von Allem, um eine Theorie von etwas zu erhalten. Aber wenn eine Theorie eine Sache gut erklärt, dann ist das für mich ein sehr ermutigender Hinweis.«

»Du weißt wahrscheinlich, dass Steven Weinberg gern von diesem Pferdezüchter redet«, fange ich an.

»Diesem was? Pferdezüchter? Nein.«

»Der Pferdezüchter hat sich eine Menge Pferde angesehen, und dann entdeckt er eins und sagt: ›Das ist ein schönes Pferd‹, weil er aus Erfahrung weiß, es gehört zu der Sorte Pferd, die Rennen gewinnt.«

»Ich glaube, es hat etwas auf sich mit unserem Schönheitssinn, das wir verstehen können«, erwidert Frank, »so mysteriös ist das nicht. Gewiss gehört Symmetrie dazu und ebenso Sparsamkeit. Es sollten keine ungelösten Probleme zurückbleiben. Aber ich denke, dafür eine exakte Definition zu suchen ist zu ambitioniert. Versuchst du etwa, die exakten Schaltungen im Gehirn zu finden, die dich glauben lassen, etwas sei schön? Menschen sind sich weitestgehend einig, was schön ist.«

»Tja, wir sind alle mehr oder weniger gleich gepolt«, sage ich. »Aber warum sollte dieser Schönheitssinn für die Naturgesetze relevant sein?«

»Ich glaube, es ist andersherum«, entgegnet Frank. »Menschen tun sich im Leben leichter, wenn sie ein zutreffendes Modell der Natur haben, wenn ihre Konzepte dem entsprechen, wie sich die Dinge tatsächlich verhalten. Die Evolution belohnt also das Gefühl, das sich einstellt, wenn man recht hat, und das ist der Schönheitssinn. Es ist etwas, das wir weiterhin tun wollen, etwas, das wir attraktiv finden. So werden erfolgreiche Erklärungen attraktiv. Und im Lauf der Jahrhunderte haben Menschen in den Ideen, die funktionieren, Muster entdeckt. So haben wir gelernt, sie als schön zu betrachten.

Und auch jetzt durchlaufen wir einen Lernprozess, in dem wir sehen, was erfolgreich war. So werden wir darin geschult zu bewundern, was erfolgreich und was schön ist. Außerdem verfeinern wir unseren Schönheitssinn, indem wir Erfahrungen sammeln, und wir werden durch die Evolution ermutigt, Lernerfahrungen lohnend zu finden.

Das ist also meine kleine Theorie zu der Frage, warum die Gesetze schön sind. Ich glaube, sie ist nicht ganz unzutreffend.« Frank hält inne, dann fügt er hinzu: »Außerdem gibt es ein anthropisches Argument. Wenn die Gesetze nicht schön wären, hätten wir sie nicht gefunden.«

»Die Frage ist aber, werden wir sie weiterhin finden?«, wende ich ein. »Wir untersuchen neue Dinge, denen wir noch nie ausgesetzt waren.«

»Ich weiß es nicht«, sagt Frank. »Wir werden es rausfinden.«

»Kennst du dieses Buch von McAllister?«, frage ich.[7] »Er hat eine aktualisierte Version der Kuhn'schen Idee vorgelegt, dass die Wissenschaft durch Revolutionen voranschreitet. Laut McAllister werfen Wissenschaftler bei einer Revolution nicht alles über Bord; sie trennen sich nur von ihrer eigenen Vorstellung von Schönheit. Immer wenn es in der Wissenschaft eine Revolution gibt, müssen Wissenschaftler eine neue Idee von Schönheit entwickeln. Dafür liefert er Beispiele: das Steady-State-Universum, die Quantenmechanik und so weiter.

Wenn das so ist«, fahre ich fort, »dann würde ich daraus schließen, dass wir auf dem Holzweg sind, wenn wir an den Schönheitsvorstellungen der Vergangenheit festhalten.«

»Ja, das stimmt«, räumt Frank ein. »Normalerweise ist sie ein gutes Leitprinzip. Aber gelegentlich muss man etwas Neues einführen. In jedem dieser Beispiele stellt man jedoch fest, dass die neuen Ideen ebenfalls schön sind.«

»Aber die Leute haben diese neue Schönheit erst entdeckt, nachdem sie durch Daten gezwungen wurden, genauer hinzusehen«, betone ich. »Und ich befürchte, dass wir gar nicht erst so weit kommen. Weil wir an dieser Schönheitsvorstellung kleben und damit Theorien aufstellen und Experimente zu ihrer Überprüfung vorschlagen.«

»Da könntest du recht haben.«

Gemeinsam sind wir stark

Die kleine Theorie, mit der Frank Wilczek erklärt, warum die Gesetze schön sind, überzeugt mich nicht recht. Wenn die Wahrnehmung von Schönheit eine evolutionär entwickelte Reaktion auf eine erfolgreiche Theorie war, warum beklagen sich dann so viele theoretische Physiker über die Hässlichkeit des Standardmodells, der erfolgreichsten Theorie der Geschichte? Und warum entdecken sie Schönheit in erfolglosen Theorien wie der SU(5)-Vereinheitlichung? Ich gebe zu, dass ich Franks Erklärung hübsch finde, aber das heißt noch nicht, dass sie richtig ist.

Und auch wenn wir lernen, erfolgreiche Theorien schön zu finden, bedeutet das nicht, dass wir unseren Schönheitssinn einsetzen können, um Theorien aufzustellen, die noch erfolgreicher sind; es heißt nur, dass wir noch weitere ähnliche Theorien konstruieren werden. »Wenn die Gesetze nicht schön wären, hätten wir sie nicht gefunden«, sagt Frank. Genau das bereitet mir Sorge. Mir ist eine hässliche Erklärung lieber als gar keine Erklärung, doch wenn er recht hat, finden wir womöglich niemals eine grundlegendere Theorie, sofern sie nicht schön genug ist.

»Aber«, so könnten Sie einwenden, »es hat von jeher Wissenschaftler gegeben, die sich in schöne, aber falsche Theorien verbissen haben. Wissenschaftler haben schon immer fälschlicherweise Kollegen niedergemacht, die, wie sich später zeigte, recht hatten. Es hat stets Konformitäts- und Konkurrenzdruck gegeben, schon immer gab es Bestätigungsfehler, Gruppendenken, Wunschdenken und professionelle Hybris. Aber am Ende spielte es keine Rolle. Die Guten haben gewonnen, die Bösen verloren. Die Wahrheit hat obsiegt, der Fortschritt marschierte voran. Die Wissenschaft funktioniert, da kann meckern, wer will. Warum sollte es jetzt anders sein?«

Weil sich die Wissenschaft verändert hat und es weiterhin tut.

Mehr Wissenschaftler:

Ganz offensichtlich ist, dass wir uns vermehrt haben. Die Zahl der in den Vereinigten Staaten verliehenen Doktortitel in Physik ist von rund 20 im Jahr 1900 auf 2000 im Jahr 2012 angestiegen, hat sich also verhundertfacht.[8] Die Mitgliederzahl in der *American Physical Society* blickt auf eine vergleichbare Entwicklung zurück: 1920 betrug sie noch 1200, im Jahr 2016 lag sie bei 51 000. Für Deutschland sieht die Statistik ähnlich aus: die Deutsche Physikalische Gesellschaft hat heute rund 60 000 Mitglieder, im Jahr 1900 waren es noch 145.[9] Gemessen an der Zahl der Autoren in den physikalischen Fachpublikationen ist der globale Durchschnitt sogar noch etwas schneller gewachsen – zwischen 1920 und 2000 um den Faktor 500.[10]

Mehr Aufsätze, mehr Spezialisierung:
Und mehr Wissenschaftler produzieren mehr Aufsätze. In der Physik liegt der jährliche Zuwachs an vorgelegten Abhandlungen seit 1970 bei 3,8 bis 4 Prozent, was einer Verdoppelung etwa alle 18 Jahre entspricht.[11] Damit ist die Physik ein *langsam* wachsender Wissenschaftsbereich – ein Zeichen für die Reife des Fachs.

Während der Umfang der physikalischen Fachliteratur angewachsen ist, gliedert sie sich mittlerweile in einzelne Teildisziplinen (eine neuere Studie hat zehn Teilgebiete ausgemacht), die jeweils vor allem auf das eigene Themengebiet Bezug nehmen.[12] Teilgebiete, die als besonders selbstreferentiell auffallen, sind die Kernphysik und die Physik der Elementarteilchen und Felder. Die meisten in diesem Buch angesprochenen Fragen fallen in den letzteren Bereich.

Die Spezialisierung, auf die diese selbstreferentielle Literatur verweist, verbessert die Effizienz, kann aber den Fortschritt behindern.[13] In einer 2013 in der Zeitschrift *Science* veröffentlichten Studie berechnete eine Forschergruppe aus den Vereinigten Staaten die Wahrscheinlichkeit bestimmter Themenkombinationen durch Prüfung der Literaturverzeichnisse und untersuchte die Kreuzkorrelation mit der Wahrscheinlichkeit, dass der Aufsatz ein »Hit« wurde (das heißt, er liegt im oberen Fünftel der Zitierhäufigkeit).[14] Sie stellten fest, dass das Zitieren unwahrscheinlicher Kombinationen in der Literaturliste positiv mit dem Einfluss korreliert, den der Aufsatz später entfaltete. Sie merkten jedoch auch an, dass der Anteil der Aufsätze mit solch »unkonventionellen« Kombinationen von 3,54 Prozent in den 1980er Jahren auf 2,67 Prozent in den 1990er Jahren gesunken war, was auf »eine anhaltende und auffällige Tendenz zu großer Konventionalität hinweist«.

Mehr Zusammenarbeit:
Die Zunahme der Aufsätze verläuft weitgehend parallel zur steigenden Zahl der Autoren. Bemerkenswert ist aber, dass die Zahl der Abhandlungen pro Urheber in jüngster Zeit deutlich gewachsen ist, von rund 0,8 pro Autor und Jahr Anfang der 1990er Jahre auf über das Doppelte im Jahr 2010.[15] Das liegt daran, dass Physiker mehr denn je als Koautoren auftreten. Die Durchschnittszahl der Autoren pro Aufsatz ist von 2,5 Anfang der 1980er Jahre auf über das Doppelte dieser Zahl im Jahr 2010 angestiegen. Gleichzeitig ist der Anteil der Abhandlungen mit nur einem Urheber von 30 Prozent auf rund 11 Prozent gesunken.[16]

Weniger Zeit:
Die Arbeitsteilung ist in der akademischen Welt noch nicht angekommen. Während sich Wissenschaftler auf Forschungsthemen spezialisieren, wird von ihnen erwartet, dass sie sich bei Aufgaben aller Art als Multitalent erweisen: Sie müssen unterrichten, beraten, Labore leiten, Gruppen führen, in zahllosen Ausschüssen sitzen, auf Konferenzen sprechen, Konferenzen organisieren und – am allerwichtigsten – Forschungsgelder sichern, damit die Räder nicht stillstehen. Eine Umfrage der Zeitschrift *Nature* von 2016 ergab, dass Forscher im Durchschnitt nur rund 40 Prozent ihrer Zeit der Forschung widmen.[17]

Die Jagd nach Geld ist besonders zeitraubend. Eine Studie von 2007 ergab, dass Hochschulfakultäten in den Vereinigten Staaten weitere 40 Prozent ihrer Arbeitszeit für die Beantragung von Forschungsmitteln aufwenden.[18] In der Grundlagenforschung ist dieser Vorgang wegen der inzwischen vorgeschriebenen Prophezeiungen über die künftigen Auswirkungen des Vorhabens besonders aufreibend. Das Schicksal eines Forschungsprojekts in der Grundlagenphysik vorauszusagen ist meist schwieriger, als das Forschungsvorhaben selbst durchzuführen.

Befragungen unter Akademikern in Großbritannien und Australien haben gezeigt, dass Lügen und Übertreibungen bei der Antragstellung inzwischen zum Alltag gehören, was kaum jemanden überraschen dürfte, der sich schon einmal um Forschungsmittel bemüht hat. Teilnehmer an der Studie bezeichneten ihre Aussagen zu den Auswirkungen als »Farce« oder »frei erfunden«.[19]

Weniger langfristige Finanzierung:
Der Anteil der Wissenschaftler mit Festanstellung nimmt ab, während ein wachsender Prozentsatz auf befristeten oder Teilzeitstellen sitzt.[20] Zwischen 1974 und 2014 sank der Anteil der unbefristet und vollzeitbeschäftigten Hochschulwissenschaftler von 29 auf 21,5 Prozent. Gleichzeitig stieg der Anteil der Teilzeitstellen von 24 auf über 40 Prozent. Umfragen der *American Association of University Professors* zeigen, dass die langfristige finanzielle Unsicherheit dafür sorgt, dass langfristiges Engagement und Risikobereitschaft bei der Wahl von Forschungsthemen zurückgehen.[21] In Deutschland ist die Situation ähnlich. 2005 arbeiteten 50 Prozent der vollzeitbeschäftigten Akademiker mit Zeitvertrag. 2015 war ihre Zahl auf 58 Prozent gestiegen.[22]

Weniger Heterogenität:
Heute müssen Akademiker durch die Produktion eines messbaren Outputs unaufhörlich ihren Wert beweisen. Das ist nicht gerade sinnvoll, weil es auf manchen Forschungsfeldern Jahrhunderte dauern kann, bis der Nutzen sichtbar wird. Weil aber etwas gemessen werden muss, beurteilt man Wissenschaftler nach ihrem derzeitigen Einfluss auf ihrem Arbeitsgebiet. Die heute üblichen Maßstäbe für wissenschaftlichen Erfolg greifen daher vor allem auf die Publikationszahlen und Zitierraten zurück, womit vor allem die Produktivität und Popularität gemessen wird. Studien weisen darauf hin, dass dieser Druck, zu publizieren und zu gefallen, der Innovation im Wege steht: Es ist leichter, zu bereits bekannten Themen Anerkennung zu bekommen und Ergebnisse zu veröffentlichen, als neue und ungewöhnliche Ideen zu verfolgen.[23]

Eine weitere Folge des Versuchs, den Einfluss von Forschung zu messen, besteht darin, dass nationale, regionale und institutionelle Unterschiede verwischt werden, weil die Maßstäbe für den wissenschaftlichen Erfolg überall recht ähnlich aussehen. Das heißt, dass Akademiker in aller Welt jetzt im selben Takt marschieren.

Zusammenfassend kann man sagen, wir haben mehr Leute, die besser vernetzt sind denn je und unter wachsendem Druck stehen, auf ihrem Spezialgebiet mit geringerer finanzieller Sicherheit in kürzeren Zeiträumen produktiv zu sein. Dies hat die wissenschaftlichen Communitys zu einem idealen Nährboden für bestimmte soziale Phänomene gemacht.

Und hier präsentiere ich meine kleine Theorie von etwas: Wissenschaftler sind Menschen. Menschen werden von der Gemeinschaft beeinflusst, der sie angehören. Also werden Wissenschaftler von der Gemeinschaft beeinflusst, der sie angehören. Na gut, dafür werde ich keinen Nobelpreis bekommen. Aber es führt mich zu der Vermutung, dass die Naturgesetze schön sind, weil Physiker einander unentwegt versichern, diese Gesetze seien schön.

Um Ihnen eine andere Perspektive anzubieten – meine Mutter sagt gerne: »Symmetrie ist die Kunst der Dummen.« Was wäre also, wenn ich Ihnen erkläre, dass eine wahrhaft schöne fundamentale Theorie höchst chaotisch und unsymmetrisch sei? Das klingt nicht überzeugend? Es wird mit jedem Mal, dass Sie es hören, überzeugender: Die Forschung hat gezeigt, dass wir eine Aussage umso eher für wahr halten, je öfter wir sie hören. Das nennt man »*Attentional Bias*« oder »*Mere Exposure Effect*« und interessanterweise (oder deprimierenderweise, je nach Blickwinkel) gilt dies auch, wenn eine Aussage von derselben Person wiederholt wird.[24] Chaos ist wirklich viel schöner als strenge Symmetrien. Können Sie sich schon dafür erwärmen?

Aber zur Zeit machen sich Physiker keine Gedanken über den Einfluss, den gemeinsame Überzeugungen auf ihre Sicht haben. Schlimmer noch, sie appellieren zuweilen lieber an die Popularität, statt wissenschaftliche Argumente zur Stützung ihrer Überzeugung anzuführen – so wie Giudice, der auf die »kollektive Bewegung« als Begründung für den Natürlichkeitstrend verwies. Oder Leonard Susskind, der in einem Interview 2015 behauptete: »Fast alle theoretischen Physiker, die im Hochenergiebereich arbeiten, sind überzeugt, dass gewisse zusätzliche Dimensionen erforderlich sind, um die Komplexität der Elementarteilchen zu erklären.«[25] Oder der Stringtheoretiker Michael Duff, der erklärte: »Seien Sie versichert, wenn jemand einen anderen vielversprechenderen Baum [als die Stringtheorie] findet, würden die 1500 [Stringtheoretiker] gleichzeitig anfangen, ihn anzubellen.« Diese Wissenschaftler glauben nicht nur, dass etwas dran sein muss, wenn viele Menschen an einer Idee arbeiten, sondern sie halten es auch für ein gutes Argument, das man öffentlich vortragen kann.

Die Supersymmetrie hat ganz besonders vom sozialen Feedback profitiert. Das haben wir von Joseph Lykken und Maria Spiropulu gehört, denen zufolge es »keine Übertreibung ist zu behaupten, dass die meisten Teilchenphysiker glauben, Supersymmetrie *müsse* wahr sein«.[26] Oder Dan Hooper: »Das Ausmaß an Zeit und Geld, das in die Beschäftigung mit Supersymmetrie investiert wurde, ist gigantisch. Man findet kaum einen Teilchenphysiker, der nicht irgendwann in seiner oder ihrer Karriere an dieser Theorie gearbeitet hat [...] In der ganzen Welt stellen sich tausende Wissenschaftler ein hübsch supersymmetrisches Universum vor.«

Die Alternativen

Aber nicht jeder ist ein Fan der Supersymmetrie.

Eine Alternative, die unter Mathematikfreunden viel Aufmerksamkeit findet, wird durch den Fields-Medal-Preisträger Alain Connes vertreten, der überlegt, dass Supersymmetrie »ein schöner Traum ist, aber es ist noch zu früh, um zu glauben, dass es sich um die Wahrheit handelt«.[27] Connes hat eine eigene vereinheitlichte Theorie entwickelt und damit zwar einige Anhänger gewonnen, aber noch keinen Durchbruch erzielt. Wenigstens in ihrer gegenwärtigen Form ist Connes' Idee alles andere als ästhetisch – sie gipfelt in einer 384 × 384-dimensionalen Matrixdarstellung, die Connes selbst als »einschüchternd und nicht gerade transparent« bezeichnet. Es ist auch wenig hilfreich, dass die Mathematik, die er verwendet, kaum etwas mit dem zu tun hat, was Physikstudenten derzeit lernen.

Im Kern sieht Connes' Idee folgendermaßen aus: In der gewöhnlichen Quantentheorie erscheint nicht alles in diskreten, also abzählbaren und voneinander abgegrenzten Einheiten. Die im Atomspektrum erscheinenden Linien – historisch der erste Hinweis auf Quantisierung – sind diskret, aber der Aufenthaltsort eines Teilchens zum Beispiel ist es nicht; er kann jeden Wert annehmen. Connes wies den Aufenthaltsorten Quantenverhalten zu, tat das aber indirekt durch die Art und Weise, wie die Raumzeit schwingen kann. Damit wird nicht nur eines der üblichen Probleme beim Quantisieren der Gravitation umgangen, sondern erstaunlicherweise entdeckte Connes auch, dass ihm dies erlaubte, Eichwechselwirkungen des Standardmodells mit einzubeziehen.

Connes' Ansatz funktioniert, weil Schwingungsanteile verschiedenster Form stets Informationen über diese Form enthalten, und die gekrümmte Raumzeit der Allgemeinen Relativitätstheorie macht da keine Ausnahme. Wenn Schwingungen zum Beispiel in Schallwellen umgewandelt werden, können wir »die Gestalt einer Trommel« hören – wenn nicht mit dem Ohr, so doch wenigstens durch eine mathematische Analyse des Klangs.[28] Wir müssen die Schwingungen der Raumzeit nicht hören, damit sie uns nützen. Tatsächlich müssen die Schwingungen nicht einmal stattfinden. Wichtig ist nur, dass sie eine Alternative zur Beschreibung der Raumzeit bieten.

Der Nutzen dieser alternativen Beschreibung, der sogenannten »Spektralgeometrie«, besteht darin, dass sie mit der Quantenfeldtheorie kompatibel gemacht und auf andere mathematische Räume verallgemeinert werden kann – von denen einige die Symmetriegruppen des Standardmodells enthalten. Genau das hat Connes getan. Er fand einen geeigneten mathematischen Raum, und es gelang ihm, das Standardmodell und die Allgemeine Relativitätstheorie für die Bereiche, in denen man sie getestet hat, zu reproduzieren. Darüber hinaus machte er zusätzlich Voraussagen.

Im Jahr 2006 sagten Connes und seine Mitarbeiter voraus, die Higgs-Masse betrage 170 GeV, eine deutliche Abweichung gegenüber den 2012 gemessenen 125 GeV.[29] Doch schon vor der Messung von 2012 war der Wert von 170 GeV durch Ergebnisse aus dem Jahr 2008 ausgeschlossen worden; zu dieser Bekanntgabe kommentierte Connes: »Meine erste Reaktion ist natürlich tiefe Entmutigung, gemischt mit verstärkter Neugier bezüglich der neuen Physik, die im LHC entdeckt werden wird.«[30] Nach einigen Jahren revidierte er jedoch das

Modell und erklärt nun, die frühere Voraussage gelte nicht mehr.[31] So oder so, der Ansatz ist in Ungnade gefallen.

Es gibt auch einige Dissidenten, die an der Idee des »Technicolor« festhalten, nach der die Teilchen, die man heute für Elementarteilchen hält, eine Substruktur, bestehend aus »Preonen«, haben, die durch eine Kraft, ähnlich der starken Kernkraft, wechselwirken. Diese Idee geriet schon vor Jahrzehnten mit der Datenlage in Konflikt, doch einige Varianten haben überlebt. Technicolor ist aber derzeit nicht besonders populär.

Da es möglich ist, Fermionen zu Bosonen zusammenzusetzen, aber nicht umgekehrt, wird gelegentlich versucht, die gesamte Materie aus Fermionen aufzubauen, zum Beispiel in den Theorien der »Spinor-Gravitation« und der »kausalen Fermionensysteme«.[32]

Und dann gibt es noch Garrett Lisi.

Weitab vom Festland

Es ist Januar, ich bin auf Maui und warte am Flughafen darauf, dass mich jemand abholt. Rundum steigen Urlauber in bunten Hemden in die Kleinbusse der Hotels. Ich möchte das Pacific Science Institute besuchen, auf freundliche Einladung von Garrett Lisi, dem Surfer mit der Theorie von Allem. Aber ich habe keine Adresse, und mein Handy-Akku ist mal wieder leer. In der feuchten Luft Hawaiis kringeln sich meine Haare.

Nach einer halben Stunde – ich überlege gerade, meinen Wintermantel auszuziehen – hält ein Cabrio am Straßenrand. Garrett steigt aus und humpelt, mit einem dicken Verband um sein linkes Knie, um den Wagen herum. »Willkommen auf Maui«, sagt er und legt mir einen Lei um den Hals. Dann quetscht er meine Reisetasche in den Kofferraum.

Auf dem Weg zum Institut erzählt er mir, dass sich unter dem Verband 28 Klammern verbergen, die das zusammenhalten, was von seinem Knie noch übrig ist. Bei einem Paragliding-Unfall – wohl weil der Wind aus der einen Richtung kam statt aus einer anderen – ist er abgestürzt und auf Vulkanfelsen gelandet. Das Beste, so erklärt er mir, ist, dass alles auf Video festgehalten wurde, weil er gerade für eine Dokumentation gefilmt wurde.

Sein Institut erweist sich als kleines Haus am Hang mit einem Lanai, der auf einen großen Garten blickt. Im Wohnzimmer gibt es ein Whiteboard und in der Küche einen beleuchteten roten Drachen. Fotos früherer Besucher zieren den Eingangsbereich. Die Sonne ist schon untergegangen. Garretts Freundin Crystal gibt mir eine Taschenlampe, damit ich den Weg in die kleine hölzerne Gästehütte hinter dem Haus finde. Sie warnt mich vor den Tausendfüßlern.

Frühmorgens weckt mich ein Hahn, und ich logge mich ins Internet ein. Nach einer Woche auf Reisen ist mein Posteingang mit dringenden Nachrichten überfüllt. Zwei Redakteure warten ungeduldig auf überfällige Berichte, eine Journalistin bittet um einen Kommentar, ein Student fragt mich um Rat. Ein Formular muss unterschrieben, ein Treffen verschoben, die Einladung zu einer Konferenz höflich abgelehnt werden, zwei Telefonate sind zu erledigen. Ein Mitarbeiter hat mir den Entwurf für einen Antrag auf Forschungsmittel zur Durchsicht zurückgeschickt.

Mir fällt wieder ein, wie ich die Biographien der Helden des vergangenen Jahrhunderts gelesen habe und mir theoretische Physiker als Leute vorstellte, die im Ledersessel sitzend ihre Pfeife rauchen und großen Gedanken nachhängen. Ich klettere in eine Hängematte und mache es mir darin bequem, bis der Surfer auftaucht.

***

Garrett lässt sich auf einem Korbsessel nieder und legt mit Bedacht sein verletztes Bein hoch. Er klagt, dass er seit einer Woche nicht mehr surfen war, und entschuldigt sich, weil er keinen Strandausflug mit mir machen kann. Das sei in Ordnung, versichere ich ihm, schließlich bin nicht wegen des Strandes hier.

»Weißt du noch, wir haben uns doch über Tegmarks mathematisches Universum unterhalten, seine Behauptung, das Universum bestehe aus Mathematik? Du sagtest damals, ja, das Universum besteht aus Mathematik, aber nur der hübschesten Mathematik.«

»Ja, das glaube ich«, bestätigt Garrett. »Aber es bleibt die Frage, welche Mathematik?«

»Deshalb halte ich Tegmarks Idee für sinnlos«, erwidere ich. »Sie verlagert nur die Frage von ›Welche Mathematik?‹ zu ›Wo befinden wir uns im mathematischen Multiversum?‹ Und für alle praktischen Zwecke ist das ein und dieselbe Frage.«

»Stimmt«, pflichtet mir Garrett bei. »Es ist interessant, darüber zu reden, aber wenn man sie nicht überprüfen kann, ist es keine Wissenschaft.«

»Man könnte sie überprüfen, wenn man etwas fände, das nicht durch Mathematik beschreibbar ist«, rege ich an.

»Ach! Na ja, das kann nicht passieren.«

»Das ist wahr«, sage ich, »weil wir nie wüssten, dass etwas tatsächlich nicht durch Mathematik beschreibbar ist, weil es ja auch sein kann, dass wir nur nicht herausgefunden haben, wie es geht. Warum bist du also überzeugt, dass Mathematik alles beschreiben kann?«

»Alle unsere erfolgreichen Theorien sind mathematisch«, bemerkt Garrett.

»Sogar die erfolglosen«, gebe ich zurück.

Unbeirrt beginnt Garrett seine Geschichte zu erzählen: »Am Anfang meiner Beschäftigung mit Physik stand nicht die fanatische Suche nach etwas Hübschem, um die Physik zu beschreiben. Für mich stellte sich am Anfang die Frage: ›Was ist ein Elektron?‹ Die Allgemeine Relativitätstheorie hat mir wirklich gefallen. Aber dann kam ich zur Quantenfeldtheorie, und da findet man diese hässliche Beschreibung von Elektronen.«

Garrett suchte nach einer Beschreibung für Fermionen, die ebenso geometrisch ist wie die Gravitation. In der Allgemeinen Relativitätstheorie ist das, was wir als Gravitationskraft bezeichnen, eine Folge der um die Massen herum gekrümmten Raumzeit. Die vierdimensionale Geometrie der Raumzeit kann nur durch abstrakte Mathematik vollständig erfasst werden. Aber die konzeptuelle Ähnlichkeit mit Gummimatten macht die Allgemeine Relativitätstheorie greifbar; sie fühlt sich vertraut an, fast mit Händen zu greifen. Und faszinierenderweise können einige der Elementarteilchen – die Eichbosonen – ganz ähnlich geometrisch beschrieben werden (obwohl man immer noch mit diesen komischen inneren Räumen klarkommen muss). Aber dieser geometrische Ansatz funktioniert nicht für die Fermionen.

»Das hat mich als Doktorand wirklich beunruhigt«, sagt er.

»Warum hat es dich beunruhigt?«

»Weil ich mir überlegt hatte, dass das Universum durch eine Sache beschreibbar sein muss.«

»Warum?«

»Weil es den Anschein hat, dass das Universum ein einziges in sich stimmiges Gebilde sein muss«, erklärt Garrett.

»Aber die Tatsache, dass dir nicht gefällt, wie Elektronen beschrieben werden, ist noch keine Unstimmigkeit«, sage ich.

»Stimmt. Aber es gefiel mir *wirklich* nicht.«

Garrett nennt unsere derzeitige Beschreibung von Fermionen »nicht natürlich geometrisch« und betont, er gebrauche das Wort »natürlich« anders als die Teilchenphysiker.

»Also sind die Fermionen nicht in derselben Weise natürlich geometrisch wie die Gravitation und die [Eichbosonen]. Und das hat mich sehr gestört. Aber da war ich der Einzige.«

»Was ist mit der Supersymmetrie?«

»Mit Supersymmetrie habe ich mich beschäftigt. Aber die übliche Definition von Supersymmetrie ist ziemlich plump. Sie ist im mathematischen Sinn nicht natürlich. Und dann fordert sie, dass es, sobald man Bosonen und Fermionen solchermaßen formalistisch beschreibt, für jedes Teilchen einen supersymmetrischen Partner geben muss. Die haben wir aber nicht gesehen. Und wir sehen sie auch weiterhin nicht«, stellt er sichtlich erfreut fest.

»Ich war also kein Fan von Susy. Ich wollte eine natürliche Beschreibung für Fermionen finden. Nach meiner Doktorarbeit habe ich mich auf die Suche gemacht. Deshalb bin ich nach Maui gekommen«, berichtet Garrett.

»Anfangs habe ich an der alten Kaluza-Klein-Theorie gearbeitet«, fährt Garrett fort, »und ich fand sie schön ... Aber es ist mir nicht gelungen, die Fermionen mit einzubeziehen.«[33]

Bis zu diesem Punkt ist Garretts Geschichte ganz ähnlich verlaufen wie meine. Auch ich habe zunächst an der alten Kaluza-Klein-Theorie gearbeitet, fasziniert von ihrer Attraktivität, aber unzufrieden mit der Rolle der Fermionen darin. Anders als Garrett bezahlte ich aber meine Miete von einem dreijährigen Doktorandenstipendium, und mein Ehrgeiz zielte auf den Lebensstil der mitteleuropäischen Mittelklassefamilie, aus der ich stamme: ein guter Job, ein hübsches Haus, ein, zwei Kinder, eine angenehme Rente und eine geschmackvolle Urne. Und vielleicht auf dem Weg dorthin die Gravitation quantisieren. Auf eine Insel zu ziehen stand nicht auf der Liste.

Als mein Kaluza-Klein-Enthusiasmus nach zwei Jahren in eine Sackgasse geführt hatte, schlug mein Doktorvater mit Nachdruck vor, dass ich das Thema wechseln und stattdessen über große Extradimensionen arbeiten soll – das Kaluza-Klein-Revival Arkani-Hameds und seiner Mitarbeiter, das damals eine Blütezeit hatte. Ich gab meinem Doktorvater recht, und von da an schlug ich einen anderen Weg ein als Garrett. Ich schloss mich der Community der Teilchenphysiker an, finanzierte mich mit kurzfristigen Stipendien und Zeitverträgen und produzierte pflichtgemäß in regelmäßigen Abständen Aufsätze über einigermaßen zeitgemäße Themen. Garrett wählte einen weniger ausgetretenen Weg.

»Nach sechs Jahren verabschiedete ich mich vollständig von der ganzen Kaluza-Klein-Geschichte«, erzählt mir Garrett. »Das konnte ich, weil mich keine akademische Trägheit bremste, weil ich hier auf Maui allein gearbeitet habe, ohne Studenten und ohne Forschungsgelder.«

Garrett fing von vorne an und betrachtete das Problem noch einmal aus einem anderen Blickwinkel. Nach Jahren harter Arbeit wurde er mit einem Durchbruch belohnt. Alle bekannten Teilchen, so stellte er fest – sowohl Fermionen als auch Bosonen –, können geometrisch mit einer großen Symmetrie beschrieben werden. Und anders als die herkömmlichen großen vereinheitlichten Theorien umfasst seine Symmetrie auch die Gravitation.

***

Für seine Theorie nutzt Garrett die Symmetrie der größten Ausnahme-Lie-Gruppe, E8. Eine »Lie-Gruppe« (benannt nach Sophus Lie [1843–1899]) ist eine besonders hübsche Gruppe, weil man darin auch Geometrie treiben kann, ganz ähnlich wie in dem vertrauten Raum, der uns umgibt. Darauf war Garrett aus.

Es gibt unendlich viele Lie-Gruppen. Aber gegen Ende des 19. Jahrhunderts waren sie alle von Wilhelm Killing (1847–1923) und Élic Cartan (1869–1951) klassifiziert worden. Es stellte sich heraus, dass die meisten Lie-Gruppen zu einer von vier Familien gehören, die jeweils eine unendliche Zahl von Mitgliedern haben. Die Symmetriegruppen $SU(2)$ und $SU(3)$ des Standardmodells zum Beispiel sind Lie-Gruppen, und wie der Name andeutet, sind sie in ihrer Struktur recht ähnlich. Es gibt sogar eine einfache Lie-Gruppe $SU(N)$ für jedes N, das positiv ganzzahlig ist. Es gibt noch drei weitere ähnliche unendliche Familien von Lie-Gruppen, deren genaue Terminologie uns hier nicht interessieren muss. Wichtiger ist, dass es neben diesen vier Familien fünf »Ausnahme«-Lie-Gruppen namens G2, F4, E6, E7 und, die größte, E8 gibt. Zudem kann bewiesen werden, dass dies alle einfachen Lie-Gruppen sind, die es gibt, Punktum!

Um zu würdigen, wie skurril das ist, stellen Sie sich vor, Sie besuchen eine Website, wo Sie Türschilder mit Zahlen bestellen können: 1, 2, 3, 4 und so weiter bis ins Unendliche. Außerdem können Sie noch einen Emu, eine leere Flasche und den Eiffelturm bestellen. Das verdeutlicht, wie schlecht die Ausnahme-Lie-Gruppen zu den ordentlichen unendlichen Familien passen.

***

»Ich schrieb es zusammen, veröffentlichte einen Aufsatz, und der sorgte für Furore«, erinnert sich Garrett an das Medienecho auf seine Publikation.[34]

Damals, räumt er ein, wies seine Theorie noch ein paar Defizite auf; zum Beispiel sind die drei Fermionengenerationen nicht so herausgekommen wie gewünscht. Aber das war 2007. In den folgenden Jahren hat Garrett einige der verbliebenen Rätsel gelöst. Dennoch ist sein Meisterwerk noch unvollendet, er ist noch nicht ganz zufrieden.

»Aber wir haben jetzt eine natürliche Beschreibung für die Fermionen«, erklärt Garrett. »Also habe ich in gewisser Hinsicht erreicht, was ich mir nach der Promotion vorgenommen hatte. Und ich habe diese große E8-Lie-Gruppe gefunden, womit ich nicht gerechnet hatte. Ich hatte mir nicht vorgenommen, eine hübsche Theorie von Allem zu suchen – das wäre sogar für mich zu ehrgeizig gewesen.«

»Tja, das ist eine große Gruppe«, sage ich. »Ist es wirklich so überraschend, dass du in dieser Gruppe eine Menge Material findest? Sogar zu viel Material – soviel ich weiß, hast du auch zusätzliche Teilchen?«

»Ja, es geht um 20 neue Teilchen«, gibt er zu, fährt aber rasch fort: »Das sind nicht so viele wie bei Susy.«

»Ich nehme an, deine zusätzlichen Teilchen sind so massereich, dass wir sie nicht beobachten können?«

»Ja – das übliche Ausweichmanöver der Theoretiker. [Aber] das Wirkungsfunktional ist einzigartig schön.* Es ähnelt dem für eine minimale Oberfläche. In vieler Hinsicht ist es das einfachst mögliche Wirkungsfunktional. Es ist schwer vorstellbar, dass die Natur das abwandeln möchte.«

»Woher weißt du, was die Natur möchte?«

»Tja, genau darum geht's. Wenn du eine Theorie von Allem finden willst, ist dein Sinn für Ästhetik so ziemlich das Einzige, womit du arbeiten kannst.«

»Was macht sie so schön? Du hast bereits gesagt, man hat diese geometrische Natürlichkeit?«

»Ja, sie ist natürlich, weil alles mit [Geometrie] beschrieben werden kann. Und man benutzt die größte einfache Ausnahme-Lie-Gruppe. Sie ist ergiebig und dennoch einfach. Und sie hat diese Fortsetzungen in unterschiedliche Richtungen tief in die Mathematik hinein ... das ist wirklich angenehm.«

»Du klingst wie ein Stringtheoretiker.«

»Ich weiß! Ich weiß, dass ich wie ein Stringtheoretiker klinge! Ihre Motivationen und Wünsche kann ich durchaus nachempfinden. Wenn ich bei der Arbeit an der E8-Theorie mit tausenden Leuten dreißig Jahre lang so richtig in Schwung gekommen wäre, und dann wäre sie gescheitert, befände ich mich genau in derselben Lage, in der sie jetzt sind.«

Nachdem das anfängliche Medieninteresse abgeflaut war, gerieten Garrett Lisi und seine E8-Theorie rasch in Vergessenheit. In der Phy-

---

* Das »Wirkungsfunktional« ist der mathematische Ausdruck, den Teilchenphysiker benutzen, um eine Theorie zu definieren.

siker-Community zeigten nur wenige auch nur das entfernteste Interesse daran.

»Es hat nicht viel Aufmerksamkeit geweckt, oder?«, frage ich.

»Nein, nicht nachdem es in der Presse Furore gemacht hatte.«

»Hat sich etwas Gutes aus dem Hype ergeben?«

»Mein Vater fragt mich nicht mehr, wann ich mir einen Job suche«, scherzt Garrett. »Weil ich ein sehr guter Schüler war und promoviert bin und dann ... bin ich nach Maui gegangen, um Wellenreiter zu werden, und meine Eltern fragten sich: ›Was ist jetzt los?‹ Aber ich bin glücklich«, sagt Garrett.

»Wenn ich mich mit Physik beschäftige«, erklärt Garrett, »dann bin ich an einem Ort, wo ich an nichts anderes denke, nur an das, was ich vor mir habe – die Mathematik und die Strukturen. Wenn ich das mache, kann ich nicht über irgendwelche anderen Probleme in meinem Leben nachdenken. So gesehen ist es eine Art Flucht.«

Für einen Wellenreiter ist er erstaunlich intellektuell. Kein Wunder, dass ihn das Internet liebt.

»Hast du mit Frank [Wilczek] über unsere Wette gesprochen?«, fragt Garrett.

Das hatte ich komplett vergessen. Im Juli 2009 hat Garret mit Frank um 1000 Dollar gewettet, dass in den nächsten sechs Jahren keine supersymmetrischen Teilchen gefunden werden.

»Aber dann hatte der LHC diesen Schluckauf mit den Magneten und so weiter«, berichtet Garrett. »Also wurde die Wette letzten Juli fällig, aber das entsprach nicht dem Geist der Wette, weil noch nicht alle Daten vorlagen, also einigten wir uns, die Wette um ein Jahr zu verlängern.« Sie wird also in sechs Monaten fällig.

»Ja, es war davon die Rede, dass der LHC die Supersymmetrie finden würde«, sage ich. »Gordy Kane denkt immer noch, dass im zweiten Durchlauf Gluinos auftauchen müssen.«

»Oje«, sagt Garrett. »Das Ungeheuerlichste war seine Behauptung, die Masse des Higgs voraussagen zu können, nachdem die Gerüchteküche bereits brodelte. Zwei Tage vor der offiziellen Bekanntgabe hat er diesen Aufsatz veröffentlicht. Und dann bestätigt die Bekanntgabe die Gerüchte, und er nennt es eine Voraussage aufgrund der Stringtheorie!«

Garrett hat nichts mit dem Wissenschaftsbetrieb zu schaffen, und das merkt man. Er muss sich keine Gedanken um Fördermittel oder die Zukunftsaussichten seiner Studenten machen oder darum, ob den Peer-Reviewern seine Aufsätze gefallen. Er macht sein Ding und sagt seine Meinung. Das kommt nicht bei jedem gut an.

Im Jahr 2010 schrieb Garrett für den *Scientific American* einen Artikel über seine E8-Theorie.[35] Er nennt es »eine interessante Erfahrung« und erinnert sich: »Als bekannt wurde, dass der Artikel erscheinen sollte, sammelte Jacques Distler, dieser Stringtheoretiker, einige Leute um sich, und sie sagten, sie würden den [*Scientific American*] boykottieren, wenn die meinen Artikel bringen. Die Redakteure dachten über diese Drohung nach und baten [diese Leute] darum, aufzuzeigen, was an dem Artikel fehlerhaft sei. Nichts daran war fehlerhaft. Ich habe eine *Menge* Zeit darauf verwendet – absolut nichts daran war fehlerhaft. Trotzdem hielten sie an ihrer Drohung fest. Am Ende entschied der *Scientific American*, meinen Artikel trotzdem zu veröffentlichen. Soweit ich weiß, hatte es kein Nachspiel.«

»Ich bin schockiert«, sage ich aufrichtig entsetzt.

»Stringtheoretiker sind in einer schwierigen Lage«, stellt Garrett fest, »weil sie dreißig Jahre lang eine Theorie von Allem versprochen haben, diese aber nicht entwickelt werden konnte. Sie dachten, sie würden auf diesen magischen [extradimensionalen Raum] stoßen und alle richtigen Teilchen noch vor dem Mittagessen finden. Jetzt haben wir die ganze Landschaft – ein totaler Fehlschlag.«

Und doch erinnert Garretts Vertrauen in die Mathematik stark an das Vorgehen der Stringtheoretiker.

»Warum bist du so überzeugt, dass es eine Theorie von Allem gibt?«, will ich wissen.

»Was wir jetzt mit dem Standardmodell haben, ist ein einziges Durcheinander«, meint Garrett. »Wir haben die [Mischungsmatrizen] und die Massen – wir haben all diese Parameter. Ich bin der Meinung, dass all diesen pseudozufälligen Parametern eine Erklärung zugrunde liegt, die zu einer vereinheitlichten zugrundeliegenden Theorie führen wird.«

»Was ist so schlimm an zufälligen Parametern? Warum muss es einfach sein?«

»Tja, nachdem wir nun mit kleineren Distanzskalen arbeiten, ist es immer einfacher geworden«, erklärt Garrett. »Fangen wir mit der Chemie und den Stoffen an, sie haben all diese diffusen Eigenschaften. Aber die zugrundeliegenden Elemente sind ziemlich einfach. Und wenn man kürzere Distanzen betrachtet, innerhalb des Atoms, wird es noch einfacher. Jetzt haben wir das Standardmodell, das offenbar einen vollständigen Satz aus Teilchen und Eichbosonen liefert. Und das, was ich gemacht habe, stellt, meine ich, eine gute geometrische Beschreibung der Fermionen dar. Es sieht aus, als sei alles eins. Für mich ist das nur eine Extrapolation des Weges der Wissenschaft. Die Dinge erscheinen einfacher, wenn wir die kleineren Skalen betrachten.«

»Deshalb hast du bequemerweise mit Chemie angefangen«, entgegne ich. »Wenn du mit größeren Skalen anfängst, sagen wir in der Größenordnung von Galaxien, und nach unten gehst, dann wird es nicht einfacher – es wird erst einmal komplizierter, weil auf den Planeten Leben herumkriecht und so weiter. Erst wenn du die Ebene der Biochemie hinter dir lässt, wird es wieder einfacher.«

»Ach, so kann es nicht sein«, sagt Garrett. »Wir wissen, dass die Elementarteilchen nicht wie Planeten sein können, sondern exakt identisch sind.«

»So etwas wie ›exakt‹ gibt es nicht – es geht immer bis zu einer begrenzten Präzision«, hebe ich hervor. »Aber ich meine nicht, dass Elementarteilchen wie Planeten sind«, erkläre ich. »Nur dass, ganz

Abb. 13: Das Wurzel-Diagramm der Lie-Gruppe E8, das Garrett Lisis Theorie von Allem darstellt. Jedes Symbol ist ein Elementarteilchen. Verschiedene Symbole sind unterschiedliche Teilchentypen. Die Linien zeigen, welche Teilchen durch Trialität verbunden sind. Nein, ich weiß auch nicht, was das bedeutet, aber es ist doch hübsch, oder?
Abbildung mit freundlicher Genehmigung von Garrett Lisi

gleich welche Theorie bei kurzen Distanzen gilt, sie nicht unbedingt einfacher sein muss als das, was wir heute haben. Einfachheit nimmt mit der Auflösung nicht unbedingt zu.«

»Ja. Es könnte ein Durcheinander sein«, stimmt Garrett zu. »Oder es könnte sein, dass dem Ganzen ein Rahmen zugrunde liegt, zu dem wir niemals experimentell Zugang finden, und alles, was wir sehen, ist dieses Durcheinander, das obenauf liegt. Xiao-Gang Wen zum Beispiel sagt gern, dass die Naturgesetze prinzipiell hässlich sind. Aber das ist eine Idee, die mir zuwider ist. Ich glaube, es gibt eine einfache, vereinheitlichte Beschreibung, die alle Phänomene erklären kann.«

Ich nehme mir vor, Xiao-Gang zu kontaktieren. In dem Augenblick erscheint ein Besucher in Shorts und Hawaiihemd auf dem Lanai.

»Das ist Rob«, stellt Garrett ihn mir vor. »Er ist hier, um den Grill anzuwerfen.«

Garrett feiert heute Geburtstag, und er hat einige Freunde eingeladen, um tote Tiere zu rösten.

»Ich dachte, das Grillfest ist erst am Abend«, sage ich.

»Seine Spezialität sind langsam gegrillte Rippchen«, erklärt Garrett. »Aber als Vegetarierin hast du dafür wohl nichts übrig.«

»Also wird es heute den ganzen Tag nach Rippchen riechen?«

»Ja«, erwidert Garrett und wedelt mit der Hand, als wollte er mich vertreiben. »Nur ein Versuch, dich an den Strand zu scheuchen.«

***

Schließlich gehe ich tatsächlich an den Strand. Meeresschildkröten spähen aus den Wellen. Das Wasser ist klar, der Sand weiß, die groben Körner sind merkwürdig geformt. Garretts Freundin Crystal erklärt mir, dass die Körner von kleinen Papageienfischen stammen, die Korallen zerkauen und die unverdaulichen Überreste wieder ausscheiden. Der hawaiianische Name des Tiers lautet *uhu palukaluka*, was »lockerer Darm« bedeutet. Erwachsene Papageienfische produzieren 800 Pfund Sand im Jahr, die ganze Fischpopulation bringt es also auf viele Tonnen.

Ich trage dick Sonnencreme auf und grabe meine Zehen in den Sand. Auch hier kann man etwas dazulernen, denke ich: Wenn man genügend davon aufhäuft, kann sogar Scheiße schön aussehen.

KURZ GESAGT

- Theoretische Physiker mögen die Idee einer großen vereinheitlichten Theorie, welche die drei Wechselwirkungen des Standardmodells zu einer einzigen zusammenführt. Mehrere Versuche einer großen Vereinheitlichung sind in Konflikt mit experimentellen Daten geraten, aber die Idee ist nach wie vor populär.

- Viele theoretische Physiker glauben, auf Schönheit zu bauen sei durch Erfahrung gerechtfertigt. Aber die Erfahrung wird uns nicht helfen, neue Naturgesetze zu finden, falls diese Gesetze auf ungewohnte Weise schön sind.
- Die Wissenschaft hat sich in den letzten Jahrzehnten stark verändert, aber die wissenschaftliche Community hat sich diesen Veränderungen nicht angepasst.
- Die derzeitige Organisation der akademischen Welt ermuntert Wissenschaftler zur Beschäftigung mit bereits dominierenden Forschungsprogrammen, gibt aber Anlass zu der Befürchtung, dass Kritik am eigenen Forschungsbereich nachteilige Folgen hat.
- Die Unterstützung durch eine Community von Gleichgesinnten hat Einfluss darauf, wie Wissenschaftler den Nutzen und das Potential der Theorien einschätzen, auf die sie den Schwerpunkt ihrer Arbeit legen.

Achtes Kapitel
Der Weltraum, unendliche Weiten

In welchem ich versuche, einen Stringtheoretiker zu verstehen, und mir das fast gelingt.

Nur ein einfacher Physiker

Es ist Januar, und ich befinde mich in Santa Barbara. Ich hätte Joseph Polchinski bei der Konferenz in München treffen sollen, aber er hatte kurzfristig seine Teilnahme abgesagt. Joe, der hier in Santa Barbara an der *University of California* arbeitet, ist krankgeschrieben.

Im Rahmen meiner postdoktoralen Studien hatte ich ein Jahr in Santa Barbara gearbeitet, aber die Adresse, die Joe mir geschickt hat, befindet sich in einem Teil der Stadt, in dem ich noch nie gewesen bin. Hier draußen sind die Grundstücke riesig. Die Büsche sind säuberlich geschnitten, die Autos glänzen, und das Gras ist sehr grün. Ich kurve durch die schmalen Straßen entlang der Hügel, weit entfernt von den mir bekannten Vierteln mit den erschwinglichen Studentenwohnungen. Schließlich finde ich das Haus am Ende einer Sackgasse und halte vor der Garage. Es ist früher Nachmittag, die Sonne scheint. Ein Gärtner auf einem Fahrzeug, das aussieht wie ein Golfwagen, kommt auf mich zu. Die Palmen wiegen sich im Wind.

Ich zögere zu klingeln. Normalerweise jage ich einem kranken Menschen nicht bis in seine Wohnung nach. Aber Joe war ganz wild auf unser Treffen und hatte mir gesagt, das Thema der Münchener Konferenz – »Warum einer Theorie vertrauen?« – beschäftige ihn sehr. Er hat einen Großteil seines Lebens damit verbracht, die Mathematik der Stringtheorie zu untersuchen. Ich bin hier, um herauszufinden, warum wir dieser Mathematik vertrauen sollen.

***

Eine kurze Geschichte der Stringtheorie geht so: Die Stringtheorie wurde ursprünglich als Kandidat zur Beschreibung der starken Wechselwirkung entwickelt, aber die Physiker fanden bald heraus, dass eine andere Theorie, die Quantenchromodynamik, für diese Aufgabe besser geeignet war. Dennoch bemerkten sie, dass die Strings eine Kraft austauschten, die genauso aussah wie die Gravitation, und so erlebten die Strings eine Wiedergeburt als Anwärter für eine Theorie von Allem. Alle Teilchen, so der Gedanke, bestehen aus Strings in verschiedenen Anordnungen, aber die Substruktur der Strings ist so klein, dass wir sie mit der momentan erreichbaren Energiemenge nicht sichtbar machen können.

Um der Konsistenz willen mussten die Theoretiker postulieren, dass die Strings eine Welt bevölkern, die nicht drei Raumdimensionen hat, sondern fünfundzwanzig (plus eine Zeitdimension).[1] Da diese Extradimensionen noch nicht gesehen wurden, gingen die Theoretiker des Weiteren davon aus, dass sie von endlicher Größe, also »kompaktifiziert« sind – wie eine (höherdimensionale) Kugel anstelle einer unendlichen Fläche. Und da die Auflösung kurzer Entfernungen viel Energie erfordert, haben wir Extradimensionen, die sehr klein sind, eben noch nicht ausfindig machen können.

Als Nächstes entdeckten die Theoretiker, dass Supersymmetrie erforderlich war, um zu verhindern, dass das Vakuum ihrer Theorie zerfällt. Dies senkte die Gesamtzahl der Dimensionen von fünfundzwanzig auf neun (plus eine Zeitdimension), aber die Notwendigkeit der Kompaktifizerung blieb bestehen. Da man noch keine supersymmetrischen Teilchen beobachtet hatte, nahmen die Stringtheoretiker an, dass die Supersymmetrie unterhalb einer sehr hohen Energie gebrochen wird und aus diesem Grund Superpartner, sollten sie existieren, noch nicht gesehen wurden.

Es dauerte nicht lange, bis man feststellte, dass die Supersymmetrie, auch wenn sie unterhalb einer sehr hohen Energie gebrochen wird, in Widerspruch zum Experiment gerät, weil sie Wechselwirkungen ermöglicht, die normalerweise im Standardmodell verboten sind und die man auch bisher nicht beobachtet hatte. Und so wurde die R-Parität erfunden, eine Symmetrie, die, kombiniert mit der Supersymmetrie, jene nicht beobachteten Wechselwirkungen schlichtweg verbietet, weil sie mit dem neuen Symmetriepostulat in Konflikt geraten würden.

Aber damit war das Problem noch nicht gelöst. Bis zu den 1990er Jahren hatten sich die Stringtheoretiker nur mit Strings in Raumzeiten beschäftigt, die eine negative kosmologische Konstante haben. Als sich diese bei der Messung als positiv erwies, mussten sie rasch einen Weg finden, dem Rechnung zu tragen. Sie entwickelten eine Konstruktion, die zwar mit der positiven Zahl funktionierte, aber die Stringtheorie war immer noch am besten für den Fall einer negativen kosmologischen Konstante zu verstehen.[2] An diesem Fall arbeiten die meisten Stringtheoretiker immer noch. Obwohl er nicht unser Universum beschreibt.

All das hätte noch keine Rolle gespielt, wenn die vielen Nachbesserungen wirklich zu einer eindeutigen Theorie von Allem geführt hätten. Stattdessen mussten die Physiker feststellen, dass ihre Theorie eine enorme Zahl möglicher Konfigurationen erlaubte, die jeweils einer anderen Wahl der Kompaktifizierung entsprang und zu jeweils einer anderen Theorie im niedrigen Energiebereich führte. Da es so viele Wege gibt, die Theorie zu konstruieren – derzeit geschätzt 10^{500} –, befindet sich höchstwahrscheinlich auch das Standardmodell darunter. Aber niemand hat es gefunden, und angesichts der hohen Zahl von Möglichkeiten wird wohl niemand es jemals entdecken.

In Reaktion darauf haben die meisten Stringtheoretiker die Vorstellung fallengelassen, dass ihre Theorie die Naturgesetze auf eindeutige Weise festlegt, und sie machten sich stattdessen die Idee des Multiversums zu eigen, in welchem alle Naturgesetze, die möglich sind, auch irgendwo realisiert sind. Sie versuchen nun, eine Wahrscheinlichkeitsverteilung auf diesem Multiversum zu konstruieren, nach welcher unser eigenes Universum zumindest wahrscheinlich ist.

Andere Stringtheoretiker haben die Grundlagenforschung ganz hinter sich gelassen und versucht, anderswo Anwendungen zu finden – zum Beispiel durch die Nutzung stringtheoretischer Techniken zum Verständnis der Kollision großer Atomkerne (schwerer Ionen). Bei solchen Kollisionen (die auch im LHC-Programm stattfinden) kann für kurze Zeit ein Plasma aus Quarks und Gluonen erzeugt werden. Das Verhalten dieses Plasmas ist mit dem Standardmodell nur schwer zu erklären, und zwar nicht, weil das Standardmodell nicht funktioniert, sondern weil niemand weiß, wie die Berechnungen durchgeführt werden sollen. Die Atomphysiker begrüßten daher die neuen Methoden aus der Stringtheorie.

Doch leider stimmten die Vorhersagen für den LHC auf der Grundlage der Stringtheorie nicht mit den Daten überein, und so gaben die Stringtheoretiker still und heimlich ihre Bemühungen auf.[3] Inzwischen behaupten sie, ihre Methoden seien für das Verständnis gewisser »seltsamer« Metalle nützlich, doch selbst der Stringtheoretiker Joseph Conlon verglich die Anwendung der Stringtheorie für die Beschreibung solcher Materialien mit der Verwendung einer Alpenkarte für eine Reise im Himalaya.[4]

Die ständige Anpassung der Stringtheorie an die widerspenstigen Daten hat mittlerweile einen gewissen Unterhaltungswert, und viele Physikinstitute leisten sich ein paar Stringtheoretiker, weil die Öffentlichkeit gern Neues über ihre heldenhaften Versuche erfährt, alles zu erklären. Freeman Dyson deutet die Popularität dieses Themas so: »Die Stringtheorie ist attraktiv, weil sie Jobs mit sich bringt. Und warum bietet die Stringtheorie so viele Jobs? Weil sie billig ist. Der Leiter eines Physikinstituts irgendwo in der Pampa und ohne großes Budget kann es sich nicht leisten, ein modernes Labor aufzubauen, um experimentelle Physik zu betreiben, aber ein paar Stringtheoretiker beschäftigen kann er durchaus. Also schreibt er ein paar Stellen für Stringtheorie aus, und schon hat er eine moderne Physikfakultät.«[5]

***

Eine andere Geschichte der Stringtheorie lautet so: Die Stringtheorie wurde ursprünglich als Kandidat zur Beschreibung der starken Wechselwirkung entwickelt, aber die Physiker fanden bald heraus, dass eine andere Theorie, die Quantenchromodynamik, für diese Aufgabe besser geeignet war. Dennoch bemerkten sie, dass die Strings eine Kraft austauschten, die genauso aussah wie die Gravitation, und so erlebten die Strings eine Wiedergeburt als Anwärter für eine Theorie von Allem.

Bemerkenswerterweise passen Strings von Natur aus gut mit der Supersymmetrie zusammen, die unabhängig von jenen als die größtmögliche Erweiterung von Raumzeit-Symmetrien entdeckt wurde. Noch bemerkenswerter: Während ursprünglich mehrere verschiedene Arten von Stringtheorien gefunden wurden, stellte sich heraus, dass diese verschiedenen Theorien durch »Dualitätstransformationen« miteinander in Beziehung stehen. Solche Dualitätstransformationen bilden die Objekte einer Theorie umkehrbar eindeutig auf die einer anderen Theorie ab, was zeigt, dass beide Theorien tatsächlich nur alternative Formulierungen derselben Theorie sind. Dies veranlasste den Stringtheoretiker Edward Witten zu der Vermutung, dass es unendlich viele Stringtheorien gibt, die alle miteinander verwandt sind und unter einer größeren einzigen Theorie subsumiert werden können, die als »M-Theorie« bezeichnet wird.

Und die Strings überraschten die Physiker auch weiterhin. Mitte der

1990er Jahre stellten sie fest, dass die Stringtheorie nicht nur Strings beschreiben konnte, sondern auch höherdimensionale Membranen, die sogenannten »*Branes*«. Mit dieser neuen Erkenntnis konnten Stringtheoretiker die höherdimensionalen Pendants Schwarzer Löcher studieren und die bereits bekannten Gesetze der Thermodynamik Schwarzer Löcher reproduzieren. Die unerwartete Übereinstimmung überzeugte selbst die Skeptiker, dass die Stringtheorie eine physikalisch bedeutsame Theorie war. Obwohl die Physik der Schwarzen Löcher noch immer ihre Geheimnisse birgt, nähern sich die Stringtheoretiker der Lösung der verbliebenen Probleme.

Die Intuition der Stringtheoretiker in Sachen Physik führte auch zu mathematischen Entdeckungen, vor allem in Bezug auf die geometrischen Formen der kompaktifizierten Extradimensionen, der sogenannten Calabi-Yau-Mannigfaltigkeiten.[6] So fand man beispielsweise heraus, dass Paare geometrisch höchst unterschiedlicher Calabi-Yau-Mannigfaltigkeiten durch eine Spiegelsymmetrie verbunden sind, eine Entdeckung, die den Mathematikern versagt geblieben war und seither zu vielen Folgestudien führt. Die Stringtheorie hat auch den Mathematiker Richard Borcherds in die Lage versetzt, die »Monstrous-Moonshine-Vermutung« zu bestätigen, eine Relation zwischen der größten bekannten Symmetriegruppe – der Monstergruppe – und bestimmten Funktionen.[7] Die komplizierte Verbindung zwischen der Stringtheorie und der Mathematik der Monstergruppe regte kürzlich andere dazu an, die potentielle Bedeutung der Monstergruppe für das Verständnis der Quanteneigenschaften der Raumzeit zu erforschen.

Die Studien zur Stringtheorie haben zudem zum größten Durchbruch in der Grundlagenphysik der letzten Jahrzehnte geführt, der Dualität zwischen Eichtheorie und Gravitation. Diese Dualität bedeutet auch hier die Identifizierung der Strukturen zweier verschiedener Theorien, die zeigt, dass beide Theorien tatsächlich dieselbe Physik zum Ausdruck bringen. Gemäß der Dualität von Eichtheorie und Gravitation können manche Gravitationstheorien ebenso gut als Eichtheorien formuliert werden und umgekehrt.[8] Das bedeutet insbesondere, dass Physiker mit der Allgemeinen Relativitätstheorie Berechnungen in den Eichtheorien vornehmen können, die zuvor mathematisch nicht durchführbar waren.

Die Konsequenzen einer solchen Dualität sind besonders erstaunlich, weil die zueinander dualen Theorien nicht dieselbe Anzahl von Dimensionen benutzen: Die Raumzeit der Eichtheorie hat eine Raumdimension weniger als die der dazu dualen Gravitationstheorie. Das bedeutet, dass unser Universum – uns eingeschlossen – mathematisch in zwei Raumdimensionen gequetscht werden kann. Wie ein Hologramm erscheint das Universum zwar dreidimensional, kann in Wirklichkeit aber auf einer Fläche dargestellt werden.

Dabei handelt es sich nicht nur um eine neue Weltsicht. Stringtheoretiker haben die Dualität von Eichtheorie und Gravitation auch auf Situationen wie das Quark-Gluon-Plasma und Hochtemperatur-Supraleiter übertragen, und obwohl noch keine quantitativen Ergebnisse erzielt wurden, sind die qualitativen Resultate vielversprechend.

Beide Geschichten sind wahr. Aber es macht mehr Spaß, wenn man sich eine aussucht und die andere ignoriert.

***

Abgesehen davon, dass Joe eins der ersten Lehrbücher über die Stringtheorie geschrieben hat, spielte er auch eine wichtige Rolle bei deren Weiterentwicklung und konnte zeigen, dass es dabei nicht nur um eindimensionale Objekte geht, sondern dass die Stringtheorie auch Membranen höherer Dimensionen beschreiben kann. Erst kürzlich hat er einen Artikel veröffentlicht, in dem er seine Überlegungen darüber darlegt, ob nichtempirische Kriterien nützlich sind, um die Versprechungen einer Theorie zu beurteilen, wobei die in Frage stehende Theorie die Stringtheorie ist.

Ich schüttle seiner Frau und seinem Sohn die Hand. Nachdem ich meine Schuhe ausgezogen habe, laufe ich auf Zehenspitzen über den Teppich und sinke auf die Couch.

»Was halten Sie von Richard Dawids Idee einer nichtempirischen Theoriebewertung?«, beginne ich.

»Ich weiß nicht, was diese Wörter bedeuten«, sagt Joe. »Ich bin nur ein einfacher Physiker, der versucht, die Welt zu verstehen. Aber ich denke, was er sagt, kommt meiner eigenen Denkweise ziemlich nahe. Wenn ich mich frage: ›An was möchte ich arbeiten, wenn ich auf all die Befunde schaue, die ich in meinem Leben gesammelt habe? Welche Forschungsrichtungen sind am vielversprechendsten? Welche Richtungen führen am wahrscheinlichsten zum Erfolg?‹, dann ist das eine notwendige Vorüberlegung. Und ich glaube, es gibt positive Beweise – ich kann sechs Kategorien aufzählen – dafür, dass die Stringtheorie in die richtige Richtung zeigt.[9]

Manches von dem, worüber Dawid spricht, scheint mit dem übereinzustimmen, wie ich über das Problem denke. Gleichzeitig ... diese Begriffe, ›nichtempirisch‹ ... das sagt mir nichts.«

Er sieht mich erwartungsvoll an.

»Ich glaube, was Sie gerade gesagt haben, ist genau das, was Dawid meint«, stimme ich zu. »Und natürlich berücksichtigen wir auch noch andere Fakten als nur die Daten – das war wohl immer schon so. Aber heute ist die Zeitspanne zwischen der Entwicklung und der Überprüfung einer Hypothese sehr groß, und deshalb ist die Bewertung von Theorien mit Hilfe anderer Mittel jenseits der Daten zunehmend wichtig.«

»Ja«, sagt Joe. »[Max] Planck hat schon vor über hundert Jahren erkannt, dass – damals – 25 Größenordnungen zwischen dem lagen, was man messen konnte, und dem, wohin wir wahrscheinlich kommen müssen. Und heute liegen immer noch 15 Größenordnungen vor uns. Es besteht die große Hoffnung, dass wir etwas bei geringerer Energie sehen – das ist Ihr Thema, die Phänomenologie der Quantengravitation: der Versuch, nach allen möglichen Methoden Ausschau zu halten, um Dinge zu sehen, die bei geringerer Energie erscheinen könnten. Das ist etwas, was wir uns alle wünschen. Leider haben wir bis jetzt nur negative Ergebnisse.«

»Ich denke«, fährt er fort, »Sie haben sich große Mühe gegeben, Ideen, die gut klingen, von Ideen, die nicht so gut aussehen, zu unterscheiden. Ich betrachte Sie als jemanden, der sich persönlich die größte Mühe gegeben hat. Das ist sehr wichtig. Dennoch, es ist wirklich eine undankbare Aufgabe, weil die Anzahl schlechter Ideen viel rascher zunimmt als die guter Ideen. Und manchmal dauert es viel länger herauszufinden, warum etwas falsch ist, als etwas zu produzieren, was falsch ist.«

Das ist womöglich die netteste Art, in der mir jemals gesagt wurde, dass ich dumm sei.

»Die Leute, die nach einer Phänomenologie suchen«, fährt Joe fort, »haben alle dasselbe Problem: Sie müssen die verbliebenen fünfzehn Größenordnungen überwinden. Das ist ein sehr schwieriges Problem. Für den Großteil der String-Phänomenologie gilt, dass man weniger eine Theorie vor sich hat als vielmehr eine mögliche Phänomenologie, die vielleicht eines Tages Teil der Theorie ist. Und das nicht etwa, weil die Leute das Falsche machen, sondern weil die Ableitung der Phänomenologie so schwierig ist. Und daher müssen wir bei jedem Aspekt des Themas in viel größeren Zeitmaßstäben denken, als wir es gewohnt sind.

Und all das haben wir Planck zu verdanken. Wenn er sich doch bloß eine kleinere Zahl hätte einfallen lassen ...«

***

In Höhe der Planck-Energie sollten sich die ersten Quantenschwankungen der Raumzeit bemerkbar machen. Diese Energie beträgt etwa 10^{18} GeV, ist also im Vergleich zu der Energie, die wir in Teil-

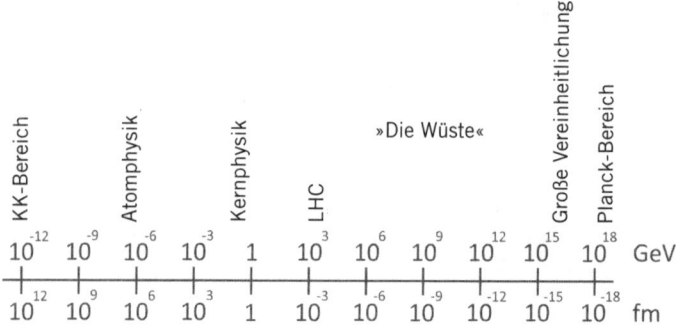

Abb. 14: Energieskalen. KK steht für Kosmologische Konstante.

chenbeschleunigern erreichen können, unvorstellbar hoch (siehe Abb. 14). Die große Kluft zwischen den gegenwärtig erreichbaren Energien und solchen, bei denen die große Vereinheitlichung und die Quantengravitation angesiedelt werden, wird häufig als »die Wüste« bezeichnet, weil sich nach allem, was wir momentan wissen, wahrscheinlich keine neuen Phänomene darin zeigen werden.

Wollten wir die Planck'sche Energie direkt erreichen, benötigten wir einen Teilchenbeschleuniger etwa von der Größe der Milchstraße. Und um ein Quantum des Gravitationsfelds zu messen – ein Graviton –, müsste der Detektor die Größe des Jupiter haben und sich nicht irgendwo, sondern im Orbit um eine starke Gravitationsquelle wie beispielsweise einem Neutronenstern befinden. Das sind klarerweise Experimente, die wir nicht in absehbarer Zeit finanziert bekommen. Daher sind viele Physiker pessimistisch hinsichtlich der Aussichten, die Gravitation messen zu können, was wiederum zu dem philosophischen Grundproblem führt: Wenn wir etwas nicht überprüfen können, ist es dann noch Wissenschaft?

Auch einige theoretische Physiker machen sich wegen dieses Grundproblems Sorgen, denn hier geht es nicht nur um die Frage der Ästhetik, sondern auch um eine der Konsistenz.

Die Kombination von Standardmodell und Allgemeiner Relativitätstheorie führt zu inneren Widersprüchen, die dazu führen, dass jenseits der Planck-Energie keine Beobachtungen mehr beschrieben werden können. Daher wissen wir, dass es falsch ist, die beiden Theorien einfach miteinander zu kombinieren, und wir einen besseren Weg finden müssen.

Der Grund für die inneren Widersprüche liegt darin, dass die Allgemeine Relativitätstheorie keine Quantentheorie ist, aber dennoch auf Materie und Strahlung reagieren muss, die Quanteneigenschaften besitzen. Nach dem Standardmodell kann beispielsweise ein Elektron an zwei Orten gleichzeitig sein, weil es durch eine Wellenfunktion beschrieben wird. Und nach der Allgemeinen Relativitätstheorie krümmt die Masse des Elektrons die es umgebende Raumzeit. Aber um das Elektron an welchem Ort? Die Allgemeine Relativitätstheorie kann diese Frage nicht beantworten, weil die Krümmung keine Quanteneigenschaften hat und nicht an zwei Orten gleichzeitig stattfinden kann.

Wir können das zwar nicht messen, weil die Gravitationskraft eines Elektrons zu schwach ist, aber trotzdem – eine Theorie sollte unabhängig von ihrer Überprüfbarkeit Fragen eindeutig beantworten können.

Solche Konsistenzfragen sind seltene und äußerst effektive Leitlinien. Das Higgs-Boson ist ein gutes Beispiel für eine auf Notwendigkeit beruhende Voraussage. Das Standardmodell ohne Higgs wird bei den im LHC erreichbaren Energiemengen inkonsistent, weil manche Berechnungsergebnisse mit der probabilistischen Interpretation nicht in Einklang zu bringen sind.[10] Deshalb war uns klar, dass am LHC etwas passieren musste.

Da kein Beweis besser ist als die ihm zugrundeliegenden Annahmen, wäre es nicht möglich gewesen, zu beweisen, dass etwas Bestimmtes am LHC geschehen musste. Es hätte etwas anderes als das Higgs sein können – zum Beispiel hätte sich die elektroschwache

Wechselwirkung als unerwartet stark herausstellen können. Aber wir wussten, dass *etwas* geschehen musste, weil die Theorien, die wir damals hatten, inkonsistent waren. Wenn man sein Gehirn besonders strapazieren will, kann man versuchen, sich vorzustellen, dass die Natur eine echte logische Inkonsistenz offenbart oder eine äußerst verwickelte Logik. Aber auch das wäre »etwas Neues«.

Doch die Erwartung, dass neben dem Higgs andere neue Teilchen am LHC auftauchen müssten, basiert nicht auf Notwendigkeit, sondern auf dem Glauben, dass die Natur fein abgestimmte Parameter vermeidet.

***

»Die Higgs-Masse ist eine große Überraschung«, sagt Joe, »weil bislang keine Supersymmetrie gefunden wurde. Und selbst wenn sie jetzt entdeckt wird, sind die Zahlen bereits so nach oben geschraubt, dass es immer noch eine umfangreiche Feinabstimmung gäbe. Ich weiß nicht, was ich davon halten soll. Aber ich habe auch keine bessere Antwort. Weil die kosmologische Konstante ein so großes Problem darstellt. Und man muss etwas wegen der Higgs-Masse unternehmen.

Anfangs hatten wir zwei Konzepte für die Lösung des Problems mit der Higgs-Masse: Technicolor und Supersymmetrie. Mit Technicolor war die Lösung, die Teilchen als zusammengesetzt zu betrachten. Leider wurde das sehr schnell immer komplizierter und aussichtsloser. Jetzt sind wir mit der Supersymmetrie in derselben Lage. Sie war einmal etwas Schönes, etwas, für das man sich leicht starkmachen konnte, aber mittlerweile wird es immer schwerer. Es gibt jedoch immer noch Hoffnung, sie zu finden. Und dann verstehen wir vielleicht auch, warum sie bei hohen Energien subtiler realisiert ist, als wir erwartet haben.

Ich habe keine Ahnung, warum die Supersymmetrie noch nicht

entdeckt wurde und was das für die Zukunft bedeutet. Alle sind jetzt gespannt, weil es die 750-GeV-Delle gibt.* Sie wissen, wie das ist.«

»Was macht Susy so schön?«, frage ich.

»Ich bin immer etwas zurückhaltend bei der Verwendung von Begriffen wie ›Schönheit‹. Sie sind ungenügend definiert«, sagt Joe. »Ich habe einmal eine Besprechung von Diracs Arbeit geschrieben.[11] Dirac war sehr stark durch Schönheit motiviert. In meiner Besprechung heißt es am Ende: ›Man kann Schönheit erkennen, wenn man sie sieht, und hier ist das der Fall.‹ Aber ich glaube, in gewisser Hinsicht vermeide ich das Wort.

Wahrscheinlich motiviert mich Geometrie weniger als die meisten Kollegen. Mich beeindrucken eher Ideen, die Dinge verbinden, die vorher nicht miteinander verbunden waren. Wir wissen zum Beispiel, dass die Welt aus Bosonen und Fermionen besteht, und wir schließen dann aus den bisherigen Fortschritten unseres Forschungsbereichs, dass es schön wäre, wenn Bosonen und Fermionen verbunden wären.

Die Supersymmetrie lieferte diese Art von Verbindungen, die man zu sehen hoffte. Sie lieferte die Verbindung zwischen Fermionen und Bosonen sowie eine Erklärung, warum das Higgs nicht schwer war.** Mit ihr war auch die Möglichkeit verbunden, die kosmologische Konstante zu erklären. Aber es klappte nicht, und zur Zeit gibt es keine anderen guten Vorschläge dafür ...«

Joe schweift ab. Schließlich meint er: »Vielleicht gilt das alles nur bei höherer Energie und ist für das, was wir gegenwärtig beobachten, nicht nützlich.«

Er blickt eine Weile an mir vorbei und schaut aus dem Fenster. Dann

---

* Damit ist die Diphoton-Anomalie gemeint.
** Ohne Korrekturen, die Fine-tuning benötigen, wäre die Higgs-Masse sehr viel größer als beobachtet. Susy macht diese Korrekturen unnötig und bietet damit eine alternative Erklärung für die beobachtete, zu geringe Higgs-Masse. (A. d. Ü)

fragt er abrupt, ob ich eine Tasse Kaffee oder etwas anderes zu trinken möchte. Ich verneine, und er blättert in seinen Aufzeichnungen.

Feuerwände, in Stein gemeißelt

Zur Vorbereitung auf die Münchener Konferenz hat Joe eine Liste mathematischer Fakten zusammengestellt, die für die Stringtheorie sprechen. Mir fällt auf, dass seine Liste sehr gut den Schönheitsaspekten entspricht, von denen ich bereits gehört habe.

Die Stringtheorie, erklärt mir Joe, überzeuge ihn vor allem deshalb, weil sie bei der Quantisierung der Gravitation funktioniere, einem Problem, für das nicht viele Lösungen bekannt sind. Darüber hinaus bleibe einem nicht viel Spielraum für die Bildung der Theorie, sobald man sich einmal auf den Stringgedanken eingelassen habe. Diese beiden Begründungen, denke ich, verdeutlichen die Vorzüge der »Rigidität«, die auch Nima Arkani-Hamed und Steven Weinberg bereits erwähnten.

Dann nennt Joe eine weitere Eigenschaft, die für die Stringtheorie spreche, nämlich die Tatsache, dass sie geometrisch sei – jener Aspekt, der für Garrett so wichtig war –, fügt jedoch hinzu, das »sei aber nicht so zentral«.

Die nächsten beiden Punkte auf Joes Liste sind Beispiele für das, was er »Verbindungen« nennt und was der Philosoph Dawid als »explanatorische Geschlossenheit« bezeichnet. Sie sorgen für jene Überraschung, die notwendig ist, damit eine Theorie elegant erscheint. Die Verbindungen, die Joe nennt, sind (1) die neuen Erkenntnisse, die sich durch die Dualität von Eichung und Gravitation ergeben («Wir leben in einem Hologramm«), und (2) der Beitrag der Stringtheorie zur Thermodynamik der Schwarzen Löcher.

***

Schwarze Löcher entstehen, wenn eine ausreichend große Menge Materie unter der Schwere ihrer eigenen Masse zusammenbricht. Wenn die Materie nicht genügend inneren Druck aufbaut – etwa weil ein Stern seinen Brennstoff verbraucht hat –, kollabiert sie immer weiter, bis sie in einem einzigen Punkt konzentriert ist. Sobald die Materie einen bestimmten Konzentrationsgrad erreicht hat, wird die Schwerkraft an ihrer Oberfläche so stark, dass nicht einmal Licht entweichen kann: Ein Schwarzes Loch ist entstanden. Die Grenze der »Einfangzone« wird als »Ereignishorizont« bezeichnet. Licht, das genau an diesem Horizont losgeschickt wird, kann gerade eben nicht entkommen und bewegt sich für immer auf einer kreisförmigen Umlaufbahn. Und da sich nichts schneller bewegt als Licht, kann auch nichts mehr aus dem Inneren des Schwarzen Lochs entkommen.

Der Ereignishorizont ist keine physikalische Grenze. Er hat keine Substanz, und sein Vorhandensein kann nur aus der Entfernung festgestellt werden, nicht, wenn man sich ihm nähert. Man kann den Horizont sogar überschreiten, ohne es zu merken, vorausgesetzt, das Schwarze Loch ist groß genug. Das liegt daran, dass wir im freien Fall keine Anziehung spüren, sondern nur einen Unterschied in der Anziehung, den man als Gezeitenkraft bezeichnet. Die Gezeitenkraft steht in umgekehrtem Verhältnis zur Masse des Schwarzen Lochs: Je größer das Schwarze Loch, desto kleiner die Gezeitenkraft.

Würden Sie in ein supermassives Schwarzes Loch stürzen – wie das im Zentrum der Milchstraße –, ist die Gezeitenkraft so gering, dass Sie die Überschreitung des Horizonts überhaupt nicht bemerken würden. Angenommen, Sie würden mit dem Kopf zuerst eintauchen, würde die Gezeitenkraft Ihren Kopf ein wenig mehr auseinanderziehen als Ihre Füße, so dass Sie gestreckt werden. Am Horizont ist diese Streckung winzig. Sobald Sie sich dem Zentrum des Schwarzen Lochs nähern, wird die Streckung immer unangenehmer, doch jetzt ist es bereits zu spät für eine Umkehr. Der technische Begriff für die Ursache Ihres Todes wäre »Spaghettisierung«.

Schwarze Löcher waren eine Zeitlang rein spekulativ, doch in den letzten zwanzig Jahren haben Astronomen überzeugende Indizien für ihre Existenz gesammelt, sowohl für stellare Schwarze Löcher (gebildet aus ausgebrannten, kollabierten Sternen) wie auch für supermassereiche Schwarze Löcher (mit Massen, die 1 Million bis 100 Milliarden Mal größer sind als die unserer Sonne). Supermassereiche Schwarze Löcher findet man im Zentrum der meisten Galaxien, allerdings ist noch unklar, wie sie zu einer solchen Größe heranwachsen. Das Schwarze Loch im Zentrum unserer eigenen Galaxie heißt Sagittarius A* (ausgesprochen »A-Stern«).

Der beste empirische Beleg für Schwarze Löcher, den wir gegenwärtig haben, sind die Umlaufbahnen von Sternen und von Gas, das sie umgibt, sowie das Fehlen von Strahlung, die normalerweise von eingefangener Materie ausgeht, wenn diese auf eine harte Oberfläche trifft. Die Umlaufbahnen verraten uns, wie viel Masse in ihrem Zentrum zusammengequetscht ist, und aus dem Fehlen der Strahlung können wir schließen, dass das Objekt keine harte Oberfläche haben kann.

Doch Schwarze Löcher faszinieren nicht nur Experimentatoren, sondern auch Theoretiker. Was diese am meisten interessiert, sind die Folgen einer Berechnung von Stephen Hawking. Hawking zeigte 1974, dass ein Schwarzes Loch, obwohl ihm nichts zu entkommen vermag, trotzdem Masse verlieren kann, indem es Teilchen abstrahlt. Die Teilchen der sogenannten »Hawking-Strahlung« entstehen durch Quantenschwankungen von Materiefeldern in der Umgebung des Horizonts und werden paarweise aus der Energie des Gravitationsfelds erzeugt. Hin und wieder entwischt ein Teilchen des Paares, während das andere hineinfällt, so dass es unter dem Strich zu einem Masseverlust des Schwarzen Lochs kommt. Diese Strahlung besteht aus allen möglichen Teilchenarten und wird charakterisiert durch ihre Temperatur, die umgekehrt proportional zur Masse des Schwarzen Lochs ist – das bedeutet, dass kleinere schwarze Löcher heißer sind und ein Schwarzes Loch sich während seiner »Verdampfung« aufheizt.

Ich möchte betonen, dass die Hawking-Strahlung *nicht* von Quanteneffekten der Schwerkraft verursacht wird, sondern das Produkt der Quanteneffekte von Materie in einer gekrümmten, nicht quantisierten Raumzeit ist. Mit anderen Worten, sie wird nur unter Verwendung von Theorien berechnet, die bereits gut bestätigt sind.

Warum ist die Verdampfung Schwarzer Löcher für Theoretiker so faszinierend? Weil die Hawking-Strahlung keinerlei Informationen enthält (abgesehen von der Temperatur selbst); sie ist völlig zufällig. Doch in der Quantentheorie können Informationen nicht vernichtet werden. Sie sind bisweilen in so chaotischer Weise vermischt, dass sie praktisch nicht wiederzugewinnen sind, doch im Prinzip bleiben Informationen in der Quantentheorie stets erhalten.[12] Wenn Sie ein Buch verbrennen, scheint es nur so, als ob die darin enthaltenen Informationen verlorengingen; in Wirklichkeit verwandeln sie sich nur zu Rauch und Asche. Obwohl das verbrannte Buch für Sie keinen Nutzen mehr hat, steht es nicht im Widerspruch zur Quantentheorie. Der einzige bislang bekannte Prozess, bei dem wirklich Informationen vernichtet werden, ist die Verdampfung eines Schwarzen Lochs.

Dies führt zu einer paradoxen Situation: Wenn man versucht, die Gravitation mit der Quantentheorie der Materie zu kombinieren, stellt man fest, dass das Ergebnis nicht mit der Quantentheorie vereinbar ist. Es muss also etwas geschehen, aber was? Die meisten theoretischen Physiker – mich eingeschlossen – meinen, dass wir eine Theorie der Quantengravitation brauchen, um dieses Problem zu lösen.

Bis 2012 glaubten viele Stringtheoretiker, sie hätten die Frage des

Informationsverlusts mit der Dualität von Eichung und Gravitation beantwortet. Mit dieser Dualität kann, was auch immer bei der Bildung eines Schwarzen Lochs und dessen Verdampfung geschieht, alternativ durch eine Eichtheorie beschrieben werden. Doch in der Eichtheorie ist der Prozess reversibel, demzufolge müsste die ganze Verdampfung ebenfalls reversibel sein. Das erklärt nicht, wie die Informationen aus dem Schwarzen Loch entkommen, aber es zeigt, dass das Problem in der Stringtheorie nicht besteht. Besser noch, mit Hilfe dieser Methode können Stringtheoretiker die Möglichkeiten zählen, die es für das Zustandekommen eines Schwarzen Lochs gibt – seine sogenannten »Mikrozustände« –, und das Ergebnis passt perfekt zu Hawkings Berechnung der Temperatur.

Es sah alles gut aus für die Stringtheoretiker. Doch dann geschah etwas Unerwartetes: Eine Berechnung Joe Polchinskis und seiner Mitarbeiter an der *University of California, Santa Barbara*, zeigte, dass das, was sie für die richtige Erklärung gehalten hatten, nicht stimmen konnte.[13]

Die Hawking-Strahlung – diejenige, die keine Informationen enthält – steht mit der Allgemeinen Relativitätstheorie in Einklang, nach der ein frei fallender Beobachter nicht bemerken dürfte, wenn er den Ereignishorizont überquert. Doch Polchinski und seine Mitarbeiter wiesen nach, dass der Horizont, wenn man Informationen in die Hawking-Strahlung hineinzwingt, von hochenergetischen Teilchen umgeben sein muss, die alles und jeden verbrennen, der in das Schwarze Loch stürzt, denn Schwarze Löcher wären dann von einer »Feuerwand«, wie sie es nannten, umringt.

Die Feuerwand brachte die Stringtheoretiker in eine Situation, in der sie nur verlieren konnten: entweder die Informationen vernichten und damit die Quantenmechanik ruinieren oder die Informationen durchlassen und damit die Allgemeine Relativitätstheorie ruinieren. Doch für eine Theorie, deren Zweck es war, die Quantenmechanik und die Allgemeine Relativitätstheorie miteinander zu kombinieren, war keine der beiden Optionen akzeptabel.

In den vier Jahren nach seiner Veröffentlichung wurde der Feuerwand-Artikel über 500-mal zitiert, doch eine Einigung darüber, was zu tun sei, wurde nicht erzielt.

Die Temperatur der stellaren und supermassereichen Schwarzen Löcher ist so gering, dass sie nicht gemessen werden kann – sie ist viel geringer als die bereits geringe Temperatur der kosmischen Hintergrundstrahlung. Daher gibt es keine Möglichkeit, auch nur einen der Versuche, die Verdampfung der Schwarzen Löcher zu erklären, experimentell zu überprüfen. Es ist ein rein mathematisches Problem ohne das Risiko einer Beeinträchtigung durch Daten.

Mathematik versus Hoffnung: Eine Fallstudie

Der sechste und letzte Punkt auf Joes Liste der mathematischen Belege für die Stringtheorie ist das Multiversum. Aber das Multiversum als wünschenswerten Aspekt der Stringtheorie mit auf die Liste zu setzen ist Joe nicht leichtgefallen.

Nach seiner Promotion, so Joe, habe er versucht, den Wert der kosmologischen Konstante zu erklären – damals dachte man, er betrage null –, aber es gelang ihm nicht. Dann schlug Steven Weinberg vor, die kosmologische Konstante als zufälligen Parameter zu betrachten, womit wir lediglich den wahrscheinlichsten beobachtbaren Wert berechnen können.

»Als Weinberg dieses Argument vorbrachte, sagte ich nein«, erzählt mir Joe. »Ich wollte diese Zahl errechnen, ich wollte nicht, dass sie beliebig war.«

Weinberg sagte nicht, wo all die zufälligen Werte der kosmologischen Konstante existieren sollten; er nahm einfach an, es müsse eine große Zahl von Universen geben. Zu diesem Zeitpunkt war das eigentlich nur eine ziemlich vage Idee. Aber das sollte sich ändern, und Joe spielte dabei eine Rolle.

Er erinnert sich: »[Raphael] Bousso und ich zeigten dann, dass die Stringtheorie, zu meinem großen Kummer, genau die Art mikroskopisches Gesetz zu liefern schien, die Weinberg benötigte.« Die Mathematik hatte noch eine weitere Verbindung offenbart, und diese war nicht nur unerwartet, sondern auch unerwünscht.

»Ich wollte, dass sie verschwand, aber das tat sie nicht«, sagt Joe. »Auch als die Leute schon daran arbeiteten und sie untersuchten, wollte ich sie nicht. Ich musste deswegen sogar einen Psychiater aufsuchen. Sie machte mich furchtbar unglücklich. Ich hatte das Gefühl, als würden wir eines der größten Anhaltspunkte für die elementare Natur der Grundlagenphysik beraubt, weil Dinge, die wir hofften berechnen zu können, nun zufällig waren.«

Die kosmologische Konstante wurde gemessen, und Weinbergs Voraussage traf genau ins Schwarze. Das Multiversum hatte sich als nützlich erwiesen.

»Sean Carroll«, fährt Joe fort, »erinnerte mich mehrere Jahre später daran, dass ich ihm versprochen hatte, er könne mein Büro haben, wenn die kosmologische Konstante gefunden würde, weil ich darin das Ende der Physik sah. Lange Jahre glaubte ich, ein Großteil unserer Perspektiven sei verbaut.

Um ehrlich zu sein«, fügt Joe hinzu, »ich habe eine starke Neigung zur Ängstlichkeit, die mir das Leben hin und wieder schwergemacht hat. Aber mit dem Multiversum kam ich an den Punkt zu glauben, dass ich wahrscheinlich einen Arzt aufsuchen sollte. Wirklich, am Ende bin ich wegen des Multiversums zum Psychiater gegangen«, sagt er lachend.

Aber nach und nach akzeptierte Joe die neue Situation. Heute hält er es für ein Plus, dass die Stringtheorie eine Landschaft von Lösungen liefert, die wahrscheinliche Voraussagen möglich macht.

»Indem ich wieder zu den Anfängen zurückging und das aufgab, was ich mir so dringend wünschte«, fährt Joe fort, »konnte ich mit Hilfe der Stringtheorie das Mosaiksteinchen liefern, das Weinberg brauchte, um sein Bild zu vervollständigen.«

***

Für mich legt Joes Geschichte eine Schwierigkeit offen, über die Wissenschaftler selten sprechen: Es kann hart sein, die Wahrheit zu akzeptieren, vor allem, wenn sie hässlich ist.

Schönheit und Sinn in der natürlichen Ordnung der Dinge zu entdecken ist ein menschlicher Wunsch, gegen den auch Wissenschaftler nicht immun sind. Der Psychologe Irvin Yalom hat Sinnlosigkeit als einen von vier Aspekten ausgemacht, die mit existentiellen Ängsten verbunden sind, und wir Menschen geben uns die allergrößte Mühe, sie zu vermeiden.[14] Ja, manche kognitiven Schwächen wie unsere Neigung zum Wunschdenken (Psychologen sprechen von »motivierter Wahrnehmung«) dienen dazu, uns vor der Härte der Realität zu schützen.

Doch als Wissenschaftler muss man sich von tröstenden Illusionen freimachen. Das ist nicht immer leicht. Was die Gleichungen ergeben, ist womöglich nicht das, worauf man gehofft hat – und der Preis kann saftig sein.

Joe ist einer der intellektuell redlichsten Menschen, die ich kenne, und immer bereit, einem Argument zu folgen, ungeachtet dessen, ob ihm gefällt, wohin es ihn führt – wie wir am Beispiel mit der Feuerwand um das Schwarze Loch und dem Multiversum gesehen haben. Das macht ihn zu einem außergewöhnlich klaren Denker, obwohl ihm manchmal all die Schlussfolgerungen nicht gefallen, die die Logik ihm aufgezwungen hat. Und das ist genau der Grund, warum wir in der theoretischen Physik Mathematik verwenden: Wenn die Mathematik richtig angewandt wird, sind die Schlussfolgerungen unbestreitbar.

Aber Physik ist nicht Mathematik. Selbst die beste logische Ableitung hängt von den Annahmen ab, die unseren Ausgangspunkt bilden. Im Fall der Stringtheorie sind dies unter anderem die Symmetrien der Speziellen Relativitätstheorie und das Verfahren der Quantisierung. Es gibt keine Möglichkeit, diese Annahmen zu beweisen. Am Ende lässt sich nur durch Experimente entscheiden, welche Theorie der Natur korrekt ist.

***

Joe ist am Ende seiner Aufzeichnungen angelangt. Für ihn, sagt er, seien die Feuerwände um die Schwarzen Löcher das größte Problem, vor dem die Stringtheoretiker gegenwärtig stünden, erklärt er. Sie »haben uns gelehrt, dass wir nicht so viel wussten, wie wir dachten«, erklärt er.

»Wie weit, meinen Sie, sind wir auf dem Weg zu einer Theorie von Allem?«, frage ich.

»Ich hasse den Ausdruck ›Theorie von Allem‹, weil ›alles‹ einfach schwammig und anmaßend ist«, wirft Joe nebenbei ein. Dann: »Ich denke, die Stringtheorie ist unvollständig. Sie braucht neue Ideen. Vielleicht kommen sie von der Theorie der Schleifenquantengravitation. Wenn das der Fall sein sollte, wird es eine Verschmelzung der Forschungsrichtungen geben ... Vielleicht ist es das, was wir brauchen. Aber die Stringtheorie war bisher so erfolgreich, dass die Leute, die Fortschritte machen werden, diejenigen sein werden, die auf dieser Idee aufbauen.«

Das Unbehagen an der Stringtheorie

Stephen Kings Roman *Das Monstrum – Tommyknockers* aus dem Jahr 1987 beginnt in einem Wald, in dem Roberta über ein halb vergrabenes Stück Metall stolpert. Sie versucht, es herauszuziehen, aber es gibt nicht nach, und so fängt sie an zu graben. Bald schließen sich andere ihren verbissenen Anstrengungen an, freizulegen, was immer dort verborgen liegt: ein riesiger Gegenstand unbekannten Verwendungszwecks, der tief in den Boden reicht. Je mehr Erde sie abräumen, desto mehr verschlechtert sich der Zustand der Grabenden, doch gleichzeitig entwickeln sie eine Reihe neuer Fähigkeiten wie etwa Telepathie und höhere Intelligenz. Wie sich dann herausstellt, handelt es sich bei dem Gegenstand um ein außerirdisches Raumschiff. Einige der Ausgräber sterben. Ende.

King selbst bezeichnete *Das Monstrum – Tommyknockers* als »grauenhaftes Buch«.[15] Vielleicht hat er recht damit, aber es ist eine tolle Metapher für die Stringtheorie: Ein außerirdischer Gegenstand unbekannten Verwendungszwecks tief vergraben in der Mathematik und eine zunehmend fanatische Menschenmenge mit höherer Intelligenz, die der Sache auf den Grund gehen will.

Sie wissen immer noch nicht, was die Stringtheorie ist. Selbst der beste Freund der Stringtheorie, Joseph Conlon, bezeichnete sie orakelhaft als »eine konsistente Struktur von etwas«.[16] Und Daniele Amati, einer der Begründer dieses Forschungsgebiets, meinte, dass »die Stringtheorie Teil einer Physik des 21. Jahrhunderts ist, die zufällig ins 20. Jahrhundert fiel«.[17] Ich weiß, im 20. Jahrhundert war sie überzeugender.

Doch trotz all der Kontroversen um die Stringtheorie in der Öffentlichkeit zweifeln in der Physikergemeinde nur wenige an ihrer Nützlichkeit. Im Gegensatz zur Wirbeltheorie ist die Mathematik der Stringtheorie tief in Theorien verwurzelt, die nachweislich die Natur beschreiben: in der Quantenfeldtheorie und der Allgemeinen Relativitätstheorie. Wir sind uns also gewiss, dass die Stringtheorie eine Verbindung zur realen Welt hat. Auch wissen wir, dass wir mit Hilfe der Stringtheorie die Quantenfeldtheorie besser verstehen können. Doch ob sie wirklich die gesuchte Theorie der Quantengravitation und eine Vereinheitlichung der Wechselwirkungen des Standardmodells ist, wissen wir noch nicht.

Anhänger weisen gern darauf hin, dass, da die Stringtheorie *eine* Theorie der Quantengravitation und mit Theorien verknüpft ist, die sich als korrekt erwiesen haben, Anlass zur Hoffnung besteht, dass sie auch *die* Theorie der Quantengravitation ist. Die Stringtheorie ist ein solch riesiges und schönes mathematisches Gebilde, dass sie nicht glauben können, die Natur habe möglicherweise nicht diesen Weg gewählt.

So beginnt etwa ein weitverbreitetes Lehrbuch über Stringtheorie folgendermaßen: »Die beinahe unwiderstehliche Schönheit der Stringtheorie hat in den letzten Jahren viele theoretische Physiker verführt. Selbst hartgesottene Männer lassen sich von dem, was sie bereits erkannt haben, und der Aussicht auf mehr hinreißen.«[18] Und John Schwarz, einer der Begründer des Forschungsgebiets, erinnert sich: »Die mathematische Struktur der Stringtheorie war so schön und hatte so viele wunderbare Eigenschaften, dass sie auf irgendeine tiefere Wahrheit hindeuten musste.«[19]

Andererseits ist die Mathematik voller erstaunlicher und schöner Dinge, von denen die meisten nicht unsere Welt beschreiben. Ich könnte bis zum Ende der ewigen Inflation darauf herumreiten, wie bedauerlich es ist, dass wir nicht in einer komplexen Mannigfaltigkeit der Dimension 6 leben, weil das Rechnen in solchen Räumen wesentlich schöner ist als in dem echten Raum, mit dem wir es zu tun haben, aber ändern würde sich damit nichts. Die Natur kümmert das nicht. Außerdem hat nicht nur noch niemand bewiesen, dass die Stringtheorie eindeutig aus der Allgemeinen Relativitätstheorie und dem Standardmodell folgt, sondern solch ein Beweis ist sogar unmöglich, weil – und jetzt alle! – kein Beweis besser ist als die zugrundeliegenden Annahmen.

Und die Richtigkeit von Annahmen lässt sich niemals beweisen. Folglich ist die Stringtheorie nicht der einzige Ansatz, weder bei der

Theorie der Quantengravitation noch bei der großen vereinheitlichten Theorie; vielmehr liegen den anderen Methoden lediglich andere Annahmen als Ausgangspunkt zugrunde, wie etwa Garret Lisis E8-Theorie, die von der Annahme ausgeht, dass die Natur geometrisch natürlich sei. Abgesehen von der Stringtheorie gibt es allerdings nur wenige Herangehensweisen an eine Theorie der Quantengravitation, die es zu ansehnlichen Forschungsprogrammen gebracht haben.

Gegenwärtig ist die größte Rivalin der Stringtheorie die Schleifenquantengravitation. Um den Problemen vorzubeugen, die normalerweise auftauchen, wenn man sich daranmacht, die Gravitation zu quantisieren, werden hier neue dynamische Variablen identifiziert und quantisiert, etwa kleine Schleifen in der Raumzeit (daher der Name). Die Verfechter der Schleifenquantengravitation halten es für wichtiger, von vornherein die Prinzipien der Allgemeinen Relativitätstheorie zu respektieren, als die Vereinigung der Kräfte des Standardmodells zu berücksichtigen. Die Stringtheoretiker vertreten den gegenteiligen Standpunkt – sie meinen, die Bedingung der Vereinigung aller Kräfte stelle einen zusätzlichen Orientierungspunkt dar.

Die asymptotisch sichere Gravitation ist wohl von allen Theorien, die wir zur Zeit haben, die konservativste. Die Forscher auf diesem Gebiet werfen ein, wir irrten uns schlichtweg, wenn wir meinten, es gebe ein Problem mit der Quantisierung der Gravitation. Wenn wir genau hinsähen, so behaupten sie, würde klar, dass die normale Quantisierung letztlich sehr gut funktioniere. Bei der asymptotisch sicheren Gravitation würden die Probleme der Gravitationsquantisierung vermieden, weil die Gravitation bei hoher Energie schwächer werde.

Man geht das Problem mit Hilfe der kausalen dynamischen Triangulation an, indem man sich der Raumzeit zunächst mit dreieckigen Formen (daher der Name) nähert und sie dann quantisiert. Bei dieser Methode wurden in den letzten Jahren viele Fortschritte erzielt, vor allem im Hinblick auf die Beschreibung der Geometrie des Universums im Frühstadium.

Es gibt noch ein paar weitere Ansätze für die Gravitationsquantisierung, doch im Moment sind dies die beliebtesten.[20] Nahezu alle Bemühungen um die Quantisierung der Gravitation gehen gegenwärtig davon aus, dass die Symmetrien, die wir im Standardmodell und in der Allgemeinen Relativitätstheorie gefunden haben, einen Teil der zugrundeliegenden Struktur offenbaren. Eine völlig andere Sicht ist die, nach der die von uns beobachteten Symmetrien selbst nicht grundlegend, sondern emergent sind.

Schönheit tritt hervor

Xiao-Gang Wen ist Professor für Physik der kondensierten Materie am MIT. In seinem Fach geht es um Systeme aus vielen Teilchen, die gemeinsam agieren – etwa Feststoffe, Flüssigkeiten, Supraleiter und so weiter. In der Sprache des 3. Kapitels ausgedrückt, arbeitet diese Disziplin mit effektiven Theorien, die nur bei geringer Auflösung oder niedriger Energie gültig sind – sie gehört nicht zur Grundlagenphysik. Aber Xiao-Gang glaubt, dass sich das Universum und alles darin wie kondensierte Materie verhält.

Nach seiner Vorstellung besteht der Weltraum aus kleinsten Elementareinheiten, und was wir für Teilchen des Standardmodells halten, sind lediglich kollektive Bewegungen – »Quasi-Teilchen« – dieser elementaren Einheiten. Xiao-Gang hat auch ein Quasi-Teilchen, das ein Graviton ist, so dass auch die Gravitation abgedeckt ist; er ist auf der Jagd nach einer umfassenden Theorie von Allem.[21]

In Xiao-Gangs Universum sind die elementaren Einheiten Quantenbits oder »Qubits«, die Quantenvarianten der klassischen Bits. Ein klassisches Bit kann zwei Zustände annehmen (etwa 0 und 1), ein Qubit aber kann beides zugleich sein, und zwar in jeder denk-

Schönheit tritt hervor

baren Kombination. In einem Quantencomputer besteht ein Qubit aus Teilchen. In Xia-Gangs Theorie hingegen sind die Qubits fundamental. Sie bestehen – wie die Strings der Stringtheorie – nicht aus anderen Bestandteilen, sondern *sind* einfach. Laut Xiao-Gang sind das Standardmodell und die Allgemeine Relativitätstheorie nicht fundamental, sondern emergent, und sie ergeben sich aus Qubits.

Ich finde, seine These könnte ein gutes Gegengift gegen den Zauber der Stringtheorie sein, und vereinbare einen Besuch bei ihm.

»Was«, beginne ich, »gefällt Ihnen an den zur Verfügung stehenden Methoden – der Stringtheorie, der Schleifenquantengravitation, Susy – nicht, wenn es um die Quantengravitation und die Vereinheitlichung geht?«

»Ich habe eine sehr strikte Auffassung von einer Quantentheorie«, sagt Xiao-Gang und beginnt, seine Vorstellungen darzulegen. Um die Qubits und die Art und Weise ihrer Wechselwirkung zu beschreiben, verwendet er eine große Matrix – eine formalere Version einer Tabelle –, in der die Einträge jeweils ein Qubit beschreiben. Diese Matrix verändert sich in einer absoluten Zeit und bricht damit die Einheit von Raum und Zeit auf, die Einstein eingeführt hat.

Das gefällt mir überhaupt nicht. Aber gerade deshalb wollte ich ja mit ihm sprechen, rufe ich mir in Erinnerung.

»Ihre Matrix ist endlich?«, frage ich, nicht recht willens zu glauben, dass das ganze Universum in einer Tabelle erfasst werden kann.

»Ja«, sagt er und fügt hinzu, dass in seinem Ansatz das Universum selbst endlich ist. »Wenn wir uns den Weltraum als ein Gitter vorstellen, befinden sich an jedem Gitterplatz ein oder zwei Qubits. Wir behaupten, dass die Gitterabstände wahrscheinlich im Planck-Bereich liegen. Aber das Gitter hat keine kontinuierliche Geometrie; das Universum besteht einfach aus diskreten Qubits. Die Quantendynamik der Qubits wird mit einer Matrix beschrieben, und die Matrix ist endlich.«

Wunderbar, denke ich, das ist ja noch hässlicher, als ich erwartet habe. »Sie postulieren einfach diese Matrix?«, frage ich ihn.

»Ja«, sagt er, »und ich glaube, dass alle wichtigen Eigenschaften des Standardmodells aus [ihr] ableitbar sind. Wir haben noch kein vollständiges Modell, aber alle notwendigen Zutaten können durch die Qubits in dem Gitter erzeugt werden.«

»Was passiert mit der Speziellen Relativitätstheorie?«

»Genau. Das ist etwas, über das wir uns tatsächlich Gedanken machen müssen.«

In der Tat, denke ich, während er fortfährt, dass die Spezielle Relativitätstheorie »mit dem Qubit-Ansatz konsistent ist, aber nicht auf natürliche Weise.«

»Was heißt ›nicht auf natürliche Weise?‹«, möchte ich wissen.

Xiao-Gang erklärt mir, dass er, um die Spezielle Relativitätstheorie richtig hinzubekommen, die Parameter des Modells fein abstimmen muss. »Warum das sein muss, weiß ich nicht«, sagt er. »Aber wenn Sie darauf bestehen, kann ich mich darum kümmern.«

Einmal fein abgestimmt, kann Xiao Gangs Qubit-Modell die Spezielle Relativitätstheorie annähernd reproduzieren, so sagt er jedenfalls.

»Aber die Eichsymmetrien sind bei geringer Energie emergent?«, hake ich nach, um mich zu vergewissern.

»Ja«, bestätigt er. Obwohl die »grundlegende Theorie der Natur vielleicht überhaupt keine Symmetrie aufweist«, erläutert Xiao-Gang, »brauchen wir im Qubit-Modell keine Symmetrie, um eine Eichsymmetrie bei niedriger Energie zu bekommen.«

Außerdem, erklärt Xiao-Gang, hätten er und seine Mitarbeiter Hinweise, dass das Modell auch eine Annäherung an die Allgemeine Relativitätstheorie enthalte, betont aber, dass sie noch keine endgültigen Schlüsse gezogen hätten.

Ich bin skeptisch, ermahne mich aber, unvoreingenommen zu sein. Ist das nicht, wonach ich gesucht habe, etwas abseits der ausgetretenen Pfade? Ist es wirklich verrückter zu glauben, alles bestehe aus Qubits statt aus Strings, Schleifen oder der 248-dimensionalen Repräsentation einer riesigen Lie-Algebra?

Wie offenkundig absurd muss es jemandem erscheinen, der zuletzt in der elften Klasse Kontakt mit Physik hatte, dass Leute für solche Ideen bezahlt werden? Andererseits, denke ich, werden auch Leute dafür bezahlt, dass sie Bälle in Körbe werfen.

»Wie wird Ihre Arbeit aufgenommen?«, frage ich.

»Nicht gut«, erwidert Xiao-Gang. »Die Leute aus der Hochenergie[physik] interessieren sich nicht besonders für das, was wir machen. Sie fragen: ›Wozu?‹, weil sie meinen, das Standardmodell plus Störungstheorie reichten, und sagen, wir bräuchten nicht darüber hinauszugehen.«

Plötzlich wird mir klar, worauf Xiao-Gang aus ist. Ihm geht es gar nicht um Vereinheitlichung. Er möchte die Mathematik des Standardmodells von ihrem Schmutz befreien.

***

Falls ich bei Ihnen den Eindruck erweckt haben sollte, dass wir die Theorien verstehen, mit denen wir arbeiten, muss ich Sie enttäuschen, das tun wir nicht. Wir können nicht einmal die Gleichungen des Standardmodells lösen. Stattdessen lösen wir sie annähernd mit Hilfe der sogenannten »Störungstheorie«.

Dabei schauen wir zunächst nach Teilchen, die überhaupt nicht miteinander wechselwirken, um zu erfahren, wie sie sich ungestört bewegen. Als Nächstes lassen wir die Teilchen aneinanderstoßen, aber nur sanft, damit sie einander nicht zu sehr aus der Bahn werfen. Dann verfeinern wir die Berechnungen schrittweise, wobei jeweils eine zunehmende Zahl von Zusammenstößen in die Berechnungen einfließt, bis die gewünschte Genauigkeit erreicht ist. Es ist etwa so, als wenn man zunächst einen Umriss zeichnet und dann die Details hinzufügt.

Doch diese Methode funktioniert nur, wenn die Wechselwirkungen zwischen den Teilchen nicht zu stark – die Zusammenstöße nicht zu heftig – sind, weil sonst die Verfeinerungen nicht genauer werden (also gar keine Verfeinerungen sind). Das ist beispielsweise der Grund dafür, dass es schwierig ist zu berechnen, wie sich Quarks zu Atomkernen verbinden, denn bei niedriger Energie ist die starke Wechselwirkung wirklich stark, und die Verfeinerungen werden nicht genauer. Da sich die starke Wechselwirkung bei höherer Energie glücklicherweise abschwächt, sind die Berechnungen für die LHC-Kollisionen vergleichsweise unkompliziert.

Doch obwohl die Methode in manchen Fällen funktioniert, wissen wir, dass die Mathematik am Ende versagt, weil die Verfeinerungen nicht unendlich klein werden. Für den pragmatischen Physiker ist eine Methode, die korrekte Voraussagen liefert, völlig okay, unabhängig davon, ob sich Mathematiker darüber einigen können, warum sie funktioniert. Doch wie Xiao-Gang betont, verstehen wir die Theorie im Grunde nicht. Es könnte sein, dass wir nicht über die entsprechenden mathematischen Methoden verfügen oder dass sich dahinter ein tiefer liegendes Problem verbirgt.[22]

Xiao-Gang Wen ist der Ansicht, dass dieses Problem nicht die ihm gebührende Aufmerksamkeit erhält und dieser Mangel an Aufmerksamkeit einen Mangel an Experimenten zur Folge hat, die zur Klärung beitragen könnten. »Wir brauchen neue Experimente, die die Leute dazu zwingen, sich dem Problem zu stellen«, sagt er und schlägt vor, das Verhalten von Materie im Anfangsstadium des Universums in den Fällen zu untersuchen, denen mit den üblichen Näherungsverfahren nicht beizukommen ist.

Er hat recht, denke ich, tut mir leid, dass ich seine These falsch eingeschätzt habe. Ich hatte diese bekannten Probleme, die niemand je erwähnt, völlig aus den Augen verloren.

»Ich habe den Eindruck, wenn ich einen Artikel für Leute auf dem Gebiet der Quantengravitation und der Hochenergiephysik schreibe, ist die Kommunikation sehr schwierig, obwohl ich ursprünglich selbst aus der Hochenergiephysik komme«, sagt Xiao-Gang. »Der grundsätzliche Standpunkt und der Ausgangspunkt unterscheiden sich stark. Aus unserer Sicht ist der Ausgangspunkt einfach ein Haufen kleiner Qubits. Aber das führt zur Eichsymmetrie [zu Fermionen] und so weiter. Und die Schönheit ist emergent. Das ist nicht populär, das entspricht nicht der Mehrheitsmeinung.«

KURZ GESAGT

- Konsistenzprobleme sind starke Hinweise auf neue Naturgesetze. Dabei geht es nicht um Fragen der Ästhetik.
- Doch auch Konsistenzprobleme können nicht allein mit Mathematik und ohne experimentelle Orientierungshilfen gelöst werden, da bereits die Formulierung des Problems selbst von den Annahmen abhängt, die wir für wahr halten.
- Theoretische Physiker machen sich schuldig, indem sie schwierige Fragen unter den Teppich kehren und sich stattdessen auf Fragen konzentrieren, die mit höherer Wahrscheinlichkeit kurzfristig zu publizierbaren Ergebnissen führen.
- Der Grund für den gegenwärtigen Mangel an Fortschritten liegt womöglich darin, dass wir uns auf die falschen Fragen konzentrieren.

Neuntes Kapitel
Das Universum, alles, was da ist, und der ganze Rest

In welchem ich die vielen Erklärungen bewundere, warum niemand die Teilchen sieht, die wir erfinden.

Gesetze wie Würste

Wenn Sie meinen, dass es in letzter Zeit mehr bahnbrechende Neuerungen gegeben hat als jemals zuvor, liegen Sie richtig. In einer Studie aus dem Jahr 2015 zählten Forscher aus den Niederlanden bestimmte Adjektive in Wissenschaftsartikeln und fanden heraus, dass die Wörter »beispiellos«, »bahnbrechend« und »neuartig« von 1974 bis 2014 um 2500 Prozent zugenommen hatten. Zweitplatziert waren die Adjektive »innovativ«, »erstaunlich« und »vielversprechend« mit einem Anstieg um über 1000 Prozent.[1] Wir geben uns alle Mühe, unsere Ideen zu verkaufen.

Die Naturwissenschaften werden manchmal als »Markt der Ideen« bezeichnet, doch es gibt einen sehr wichtigen Unterschied zur Marktwirtschaft, und das sind die Kunden, die wir beliefern. In den Naturwissenschaften kümmern sich ausschließlich Experten um andere Experten, und beide Seiten beurteilen jeweils die Produkte der anderen. Zwar hängt das letzte Urteil davon ab, wie gut wir Beobachtungen erklären können. Aber wenn empirische Tests fehlen, ist die wichtigste Eigenschaft, die eine Theorie haben muss, dass sie Anerkennung von den Kollegen bekommt.

Für uns Theoretiker entscheidet diese Anerkennung fast immer darüber, ob unsere Theorien irgendwann auch experimentell überprüft werden. Abgesehen von den wenigen Glücklichen, die mit Preisgeldern überhäuft werden, hängt in der modernen Wissenschaft das Schicksal einer Idee von anonymen Begutachtern aus dem Kreis unserer Kollegen ab.[2] Ohne ihre Zustimmung kommt man nur schwer an Forschungsgelder. Eine unpopuläre Theorie, deren Entwicklung länger dauert, als ein finanziell nicht geförderter Forscher sich leisten kann, wird wahrscheinlich rasch wieder verschwinden.

Ein weiterer Unterschied zwischen dem Markt der Konsumgüter und dem Markt der Ideen besteht darin, dass der Wert eines Konsumguts vom Markt bestimmt wird, während der Wert einer wissenschaftlichen Erklärung letztlich von seiner Nützlichkeit im Hinblick auf die Beschreibung von Beobachtungen bestimmt wird – doch dieser Wert ist häufig in dem Augenblick, da Forscher entscheiden müssen, worauf sie Zeit verwenden, noch unbekannt. Die Wissenschaft ist daher kein Markt, der selbst Wert schafft, sondern vielmehr eine Prophezeiungsplattform zur Ermittlung eines externen Werts. Die Aufgabe der Wissenschaftsgemeinde und ihrer Institutionen ist es, die vielversprechendsten Ideen auszuwählen und zu unterstützen. Das aber bedeutet: In der Wissenschaft verhindert Marketing, dass das System richtig funktioniert, weil es relevante Informationen verzerrt. Wenn alles bahnbrechend und neu ist, ist nichts bahnbrechend und neu.

Die Notwendigkeit, festzulegen, welche Ideen zu verfolgen sich lohnt, ohne dass sie durch Experimente gestützt werden, tauchte erstmals in der Grundlagenphysik auf, weil sie der Forschungsbereich mit den am schwersten zu überprüfenden Hypothesen ist. Dieses Problem wird jedoch früher oder später auch in anderen Disziplinen auftreten. Da es zunehmend schwieriger wird, an Daten zu kommen, wird auch die Zeitspanne zwischen Theorieentwicklung und experimenteller Überprüfung größer. Und da Theorien billig und zahlreich, Experimente aber teuer und selten sind, müssen wir irgendwie entscheiden, welche Theorien einer Überprüfung wert sind.

Das heißt nicht, dass unsere Beschreibungen der Natur dazu verdammt sind, soziale Konstrukte ohne Bezug zur Wirklichkeit zu bleiben. Zweifellos ist Wissenschaft ein gesellschaftliches Unterfangen. Doch solange wir experimentelle Prüfungen vornehmen, sind unsere Hypothesen an Beobachtungen gebunden. Man könnte zu Recht einwenden, dass auch Experimente von Menschen durchgeführt und ausgewertet werden – Wissenschaft wird »sozial konstruiert« in dem Sinne, dass Wissenschaftler Menschen sind und in Teams arbeiten. Wenn jedoch eine Theorie funktioniert, funktioniert sie, und sie dennoch als soziales Konstrukt zu bezeichnen wird zu einem unsinnigen Vorwurf.

Das bedeutet aber, dass wir, wenn wir keine neuen Daten bekommen, auf unüberprüften Hypothesen und überholten Ideen sitzenbleiben können. Wir in der Grundlagenphysik sind die Kanarienvögel im Kohlebergwerk. Wir täten gut daran, nicht apathisch auf dem Boden hocken zu bleiben, denn die Sozialkonstruktivisten beobachten uns genau und freuen sich schon auf die Autopsie.

Dem Kanarienvogel geht es nicht gut. Man möchte meinen, dass Wissenschaftler, die von Berufs wegen zur Objektivität verpflichtet sind, ihre kreative Freiheit verteidigen und gegen den Zwang rebellieren würden, Kollegen gefallen zu müssen, um sich eine anhaltende Finanzierung zu sichern. Aber sie tun es nicht.

Es gibt verschiedene Gründe, warum Wissenschaftler in diesem Spiel mitspielen. Zum einen gehen diejenigen, die die Situation nicht ertragen, weg, und es bleiben diejenigen, die kaum Klagen haben – vielleicht gelingt es ihnen aber auch, sich einzureden, dass alles in Ordnung sei.[3] Ein weiterer Grund ist, dass das Nachdenken darüber, wie Forschungsarbeit am besten funktioniert, Zeit kostet, die dann bei der Forschungsarbeit fehlt, was ein Wettbewerbsnachteil ist. So haben mehrere wohlmeinende Freunde versucht, mich vom Schreiben dieses Buchs abzubringen.

Der Hauptgrund aber ist, dass Wissenschaftler der Wissenschaft vertrauen. Sie machen sich keine Sorgen um sie. »Es ist das System«, erklären sie mit einem Achselzucken und sagen sich und jedem, der bereit ist zuzuhören, dass es keine Rolle spielt, weil sie glauben, dass Wissenschaft trotz allem irgendwie funktioniert. »Schauen Sie«, entgegnen sie einem, »es hat am Ende immer funktioniert.« Und dann predigen sie einem das Evangelium der glücklichen Entdeckung. Es ist egal, was wir machen, das Evangelium tut seine Wirkung; Durchbrüche lassen sich ohnehin nicht voraussagen. Wir sind alle kluge Leute, also machen wir unser Ding und staunen über die unvorhersehbaren Nebeneffekte, die sich zeigen werden. Wissen Sie nicht, dass Tim Berners-Lee das World Wide Web erfand, um Teilchenphysikern den Austausch ihrer Daten zu erleichtern?

»Alles ist möglich« ist ein schöner Gedanke, doch wenn man der Ansicht ist, dass kluge Leute am besten arbeiten, wenn sie ungehindert ihren Interessen folgen, sollte man auch dafür sorgen, dass sie dies tun können. Nichts zu tun reicht nicht.

Ich habe das in meinem eigenen Forschungsgebiet beobachtet, und dieses Buch erzählt davon. Doch das Problem ist nicht auf die Grundlagenphysik beschränkt. Nahezu alle Wissenschaftler befinden sich heute in einem verborgenen Interessenkonflikt zwischen der Aufbringung von Mitteln und der Ehrlichkeit. Selbst von festangestellten Forschern wird heutzutage erwartet, dass sie ständig vielzitierte Artikel veröffentlichen und Fördermittel eintreiben, und beides erfordert anhaltende Anerkennung durch Kollegen. Je mehr Kollegen ihnen Anerkennung zollen, desto besser. Sich offen zu den Mängeln des eigenen Forschungsprogramms zu bekennen bedeutet dagegen, die eigenen Chancen auf zukünftige Förderung zu sabotieren. Wir werden darauf getrimmt, immer weiterzumachen wie gewohnt.

Bei diesem Spiel schneidet man besonders gut ab, wenn es einem gelingt, sich einzureden, dass man immer noch gute Wissenschaft betreibt. »Gesetze sind wie Würste: Je mehr man weiß, wie sie gemacht werden, umso weniger traut man ihnen«, scherzte einmal

John Godfrex Saxe. Er dachte dabei an die bürgerlichen Rechte, heute aber kann man dasselbe über die Naturgesetze sagen.

Im Trüben fischen

Im Jahr 1930 postulierte Wolfgang Pauli die Existenz eines neues Teilchens, des Neutrinos, um die fehlende Energie beim Kernzerfall zu erklären. Er bezeichnete es als »äußerstes Mittel« und bekannte gegenüber seinem Kollegen, dem Astronomen Walter Baade: »Ich habe heute etwas Schreckliches getan, etwas, das kein theoretischer Physiker jemals tun sollte. Ich habe etwas vorgeschlagen, das niemals experimentell verifiziert werden kann.« Das Neutrino wurde fünfundzwanzig Jahre später nachgewiesen.[4]

Seit den Tagen Paulis ist die Postulierung von Teilchen zum beliebtesten Zeitvertreib der Theoretiker geworden. Wir haben Preonen, Sfermionen, Dyonen, magnetische Monopole, SIMPs, WIMPs, WIMPzillas, Axionen, Flaxionen, Erebonen, Cornuciponen, Riesenmagnonen, Maximonen, Macronen, Branonen, Skyrmionen, Cuscutonen, Planckonen und sterile Neutrinos, um nur die populärsten zu erwähnen. Wir haben sogar Nichtteilchen (*unparticles*). Keins davon wurde jemals gesehen, ihre Eigenschaften aber wurden in Tausenden veröffentlichten Forschungsartikeln gründlich untersucht.

Die erste Regel für die Erfindung eines neuen Teilchens lautet, dass man einen guten Grund braucht, warum es noch nicht entdeckt wurde. Dazu kann man entweder postulieren, dass zu viel Energie benötigt wird, um es zu produzieren, oder dass es zu selten interagiert, als dass es von den vorhandenen Detektoren aufgespürt werden könnte, oder beides.

Neue Teilchen bei hohen Energien zu parken ist besonders in der Hochenergiephysik in Mode. Es kann sehr viel Energie nötig sein, um ein Teilchen zu produzieren, entweder weil das Teilchen selbst sehr massereich ist oder weil das Teilchen stark gebunden ist und die Bindung gelöst werden muss, um es zu sehen. Die alternative Option, zu erklären, das Teilchen sei wegen angeblich schwacher Wechselwirkung noch nicht entdeckt worden, ist hingegen in der Astrophysik beliebter, weil solche Teilchen gute Kandidaten für Dunkle Materie sind. Sie werden insgesamt als »verborgener Sektor« einer Theorie bezeichnet.

***

Das Universum verbirgt etwas vor uns. Wir wissen das seit 1930, als Fritz Zwicky das Hooker-Teleskop mit seinem Spiegel von 2,5 Metern Durchmesser auf den Coma-Galaxienhaufen richtete, ein paar Hundert Galaxien, die durch ihre eigene Gravitationskraft zusammengehalten werden. Die Galaxien bewegen sich mit einer Durchschnittsgeschwindigkeit, die abhängt von ihrer Gesamtmasse, die sie zusammenhält. Zu seiner Überraschung stellte Zwicky aber fest, dass sich die Coma-Galaxien viel schneller bewegten, als durch diese Gesamtmasse erklärt werden konnte. Er vermutete, dass der Galaxienhaufen zusätzlich unsichtbare Materie enthielt, und nannte sie »Dunkle Materie«.

Das blieb nicht die einzige Merkwürdigkeit am Himmel. Als Vera Rubin vierzig Jahre später die Rotation von Spiralgalaxien untersuchte, stellte sie fest, dass die äußeren Sterne der Galaxien schneller als erwartet um das Zentrum kreisten. Sie beobachtete dies in über sechzig Fällen. Das Tempo, das ein Stern benötigt, um in einer stabilen Umlaufbahn zu bleiben, hängt von der Gesamtmasse im Zentrum seiner Bewegung ab, und dass sich die äußeren Arme der Spiralgalaxien so schnell drehten, hieß, dass die Galaxien mehr Materie enthalten mussten, als sichtbar war. Sie mussten Dunkle Materie enthalten.

Mit weiteren Experimenten häuften sich die Indizien, dass Ähnliches überall im Universum stattfand. Die Schwankungen der kosmischen Hintergrundstrahlung passen nur dann zu den Daten, wenn wir Dunkle Materie hinzufügen. Dunkle Materie ist auch nötig, um die Bildung galaktischer Strukturen im Universum unseren Beobachtungen anzupassen. Ohne Dunkle Materie sähe das Universum nicht so aus, wie es aussieht. Weitere Evidenz liefert der Gravitationslinseneffekt, also die Ablenkung von Licht durch die Raumzeitkrümmung. Galaxienhaufen krümmen Lichtstrahlen mehr, als ihre sichtbare Masse ergibt. Es muss also noch etwas anderes geben, was die Raumzeit so stark krümmt.

Die erste Vermutung für dieses Etwas war, dass Galaxien unerwartet viele schwer zu erkennende stellare Objekte in sich bergen wie etwa Schwarze Löcher oder Braune Zwerge. Aber diese müsste es auch in unserer Galaxie geben, und sie müssten häufige Gravitationslinseneffekte auslösen, die aber nicht beobachtet wurden. Der Gedanke, dass Dunkle Materie aus ultrakompakten Objekten mit viel kleineren Massen besteht, als sie ein typischer Stern aufweist, wird nicht völlig verworfen, da diese das Licht nicht genügend krümmen würden, um beobachtbare Gravitationslinseneffekte hervorzurufen. Allerdings ist unklar, wie sich solche Objekte überhaupt gebildet haben könnten. Daher favorisieren Physiker gegenwärtig einen anderen Typ Dunkler Materie.

Die Erklärung, die die meiste Aufmerksamkeit erregt, lautet, dass Dunkle Materie aus Teilchen besteht, die sich in Wolken sammeln und in nahezu kreisförmigen Halos um die sichtbaren Scheiben galaktischer Materie schweben. Die bekannten Teilchen interagieren jedoch fast alle zu heftig und verklumpen zu sehr, als dass sie solche Halos formen könnten – mit Ausnahme der Neutrinos, aber sie sind zu leicht, bewegen sich zu schnell und verklumpen nicht genügend. Woraus Dunkle Materie auch bestehen mag, es muss also etwas Neues sein.

***

Die zweite Regel für die Erfindung neuer Teilchen lautet, dass man ein Argument dafür benötigt, warum die Entdeckung kurz bevorsteht, denn sonst hört einem keiner zu. Es muss kein gutes Argument sein – in diesem Geschäft möchte einem ohnehin jeder glauben –, aber man muss seinem Publikum eine Erklärung bieten, die es sich gut merken kann. Üblicherweise hält man dazu nach numerischen Zufälligkeiten Ausschau, behauptet dann, dass sie auf eine neue Physik für ein geplantes Experiment hinweisen, und verwendet dabei Begriffe wie »natürliche Erklärung« oder »naheliegende Verbindung«. Wenn Ihre Idee nicht zu solch einer Zufälligkeit führt, keine Sorge – versuchen Sie es einfach mit der nächsten Idee. Rein statistisch werden Sie irgendwann eine passende Zufälligkeit finden.

Eine besonders unwahrscheinliche numerische Zufälligkeit, die einen Großteil der Forschung in der Astrophysik vorangetrieben hat, ist das »WIMP-Wunder«. WIMP steht für *weakly interacting massive particle* (massereiches Teilchen mit schwacher Wechselwirkung). Diese Teilchen sind zur Zeit die beliebtesten Kandidaten für Dunkle Materie, nicht zuletzt, weil sie leicht in Supersymmetrietheorien eingepasst werden können. Auf der Grundlage ihrer Masse und ihrer Wechselwirkungsrate können wir schätzen, wie viele WIMPs im jungen Universum produziert wurden, und das gibt ungefähr das korrekte Übermaß für Dunkle Materie, das um den ermittelten Wert von 23 Prozent liegt. Dieses Verhältnis wird als WIMP-Wunder bezeichnet.

Laut der Astrophysikerin Katherine Freese ist das WIMP-Wunder »der Hauptgrund, warum die WIMPs als Kandidaten für Dunkle Materie so ernst genommen werden«.[5] Jonathan Feng, ebenfalls ein bekannter Forscher auf dem Gebiet, findet die numerische Übereinstimmung »besonders verlockend«, und andere stimmen ein, dass es »über viele Jahre die wichtigste theoretische Motivation in diesem Forschungsbereich« war.[6] Außerdem war es auch eine Motivation für Experimente.

Seit wir die Gesamtmasse kennen, die die Dunkle Materie zur

Milchstraße hinzufügt, können wir schätzen, wie viele Dunkle-Materie-Teilchen einer bestimmten einzelnen Masse durch uns hindurchwabern. Die Zahl ist enorm: Mit einer typischen WIMP-Masse von 100 GeV wandern pro Sekunde etwa 10 Millionen WIMPs durch unsere Hand. Sie interagieren jedoch selten: Nach einer optimistischen Schätzung tritt ein Kilogramm Detektormaterial mit einem WIMP pro Jahr in Wechselwirkung.[7]

Aber selten heißt nicht nie. Vielleicht finden wir Evidenz für WIMPs, indem wir große Mengen an Materie genau beobachten, die von allen anderen Teilchen-Wechselwirkungen abgeschirmt ist. Ab und zu wird dann ein Dunkle-Materie-Teilchen auf eins der Materieatome treffen und ein kleines bisschen Energie hinterlassen. Experimentatoren sind gegenwärtig auf der Suche nach drei möglichen Spuren dieser Energie: Ionisierung (Elektronen werden aus Atomen herausgelöst und hinterlassen eine Ladung), Szintillation (aus einem Atom tritt ein Lichtblitz aus) und Phononen (Wärme oder Vibration). Solche hochempfindlichen Experimente finden häufig tief unter der Erde statt, wo die meisten Teilchen der kosmischen Strahlung durch das umgebende Felsgestein herausgefiltert werden.

Auf die Möglichkeit, nach den seltenen Wechselwirkungen in Dunkler Materie Ausschau zu halten, wiesen 1985 erstmals Mark Goodman und Edward Witten hin.[8] Die Suche nach Dunkler Materie begann mit einem Nebenprodukt: Bei der Arbeit mit einem Detektor, der ursprünglich entwickelt worden war, um Neutrinos einzufangen, berichteten Experimentatoren 1986 über die ersten »interessanten Schranken für galaktische kalte Dunkle Materie und für Lichtbosonen, die von der Sonne stammen«.[9] Im Klartext: »Interessante Schranken« bedeutet, dass sie nichts gefunden hatten. Verschiedene andere Neutrino-Experimente ergaben zu dieser Zeit ebenfalls interessante Schranken.

Anfang der 1990er Jahre widmete man der Dunklen Materie das erste eigene Experiment, genannt COSME. Auf der Welle der Aufmerksamkeit, die die Supersymmetrie auf sich zog, wurden in rascher Folge zahlreiche andere Detektoren entwickelt: NaI32, BPRS, DEMOS, IGEX, DAMA und CRESST-I.[10] Diese lieferten weitere interessante Schranken. Mitte der 1990er Jahre erreichte EDELWEISS »die genaueste Schranke auf Grundlage der Beobachtung des Null-Ereignisses«.[11]

Das aber bedeutet vielleicht nur, dass das gesuchte Teilchen noch schwächer wechselwirkt als erwartet. Und so wurden weitere Experimente in Auftrag gegeben: ELEGANTS, CDMS, Rosebud, HDMS, GEDEOn, GENIUS, GERDA, ANAIS, CUORE, XELPLin, XENON 10 und XMASS. CRESST I wurde zu CRESST II aufgerüstet, CDMS zu SuperCDMS, ZEPLIN I zu ZEPLIN II und dann zu ZEPLIN III. Sie alle lieferten interessante Schranken. Und neue Detektoren mit noch höherer Sensibilität wurden in Betrieb genommen: CoGeNT, ORPHEUS, SIMPLE, PICASSO, MAJORANA, CDEX, PandaX und DRIFT. Im Jahr 2013 meldete XENON100 – inzwischen bei einem um den Faktor 100 000 schwächeren Wechselwirkungsbereich angekommen: »Kein Beweis für ein Dunkle-Materie-Signal.«[12] XENON100 wurde kürzlich zu XENON1T aufgerüstet. Weitere Experimente befinden sich im Vorbereitungsstadium.

Nach dreißig Jahren ist die Dunkle Materie immer noch nicht entdeckt. Der Parameterbereich, in dem das WIMP-Wunder hätte stattfinden sollen, wurde mittlerweile ausgeschlossen.[13]

Herumsitzen und hoffen

Aber in der Wissenschaft braucht man Geduld, ermahne ich mich und ziehe das Internet hinzu, um zu sehen, wie es mit dem jugendlichen Optimismus und der Energie des Nachwuchses aussieht. Bei Twitter stoße ich auf Katherine »Katie« Mack, besser bekannt als »Astrokatie«.

Astrokatie wurde vor kurzem bei Twitter berühmt, als J. K. Rowling eine ihrer geistreichen Antworten retweetete. Ich scrolle Katies Feed hinunter und stoße auf ein Selfie mit einer Katze, ein Foto mit Brian Cox, die Aufnahme eines Fernsehinterviews mit ihr und viele, viele Antworten auf Fragen zur Astrophysik. Wenn man eine fundierte Meinung über Wasser auf dem Mars oder die Forschungen zur Dunklen Materie hören will, kann man auf Astrokatie zählen. Wenn man Fakten über Gravitationswellen oder über die Entdeckung eines Exoplaneten in der letzten Woche benötigt, braucht man nur sie zu fragen. Und wenn man jemanden sucht, der offen über Sexismus und sexuelle Belästigung in der Wissenschaft spricht, auch dann ist Astrokatie die Richtige: Sie nutzt ihre Twitter-Reichweite, um die Aufmerksamkeit auf die Unterrepräsentation von Minderheiten und Frauen in der akademischen Welt zu lenken, ein Umstand, den viele Wissenschaftler gern vergessen.

Endlich eine moderne Wissenschaftlerin, denke ich und schicke ihr eine Message.

Hinter Katies öffentlicher Rolle steckt eine professionelle Astrophysikerin und Postdoktorandin an der *University of Melbourne* in Australien. Als wir über Skype miteinander sprechen, trägt Katie eine Jacke mit dem NASA-Logo, nichts cooler als das. Ich erkundige mich nach ihrem Forschungsgebiet, und sie fasst es mit den Worten zusammen: »Ich habe an einer Menge Dinge gearbeitet, die wahrscheinlich nicht Dunkle Materie sind.«

»Was macht ein Modell attraktiv?«, frage ich.

»Was das Zeug betrifft, mit dem ich mich beschäftige, so ist es die Frage, ob ein Modell Folgen hat, die wir beobachten können«, erklärt mir Katie. »Ich gehe sehr pragmatisch an Theorien heran. Ich interessiere mich für wirklich aufregende neue Modelle, aber nur, wenn sie Folgen haben, die sich überprüfen lassen.

Als ich promoviert habe, habe ich an Axionen gearbeitet. Axionen waren schon immer mein Lieblingsmodell für Dunkle Materie, weil sie bei so vielen Dingen eine sehr wichtige Rolle spielen. Sie entstehen aus [der starken Kernkraft], sie passen in die Kosmologie und in die Stringtheorie. Aus theoretischer Sicht sind Axione meiner Meinung nach die attraktivsten Kandidaten für Dunkle Materie, weil man sie nicht aus dem Ärmel schütteln muss; sie kommen von irgendwoher, und das ist für mich das Beste daran.«

***

Nach den WIMPs sind Axionen die zweitpopulärsten Kandidaten für Dunkle Materie. Das ursprüngliche Axion wurde erfunden, um ein Feinabstimmungsproblem mit der starken Kernkraft (das starke CP-Problem) zu lösen, und so schnell, wie es vorgeschlagen wurde, hat man es wieder verworfen. Dann hat man die Theorie so modifiziert, dass das Axion nur noch sehr schwach wechselwirkt. Das neue Teilchen, das manchmal zur Verdeutlichung als »unsichtbares Axion« bezeichnet wird, lässt sich nur schwer finden, eignet sich aber gut als Kandidat für Dunkle Materie.

Unsichtbare Axione entstanden, wenn es sie denn gibt, im frühen Universum. Sie können im Zustand sehr geringer Energie erzeugt werden und bilden dann ein stabiles Kondensat, das das Universum durchdringt. Das könnte die Dunkle Materie sein, die wir beobachten. Aber den Axionen hilft kein Wunder auf die Sprünge, und wenn man will, dass ihre Dichte derjenigen der Dunklen Materie entspricht, dann muss man die Art und Weise, wie sie im frühen Universum entstanden, fein abstimmen.[14] Das macht sie weniger attraktiv als die WIMPs. Dennoch mögen Physiker sie, weil sie die starke Kernkraft verschönern.

Viele der oben erwähnten WIMP-Experimente sind ebenfalls empfänglich für Axionen und haben interessante Schranken für sie geliefert. Doch im Gegensatz zu WIMPs koppeln sie sich, wenn auch nur schwach, an elektromagnetische Felder, und können daher aufgespürt werden, indem man starke magnetische Felder erzeugt, die einen kleinen Teil der eintretenden Axionen in Photonen verwandeln würden. Mit dieser Methode wird im *Axion Dark Matter Experiment* (ADMX) seit 1996 nach Dunkle-Materie-Axionen gesucht. Mit dem *CERN Axion Solar Telescope* (CAST), das im Jahr 2003 mit der Aufzeichnung von Daten begann, wird nach Axionen gesucht, die in der Sonne mit weitaus höherer Energie als die Dunkle-Materie-Axionen entstehen. In anderen Experimenten wie ALPS-I und ALPS-II, PVLAS und QSQUAR wird nach dem umgekehrten Prozess gefahndet – die Umwandlung von Photonen in Axionen –, indem man das Verhalten von Licht in Magnetfeldern sehr genau untersucht. Bislang wurde in keinem dieser Experimente irgendetwas gefunden.

***

Katie sagt: »Leider ist es mir in meiner Promotionsarbeit nicht gelungen, eine bessere Theorie für das Axion zu finden, die ohne Feinabstimmungen hier und da auskommt. Deshalb hat es dann nicht mehr so richtig Spaß gemacht. Das Problem, das das Axion lösen soll, die starke CP-Verletzung, ist nämlich bereits ein Feinabstimmungsproblem. Wenn man nun ein neues Feinabstimmungsproblem schafft, schiebt man das ursprüngliche Problem nur woandershin.«

»Was spricht gegen die Feinabstimmung?«, frage ich Katie.

»Ganz allgemein bedeutet Feinabstimmung, dass bei unseren Theorien etwas unnatürlich ist. Wenn eine wirklich kleine Zahl auftaucht, muss man davon ausgehen, dass man wirklich, wirklich nur zufällig Glück gehabt hat. Und das ist nie sehr befriedigend. In anderen Fällen, wo eine Feinabstimmung vorgenommen wurde, gab es immer eine Erklärung, und am Ende stellte sich heraus, dass es gar keine Feinabstimmung war.«

»Sie sagen, es wäre wirklich nur Glück gewesen, aber wie können Sie eine Aussage zur Wahrscheinlichkeit treffen, ohne eine Wahrscheinlichkeitsverteilung zu haben?«, frage ich.

»Hm, das kann man nicht. Es ist einfach ein ästhetischer Sinn der Theoretiker«, erwidert Katie. »Es gefällt ihnen nicht, wenn eine kleine Zahl auftaucht. Es ist viel reizvoller, eine Zahl nahe 1 zu haben. Mir ist kein übergeordnetes Argument dafür bekannt, das besagt, dass alle unsere Konstanten der Größenordnung 1 haben sollen. Wir gehen einfach so an unsere Theorien heran. Es ist eigentlich nicht Ockhams Rasiermesser, weil damit nichts vereinfacht wird, aber man hat diesen Eindruck.«

»Es wird so gehandhabt, aber ist das auch richtig so?«

Katie: »Wenn der ganze Existenzgrund eines neuen Teilchens in der Lösung eines Feinabstimmungsproblems besteht, dann muss man es auch tatsächlich lösen. Aber da ich selbst keine Modelle entwickle, muss ich das nicht völlig mitmachen. Ich bleibe lieber agnostisch. Trotzdem glaube ich, dass Natürlichkeit reizvoller ist. Und wenn man auf der bereits vorhandenen theoretischen Physik aufbaut, dann sieht es erst mal so aus, als wäre die Orientierung an der Einfachheit ein gutes Prinzip. Daher habe ich etwas übrig für die Natürlichkeit. Aber ich kann keine großartigen Aussagen dazu machen, und ich muss es auch nicht. Und das ist gut so.«

»Ist das Multiversum eine Option?«, frage ich.

»Ich hasse das Multiversum«, erklärt Katie. »Sicher, ich folge damit nur einem Klischee, aber ich hasse es nun einmal. Ich nehme an, dass es eine gewisse Eleganz hat, weil man einfach nicht mehr versuchen muss, die Parameter zu verstehen. Aber mir gefällt nicht, dass es schwer zu überprüfen ist, und ich finde es hässlich. Es ist schmutzig und chaotisch, und wir sind einfach durch Zufall hier, und man muss anthropische Elemente einführen ... Das gefällt mir überhaupt nicht. Ich habe keine guten Argumente dagegen, aber es gefällt mir wirklich nicht.«

»Was halten Sie von den jüngsten LHC-Daten, nach denen eine Feinabstimmung der Higgs-Masse erforderlich ist?«

»Ich bin nicht aktiv daran beteiligt, deshalb weiß ich nicht, was die Herausforderungen und Einschränkungen sind. Ich sitze nur da und hoffe. Aber es würde mich wirklich überraschen, wenn man alles nur mit tonnenweise übereinandergeschichteten Epizyklen berechnen könnte. Wir haben einige Hinweise darauf, dass wir eine neue Physik brauchen, und mit der Supersymmetrie scheint es nicht zu funktionieren. Aber ich bin optimistisch. Ich denke, wir werden etwas finden, was die Supersymmetrie ersetzt und nicht furchtbar feinabgestimmt ist.

Die Higgs-Masse«, sagt Katie, »macht mir insofern Sorgen, als ich nicht weiß, was passieren wird. Ich habe Leute sagen hören, dass das ein Albtraumszenario ist. Aber ich glaube nicht, dass wir in eine Sackgasse geraten werden. Ich werde wohl einfach darauf vertrauen, dass die Teilchenphysiker neue Ideen und neue Modelle entwickeln. Ich finde das nicht deprimierend; es ist doch aufregend – jetzt haben wir das große Rätsel.

Vielleicht gibt es nichts Schöneres als das Standardmodell, und ab jetzt wird es hässlicher«, sagt Katie, »aber mein Bauchgefühl sagt mir, dass wir einen Weg finden, das unordentliche Bild zu etwas Vereinheitlichtem zu vereinfachen. Das habe ich immer faszinierend an der Physik gefunden: das schöne Bild zu enthüllen, das die chaotischen Dinge zusammenführt.«

»Beunruhigt es Sie, dass bei den Experimenten zur Entdeckung der Dunklen Materie nichts gefunden wurde?«, frage ich.

»Ich bin nicht allzu beunruhigt, dass sie das Teilchen noch nicht identifiziert haben. Ich denke, die Beweislage dafür, dass Dunkle Materie ein Teilchen mit bestimmten Eigenschaften ist, hat sich verbessert. Wir haben jetzt stärkere Nebenbedingungen, es wird schwieriger, es zu finden, und das ist ärgerlich. Die Frage, was es sein könnte, ist spannend. Ich wäre über die Möglichkeit beunruhigt, dass Dunkle

Materie kein Teilchen ist, wenn es ein anderes Modell gäbe, das ebenfalls zu den Daten passt.«

»Es gibt ja Leute, die behaupten, auch eine modifizierte Gravitationstheorie würde diese Bedingung erfüllen«, werfe ich ein.

»Das ist nicht besonders überzeugend. Ich habe noch nie etwas gesehen, was darauf hinweist, dass [Dunkle Materie in Form von Teilchen] schlecht passt. Und ich habe auch noch nie Anzeichen dafür gefunden, dass eine modifizierte Gravitationstheorie irgendeine Verbesserung bringt. Ich denke, Teilchen sind einfacher hinzuzufügen als Felder. Wenn eine modifizierte Gravitationstheorie den Daten mehr entspricht, würde mich das interessieren.«

***

Um die vorhandenen kosmologischen Daten zu verstehen, müssen wir davon ausgehen, dass das Universum zwei neue, bislang unerklärte Komponenten enthält. Eine davon ist Dunkle Energie, die andere wird in der Regel mit Dunkle-Materie-Teilchen in Verbindung gebracht, die zusammengenommen als ein Fluid beschrieben werden. Doch ein Phänomen wie dieses Extrafluid könnte auch zustande kommen, weil die Reaktion der Gravitation auf normale Materie nicht die ist, die unsere Gleichungen voraussagen.

Es ist allerdings schwieriger, die Gravitationstheorie zu modifizieren, als dem Standardmodell Teilchen hinzuzufügen. Eine Modifizierung der Gravitationstheorie hätte an jedem Ort Gültigkeit, während Teilchen an einer Stelle in einer bestimmten Menge und an anderer Stelle in einer anderen Menge auftreten können. Die Theorie der Dunkle-Materie-Teilchen ist daher viel flexibler.

Vielleicht ist sie zu flexibel. Astrophysiker haben in Galaxien Regularitäten gefunden, für die Dunkle-Materie-Teilchen nicht verantwortlich sein können, etwa die »Tully-Fisher-Beziehung« – eine beobachtete Korrelation zwischen der Helligkeit einer Galaxie und der Rotationsgeschwindigkeit ihrer Sterne am äußersten Rand. Und es gibt noch weitere Probleme mit der Theorie der Dunkle-Materie-Teilchen. So sagt sie beispielsweise voraus, dass die Milchstraße mehr Satellitengalaxien hat, als beobachtet wurden, und sie liefert keine Erklärung dafür, warum diejenigen, die wir beobachtet haben, beinahe in einer Ebene liegen. Auch entsprechen die Galaxiezentren nicht genau der Theorie der Dunkle-Materie-Teilchen; die Materiedichte müsste in den Zentren höher sein, als wir beobachten.

Diese Mängel sind möglicherweise astrophysischen Prozessen geschuldet, die noch nicht richtig in das Konkordanzmodell eingefügt wurden. Das wäre zwar interessant, würde aber an den Fundamenten der Physik nichts ändern. Vielleicht sagen uns diese Lücken aber auch, dass Dunkle-Materie-Teilchen nicht die richtige Erklärung sind.

Der erste Versuch einer Modifizierung der Gravitationstheorie, die sogenannte modifizierte Newton'sche Dynamik, ließ die Symmetrien der Allgemeinen Relativitätstheorie außer Acht, und das sprach klar gegen sie.[15] Neuere Versionen der modifizierten Gravitationstheorie berücksichtigen die Symmetrien der Allgemeinen Relativitätstheorie und erklären die beobachteten galaktischen Regularitäten immer noch besser als die Theorie der Dunkle-Materie-Teilchen.[16] Aber bei Entfernungen weit unter oder weit über galaktischen Größen funktionieren sie nicht besonders gut.

Die Lösung liegt vielleicht irgendwo dazwischen. Kürzlich hat eine Forschergruppe vorgeschlagen, dass Dunkle Materie suprafluid ist, was bei kleinen Maßstäben zu einem Ergebnis ähnlich der modifizierten Gravitationstheorie führt, bei großen Maßstäben aber die Flexibilität der Theorie der Dunkle-Materie-Teilchen bietet.[17] Es ist also eine These, die die Vorzüge beider Theorien miteinander kombiniert, ohne deren Nachteile in Kauf nehmen zu müssen.

Und trotz der unterschiedlichen Terminologie sind die Mathematik der modifizierten Gravitationstheorie und die der Theorie der

Dunkle-Materie-Teilchen fast identisch. Genau wie Katie sagt, werden bei der modifizierten Gravitationstheorie neue – bislang unbeobachtete – Felder eingeführt, während bei der Theorie der Dunkle-Materie-Teilchen neue – bislang unbeobachtete – Teilchen hinzugefügt werden. Aber Teilchen werden ohnehin durch Felder beschrieben, so dass der Unterschied minimal ist. Was die beiden Vorgehensweisen voneinander unterscheidet, ist die Art von Feldern und wie sie mit der Gravitation interagieren. Aus Sicht eines Teilchenphysikers besitzen die Felder einer modifizierten Gravitationstheorie untypische Eigenschaften. Sie sind ungewohnt. Sie sind nicht hübsch. Und so bleibt die modifizierte Gravitationstheorie ein Gedanke am Rande der Community. Sie hat nicht mehr als ein paar Dutzend Fürsprecher, während Tausende an WIMPs und Axionen arbeiten.

Zur Zeit passt die modifizierte Gravitationstheorie nicht so gut zu den kosmologischen Daten wie das Konkordanzmodell. Das könnte daran liegen, dass diese Theorie nicht die richtige ist. Vielleicht aber auch daran, dass es weniger Wissenschaftler gibt, die sie verfeinern.

***

»Was meinen Sie?«, fragt Katie am Ende unseres Gesprächs. »Meinen Sie, dass wir schönere, einfachere Modelle finden werden?«

Mir wird bewusst, dass mich niemand, mit dem ich bisher gesprochen habe, nach meiner Meinung gefragt hat. Und ich bin froh darüber, weil ich die Frage nicht hätte beantworten können.

Doch im Laufe meiner Reisen ist mir klargeworden, dass ich keine Rechtfertigung überhört habe, warum sich meine Kollegen auf das Schönheitskriterium stützen. Es gibt schlichtweg keine. Sosehr ich glauben möchte, dass die Naturgesetze schön sind, so wenig glaube ich, dass unser Schönheitssinn ein gutes Leitprinzip ist; im Gegenteil, er hat uns von anderen, drängenderen Fragen abgelenkt. Zum Beispiel von dem Problem, auf das Steven Weinberg hingewiesen hat: Wir können nicht erklären, wie die makroskopische Welt entstanden ist. Oder von dem, was mir Xiao-Gang Wen in Erinnerung gerufen hat: dass wir die Quantenfeldtheorie nicht verstehen. Oder dass wir, wie das Thema Multiversum und Natürlichkeit zeigt, nicht erklären können, was es bedeutet, wenn ein Naturgesetz wahrscheinlich ist.

Und so sage ich Katie, ja, ich glaube, dass die Natur mehr Schönheit für uns auf Lager hat. Aber Schönheit findet man, genauso wie Glück, nicht, indem man ihre Abwesenheit beklagt.

Schwache Felder und fünfte Kräfte

Es gibt noch eine andere Methode, eine neue Physik zu postulieren und sie dann zu verbergen. Sie besteht darin, dass man Felder einführt, die entweder nur bei sehr langen Distanzen oder im sehr frühen Universum relevant werden, was beides schwer zu überprüfen ist. Solche Erfindungen werden heutzutage akzeptiert, weil auch sie numerische Zufälligkeiten erklären.

In der Allgemeinen Relativitätstheorie ist die kosmologische Konstante ein freier Parameter. Das heißt, es gibt kein tiefer liegendes Prinzip, auf dessen Grundlage die Konstante berechnet werden kann – sie muss durch Messung bestimmt werden. Die beschleunigte Ausdehnung des Universums zeigt, dass die kosmologische Konstante positiv und ihr Wert mit einem Energiebereich verbunden ist, der mit der Masse des schwersten bekannten Neutrinos vergleichbar ist. Das bedeutet, aus Sicht der Teilchenphysiker handelt es sich um einen sehr niedrigen Energiebereich (siehe Abb. 14).[18]

Wenn die KK ungleich null ist, ist eine Raumzeit, die keine Teilchen enthält, nicht mehr flach. Die kosmologische Konstante wird daher oft als Vakuum mit einer Energiedichte und einem Druck ungleich null interpretiert.

Die Allgemeine Relativitätstheorie sagt nichts über den Wert der kosmologischen Konstante aus. In der Quantenfeldtheorie können wir jedoch die Energiedichte des Vakuums berechnen – wobei sich zeigt, dass sie unendlich groß ist. Doch solange keine Gravitation da ist, spielt das keine Rolle: Wir messen ohnehin niemals absolute Energie, sondern nur Unterschiede zwischen Energien. Im Standardmodell ohne Schwerkraft können wir deshalb mathematische Verfahren anwenden, um die Unendlichkeit wegzubekommen und ein physikalisch sinnvolles Ergebnis zu erhalten.

In Anwesenheit von Gravitation jedoch wird der unendliche Beitrag physikalisch relevant, weil er eine unendliche Krümmung der Raumzeit zur Folge hätte. Das ergibt aber zweifellos keinen Sinn. Bei näherer Betrachtung zeigt sich glücklicherweise, dass die Vakuumenergie nur dann unbegrenzt ist, wenn man das Standardmodell bis zu unendlich hoher Energie extrapoliert. Und da wir erwarten, dass diese Extrapolation bei der Planck-Energie (spätestens) abbricht, könnte die Vakuumenergie stattdessen eine Potenz der Planck-Energie sein. Das ist schon besser – zumindest ist sie damit begrenzt. Aber sie ist immer noch viel zu groß, als dass sie mit der Beobachtung übereinstimmen würde. Eine so große kosmologische Konstante hätte uns längst auseinandergerissen oder das Universum wieder in sich kollabieren lassen.

Jedoch können wir in der Allgemeinen Relativitätstheorie die freie Konstante beliebig festlegen, so dass bei ihrer Hinzufügung zum Beitrag der Quantenfeldtheorie (wie hoch auch immer der ist) das Ergebnis mit der Beobachtung übereinstimmt. Daher basiert die Erwartung, dass die Summe stattdessen irgendwo in der Nähe der Planck-Energie liegt – wieder einmal –, auf dem Natürlichkeitsargument. Wenn wir in der Lage wären, die Berechnung anzustellen, so das Argument, würden wir wohl kaum zwei große Zahlen finden, die sich fast, aber nicht ganz aufheben und nur den kleinen Wert übrig lassen, den wir messen.

Die kosmologische Konstante ist daher – in der Sprache der Physiker ausgedrückt – nicht natürlich. Sie erfordert eine Feinabstimmung. Ihr kleiner Wert ist nicht schön. Es ist nichts an ihr auszusetzen – außer, dass Physiker sie nicht mögen.

Man möchte meinen, eine Konstante sei die einfachste Annahme, die einer Theorie zugrunde liegen kann. Doch der Glaube, der Wert der kosmologischen Konstante bedürfe einer Erklärung, ist für Theoretiker eine Ausrede, neue Naturgesetze zu ersinnen. Steven Weinberg wies mit dem anthropischen Prinzip den Weg dazu, und ein Teil der Physikergemeinde erfindet jetzt fleißig Wahrscheinlichkeitsverteilungen für das Multiversum. Eine weitere häufig verwendete Methode, den Wert einer Konstante zu erklären, besteht darin, ihn dynamisch zu machen, so dass er sich im Lauf der Zeit verändern kann. Wenn man es geschickt anstellt, tendiert die dynamische Konstante mit hoher Wahrscheinlichkeit zu einem niedrigen Wert, was dann angeblich einiges erklärt. Derartige verallgemeinerte Versionen der kosmologischen Konstante werden als Dunkle Energie bezeichnet.

Wenn Dunkle Energie nicht einfach eine kosmologische Konstante ist, dann ändert sich im Lauf der Zeit die beschleunigte Ausdehnung des Universums ein wenig. Dafür gibt es jedoch keinen Beweis. Hingegen existiert eine Fülle an Literatur über vermutete dunkle Energiefelder, darunter Chamäleonfelder, Dilatonfelder, Modulifelder, Phantomfelder und Quintessenz. Entsprechende Experimente sind bereits in Auftrag gegeben.

Und dies sind nicht die einzigen unsichtbaren Felder, mit denen Kosmologen spielen. Darüber hinaus gibt es das Inflatonfeld, ein Feld, das bewirkt haben soll, dass sich das frühe Universum überlichtschnell aufblähte.

***

Inflation – die rasche Ausdehnung des Universums direkt nach dem Urknall – ist eine kühne Extrapolation in die Vergangenheit, zurück in die Zeit, als die Dichte der Materie viel höher war als die von uns untersuchten Dichten.

Um von der Inflation aus Vorhersagen zu treffen, muss man zuerst einmal spezifizieren, was das Inflaton – das Feld, das erfunden wurde, um die Inflation in Gang zu setzen – eigentlich ist. Dazu muss dem Inflaton ein Potential, also eine potentielle Energie zugemessen werden, die wiederum von mehreren Parametern abhängt. Hat man dieses Potential einmal festgelegt, kann man mit Hilfe der Inflation die Verteilung der Dichteschwankungen im frühen Universum berechnen. Das Ergebnis hängt von den Parametern des Potentials ab, und bei einigen der einfachsten Modelle entspricht die Berechnung weitgehend der Beobachtung.[19] Dieselben Inflationsmodelle stimmen auch weitgehend mit anderen beobachteten Eigenschaften der kosmischen Mikrowellenhintergrundstrahlung überein.[20]

Die Inflation ist daher hilfreich, wenn es darum geht, beobachtete Parameter mit einem zugrundeliegenden mathematischen Modell in Beziehung zu setzen. Doch die Voraussagen hängen vom Potential des Inflationsfelds ab. Wir könnten ein Potential wählen, das den gegenwärtigen Daten entspricht, und es dann, wenn nötig, von Zeit zu Zeit nachbessern, aber das würde Kosmologen nicht ausreichend beschäftigen. Und so produzieren sie am laufenden Band Inflationsmodelle und berechnen jeweils Voraussagen für Messungen, die noch nicht vorgenommen wurden.

Eine Erhebung im Jahr 2014 ergab, dass es 193 Inflatonpotentiale gab, und das waren lediglich diejenigen mit einem einzigen Feld.[21] Aber die Fähigkeit der Theoretiker, Modelle zu bilden, die alle möglichen zukünftigen Beobachtungen voraussagen, zeigt, dass sie letztlich überhaupt nichts voraussagen können. Diese Modelle sind massiv »unterdeterminiert«, wie Philosophen sagen; es gibt nicht genügend Daten, von denen man eindeutig extrapolieren könnte.[22]

Man kann ein Modell nach gegenwärtig vorliegenden Messungen konstruieren, aber nicht zuverlässig die Ergebnisse zukünftiger Messungen voraussagen.

Diese Situation veranlasste Joe Silk zu der Bemerkung, dass »man immer Inflationsmodelle finden kann, um genau das Phänomen zu erklären, das gerade in ist«.[23] Und in einem kürzlich im *Scientific American* erschienenen Artikel beklagen Anna Ijjas, Avi Loeb und Paul Steinhardt, dass wegen der großen Zahl von Modellen »die Inflationskosmologie, wie wir sie gegenwärtig betreiben, nicht mit wissenschaftlichen Methoden überprüft werden kann«.[24]

Auch auf die Gefahr hin, Ihnen Angst zu machen: Es gibt noch eine unendliche Zahl von Inflatonpotentialen für weitere Studien. Und natürlich kann man auch mehrere oder andere Felder annehmen. Der Kreativität sind keine Grenzen gesetzt.

Laut der gegenwärtigen Theoriebewertung handelt es sich hier um Spitzenforschung.

Die Grundlage der Naturwissenschaften

Es ist Mitte April, und ich bin in Wuppertal. Ich hatte ein Hotel oder Institutsgebäude erwartet, aber die Adresse ist ein Einfamilienhaus am Stadtrand. Davor befindet sich ein kleiner Blumengarten. Efeu umrankt die Eingangstür. Ich läute, und eine Frau etwa in meinem Alter öffnet.

»Ja?«, sagt sie.

»Hi«, begrüße ich sie. »Ähm, ich bin Sabine.«

Sie wirkt irritiert.

»Ich wollte zu George Ellis«, erkläre ich.

Sie blinzelt einmal, dann ein zweites Mal.

»Das ist mein Vater. Aber er ist gerade in Kapstadt.«

Sie bittet mich hinein und telefoniert.

»O mein Gott«, ruft George an Bord eines Busses durchs Telefon, »sie ist zwei Wochen zu früh dran.«

***

Es ist Ende April, und ich bin in Wuppertal. Dieselbe Straße, dasselbe Haus, derselbe Efeu. Ich läute und hoffe, nicht wieder vier Stunden im Auto verbracht zu haben, nur um eine Fremde aufzuscheuchen und dann wieder nach Hause zu fahren.

Zu meiner Erleichterung öffnet George die Tür. »Hallo«, sagt er, bittet mich hinein und führt mich in eine sonnendurchflutete Küche. Von Kindern gemalte Bilder schmücken die Wände.

George Ellis, emeritierter Professor an der *University of Cape Town*, ist einer der führenden Köpfe in der Kosmologie. Mitte der 1970er Jahre schrieb er zusammen mit Stephen Hawking das Buch *The Large Scale Structure of Space-Time*, immer noch ein Standardwerk auf diesem Gebiet.[25] Bereits 1975, lange bevor das Multiversum allgemeine Aufmerksamkeit erregte, befasste er sich mit der Frage, was sich in der Kosmologie überprüfen lässt.[26] Aber er interessiert sich nicht nur für Kosmologie. Er hat auch zum Thema Emergenz in komplexen Systemen geforscht – nicht nur in der Physik, sondern auch in Chemie und Biologie –, und er schreckt auch nicht vor der Philosophie zurück. Er richtet den Blick gern auf das große Ganze. Doch neuerdings gefällt ihm nicht mehr, was er sieht.

»Was beunruhigt Sie?«, beginne ich unser Gespräch.

»Es gibt heute Physiker, die sagen, wir müssten ihre Thesen nicht überprüfen, weil sie so gut seien«, sagt George. Er beugt sich über den Tisch und sieht mich an. »Sie sagen – explizit oder implizit –, dass sie die Anforderung der Überprüfbarkeit von Theorien lockern wollen.« Er macht eine Pause und lehnt sich wieder zurück, als wolle er sich vergewissern, dass ich den Ernst der Situation begreife. »Für mein Gefühl ist das ein Rückschritt um tausend Jahre«, fährt er fort. »Sie haben ja darüber geschrieben. Und das deckt sich weitgehend mit dem, was ich denke: Das Wesen der Wissenschaft wird unterminiert. Das gefällt mir nicht, zum Teil aus denselben Gründen wie Ihren, aber auch aus anderen Gründen.

Ich denke, die gemeinsamen Gründe sind, dass die Wissenschaft da draußen harte Zeiten erlebt, mit all dem Gerede über Impfungen, Klimawandel, gentechnisch veränderte Lebensmittel, Atomenergie – all das ist Ausdruck von Skepsis gegenüber der Wissenschaft. Die theoretische Physik gilt als der Felsen, als stabilstes Fundament der Wissenschaften, und das heißt, dass man ihr vollkommen vertrauen kann. Und wenn wir jetzt anfangen, die Anforderungen an sie zu lockern, dann sind meiner Meinung nach die Folgen für die anderen [Wissenschaften] sehr schwerwiegend.

Aber ich habe auch noch ganz andere Gründe als Sie, warum mich das alles interessiert, Gründe, für die Sie vielleicht nicht viel Verständnis haben, nämlich die Frage, wo die Grenzen der Wissenschaft bezüglich des menschlichen Lebens liegen. Was kann Naturwissenschaft und was kann sie nicht? Was kann sie uns über menschliche Werte, über Sinn und Zweck sagen? Ich glaube, das alles ist sehr wichtig für das Verhältnis zwischen Wissenschaft und Gesellschaft im Ganzen.«

Wie könnte ich dafür kein Verständnis haben? Aber ich will ihn nicht unterbrechen.

»[Viele] der Gründe, warum Leute die Wissenschaft ablehnen, sind darauf zurückzuführen, dass Kollegen wie Stephen Hawking und Lawrence Krauss behaupten, die Wissenschaft beweise, dass Gott nicht existiert und so weiter – was die Wissenschaft zwar nicht beweisen kann, aber es führt zu einer Feindseligkeit gegen die Wissenschaft, vor allem in den Vereinigten Staaten.

Wenn man im Mittleren Westen der USA zu Hause ist und sich das ganze Leben und die Gemeinschaft um die Kirche dreht, und es kommt ein Wissenschaftler und sagt: ›Macht euch frei davon‹, dann sollte er ein wirklich tragfähiges Argument dafür haben. Dabei meinte schon David Hume vor 250 Jahren, die Wissenschaft könne die Existenz Gottes weder beweisen noch widerlegen. Er war ein sehr sorgfältiger Philosoph, und in dieser Hinsicht hat sich nichts geändert. Diese Wissenschaftler jedoch sind schludrige Philosophen.

Aber das ist wahrscheinlich nicht das, was Sie interessiert.«

Dass Wissenschaftler schludrige Philosophen sind, ist mir nicht neu – schließlich bin ich selbst es auch. Aber ich sage: »Ich verstehe nicht ganz, was das mit der Theoriebewertung zu tun hat.«

»Es ist Theoriebewertung in dem Sinne, dass manche Wissenschaftler übertriebene Behauptungen aufstellen über das, worum es in der Wissenschaft geht – was sie beweisen und was sie widerlegen kann«, erklärt George. »Wenn Lawrence Krauss daherkommt und sagt, die Wissenschaft widerlege bestimmte Aspekte der Religion, ist das dann eine wissenschaftliche Aussage oder eine philosophische? Und wenn es eine wissenschaftliche Aussage ist, wo ist dann der Beweis? Sie behaupten einfach, es sei eine wissenschaftliche Aussage. Das ist also ein Bereich, in dem wir uns unterscheiden.

Victor Stenger hat beispielsweise vor einiger Zeit ein Buch veröffentlicht«, fährt George fort. »Ich wurde um eine Rezension gebeten, und so schrieb ich: ›Ich schlug das Buch mit hohen Erwartungen auf, gespannt darauf, mit welchem experimentellen Apparat er zu seinem Resultat gekommen ist, wie die Datenpunkte aussehen und ob es ein Drei-Sigma- oder ein Fünf-Sigma-Ergebnis war.‹« George lacht kurz auf. »Natürlich gibt es so ein Experiment gar nicht. Das sind Wissenschaftler, die keine Ahnung haben von den Grundlagen der Philosophie, etwa von dem Werk David Humes und Immanuel Kants.

Es hat deshalb mit Theoriebewertung zu tun«, erklärt George, »weil die Naturwissenschaft zu philosophischen Fragen nichts zu sagen hat, aber sie behaupten das Gegenteil. Die Naturwissenschaft produziert Fakten, die für philosophische Fragen relevant sind, aber es gibt eine Grenze zwischen Naturwissenschaft und Philosophie, die respektiert werden muss. Und ich habe lange darüber nachgedacht.«

So wie ich, wenn auch aus anderen Gründen. Die Grenze zwischen Naturwissenschaft und Philosophie zu beachten könnte meiner Ansicht nach dazu beitragen, dass Physiker Fakten und Glauben voneinander getrennt halten. Und ich sehe keinen großen Unterschied zwischen dem Glauben, die Natur sei schön, und dem Glauben, Gott sei gütig.

»Um auf die Physik zurückzukommen«, sage ich, »machen Sie sich Sorgen über die Richtung, die die Physik einschlägt?«

»Ja ... Sie haben sich sicher das Buch über Multiversen angesehen von ...« George sucht nach dem Namen und setzt hinzu, »diesem Stringtheoretiker aus Columbia?«

»Brian Greene?«

»Ja. Bei ihm gibt es diese neun Multiversen. Neun! Und er benutzt ein Dammbruchargument. Also hat man auf der einen Seite Martin Rees, der sagt, dass das Universum nicht einfach hinter unserem visuellen Horizont endet, und in diesem Sinne handelt es sich um ein Multiversum. Dem stimme ich natürlich zu. Und ein bisschen weiter hat man Andrei Linds chaotische Inflation mit unendlich vielen Blasenuniversen. Und dann noch ein wenig weiter drüben findet man die Landschaft der Stringtheorie, in der die Physik jeder einzelnen Blase eine andere ist. Und noch ein Stück weiter stößt man auf Tegmarks mathematisches Multiversum. Und dann, ganz weit drüben, findet man [Nick] Bostrom, der sagt, dass wir in einer Computersimulation leben. Das ist nicht einmal Pseudowissenschaft, das ist Fiktion.«

Ich sage: »Es ist im Grunde eine moderne Version des Universums als Uhrwerk. Was damals Zahnräder und Schrauben waren, sind heute Quantencomputer.«

»Ja«, stimmt George mir zu. »Aber sehen Sie, Brian Greene listet das in seinem Buch als Möglichkeit auf. Und wenn Leute solche Dinge als wissenschaftliche Möglichkeiten ausgeben, frage ich mich: Inwieweit kann man dem vertrauen, was sie sagen? Es ist einfach lächerlich! Kann man überhaupt noch irgendein Vertrauen in das haben, was sie sagen?«

Ich glaube nicht, dass zwischen uns auch nur annähernd so viele Unterschiede bestehen, wie George meint.

»Für mich spielt das eine große Rolle, weil in der Naturwissenschaft Vertrauen eine große Bedeutung hat«, fährt George fort. »Nehmen wir den LHC: Ich vertraue den Leuten, die die Experimente durchführen. Oder das *Planck-Team*: Ich vertraue denen.* Vertrauen ist in der Wissenschaft von großer Bedeutung. Und wenn dann Leute verbreiten, es sei wahrhaftig möglich, dass wir in einer Simulation leben, kann ich ihnen als Naturwissenschaftlern nicht mehr vertrauen, nicht einmal als Philosophen.«

In jedem Experiment führt der LHC etwa eine Milliarde Proton-Proton-Kollisionen pro Sekunde herbei. Damit entstehen selbst für die Rechenkapazität des CERN zu viele Daten. Deshalb werden die Ereignisse in Echtzeit gefiltert und so lange ausgemustert, bis ein Algorithmus sie als interessant markiert. Von einer Milliarde Ereignissen behält dieser »Triggermechanismus« nur ein bis zweihundert zurück.[27] Wir vertrauen darauf, dass die Experimentatoren das Richtige tun. Wir müssen darauf vertrauen, weil nicht jeder Wissenschaftler jedes Detail der Arbeit aller anderen einer genauen Prüfung unterziehen kann. Das ist unmöglich – wir würden niemals etwas zu Ende bringen. Ohne gegenseitiges Vertrauen kann die Wissenschaft nicht funktionieren.

Dass man am CERN die letzten zehn Jahre damit zugebracht hat, Daten zu löschen, die den Schlüssel zu einer neuen Grundlagenphysik enthalten, würde *ich* als Albtraumszenario bezeichnen.

---

* Planck war eine Satellitenmission der *European Space Agency*, die von 2009 bis 2013 lief und die Aufgabe hatte, die Temperaturschwankungen der kosmischen Hintergrundstrahlung aufzuzeichnen. Einige Planck-Daten werden immer noch von dem Team analysiert.

»Ich habe nichts gegen das Multiversum«, sagt George. »Ich bin nur dagegen zu sagen, es sei wissenschaftlich erwiesen. Wenn Leute das sagen, möchten sie die Überprüfbarkeitsanforderung lockern. Sie haben ziemlich schlaue Argumente zugunsten der Multiversumsthese vorgebracht. Aber von der etablierten Physik bis dahin ist es ein weiter Weg. Jeder Schritt scheint eine gute Idee zu sein, aber es sind alles ungeprüfte Extrapolationen der bekannten Physik. Früher hat man eine Hypothese aufgestellt und sie dann überprüft, dann kam die nächste Hypothese, die wiederum geprüft wurde, und so weiter. Ohne die Realitätsprüfung könnten wir den falschen Weg einschlagen.«

»Aber das liegt daran, dass experimentelle Überprüfungen so schwierig sind«, wende ich ein. »Wie sollen wir da weiterkommen?«

»Ich denke, wir müssen wieder zurückgehen und mit elementaren Prinzipien beginnen«, erklärt George. »Zum Beispiel müssen wir die Grundlagen der Quantenmechanik neu überdenken, denn hinter allem steckt letztendlich das Messproblem. Wann findet eine Messung wirklich statt? Immer wenn, sagen wir, ein Photon freigesetzt oder absorbiert wird. Und wie beschreiben wir das? Mit Hilfe der Quantenfeldtheorie. Doch völlig gleich, welches Buch über Quantenfeldtheorie man aufschlägt, man findet nirgendwo etwas zum Messproblem.«

Ich nicke. »Sie berechnen nur Wahrscheinlichkeiten, reden aber nie darüber, wie aus den Wahrscheinlichkeiten Messergebnisse werden.«

»Genau. Deshalb müssen wir zurückgehen [und] noch einmal über das Messproblem nachdenken.«

Ein weiteres Prinzip, das George empfiehlt, lautet, nicht mit Unendlichkeiten zu arbeiten.

»Wenn Leute Unendlichkeiten ins Spiel bringen, ergeben sich alle möglichen Paradoxien«, meint George. »Ich selbst habe darüber schon in den 1970er Jahren geschrieben.[28] Mein Argument war damals, dass die DNA ein endlicher Code ist, und wenn die Wahrscheinlichkeit von Leben ungleich null ist, dann wird man in einem genügend großen Raumvolumen am Ende jede mögliche Kombination genetischer Codes durchgespielt haben, so dass man schließlich eine unendliche Zahl genetisch identischer Zwillinge erhält. Verstehen Sie, wenn man ein unendliches Universum hat, erhält man, sobald eine Wahrscheinlichkeit ungleich null ist, eine unendliche Zahl von allem, was möglicherweise eintreten kann.

Das Thema Unendlichkeit ist einer meiner Prüfsteine«, fährt er fort. »Hilbert hat bereits 1925 über die unphysikalische Natur der Unendlichkeit geschrieben.[29] Er sagte, Unendlichkeit benötigen wir, um die Mathematik zu vervollständigen, aber sie taucht nirgendwo im physikalischen Universum auf. Heutzutage scheinen Physiker zu meinen, sie könnten die Unendlichkeit einfach wie eine große Zahl behandeln. Aber das Wesen der Unendlichkeit ist ja gerade ein völlig anderes als das einer endlichen Zahl. [Die Unendlichkeit] kann nie verwirklicht werden, egal, wie lange man wartet oder was man tut – sie bleibt unerreichbar.«

Er fasst zusammen: »Meiner Ansicht nach sollte es ein philosophisches Grundprinzip sein, dass nichts physisch Reales unendlich ist. Ich bin nicht in der Lage, es zu beweisen – vielleicht stimmt es, vielleicht auch nicht. Aber wir sollten es uns zu eigen machen.«

»Mich irritiert«, sage ich, »dass Physiker in anderen Bereichen sehr wohl nach dem Prinzip vorgehen, dass es keine Unendlichkeit gibt.«

»Tatsächlich?«

»Ja – wenn in einer Funktion eine Unendlichkeit auftaucht, gehen wir davon aus, dass sie nicht physikalischer Natur ist«, erkläre ich. »Aber es gibt keinen *mathematischen* Grund dafür, dass eine Theorie keine Unendlichkeiten enthalten sollte. Das ist eine philosophische Anforderung, die nur in eine mathematische Annahme gekleidet wurde. Man spricht zwar darüber, aber niemand schreibt darüber.

Deshalb sage ich: Es geht in der Mathematik verloren. Wir arbeiten mit vielen Annahmen, die eigentlich auf Philosophie beruhen, schenken ihnen aber keine Aufmerksamkeit.«

»Richtig«, meint George. »Das Problem ist, dass Physikern die Philosophie von einer bestimmten Art von Philosophen verleidet wurde, die Unsinn reden – man denke nur an die berühmte Sokal-Affäre und all das. Und es gibt tatsächlich Philosophen, die – von einem wissenschaftlichen Standpunkt – Unsinn reden. Aber nichtsdestotrotz arbeitet man in der Physik immer mit Philosophie als Hintergrund, schließlich haben wir eine Menge guter Philosophen – etwa Jeremy Butterfield, Tim Maudlin und David Albert –, die im Hinblick auf das Verhältnis zwischen Naturwissenschaft und Philosophie sehr besonnen vorgehen. Man sollte eine gute Arbeitsbeziehung mit ihnen aufbauen. Denn sie können einem dabei helfen zu sehen, welches die Grundlagen sind und wie am besten Fragen zu stellen sind.«

Die Philosophie der Lücken

Im Jahr 1996 reichte der Physikprofessor Alan Sokal bei einer Wissenschaftszeitschrift einen parodistischen Artikel mit dem Titel »Transgressing the Boundaries: Toward a Transformative Hermeneutics of Quantum Gravity« (»Die Grenzen überschreiten: Auf dem Weg zu einer transformativen Hermeneutik der Quantengravitation«) ein, der auch veröffentlicht wurde. Dass die Gutachter und Redakteure offenkundigen Unsinn nicht von einem wissenschaftlichen Text unterscheiden konnten, traumatisierte Philosophen und stärkte den Glauben der Physiker an ihre eigene Überlegenheit.

Die Sokal-Ente ist einer der Gründe dafür, dass das Verhältnis zwischen Philosophen und Physikern, vor allem denjenigen, die an Grundlagenfragen arbeiten, zur Zeit schwierig ist. Ich kenne viele Physiker, die den Begriff »Philosoph« als Schimpfwort verwenden, und selbst diejenigen, die Sympathien für philosophische Fragestellungen hegen, bezweifeln deren Nützlichkeit.

Das ist verständlich. Ich habe Philosophen Argumente neu erfinden hören, die Physiker längst als falsch zurückgewiesen haben, und habe Philosophen über Paradoxien klagen hören, die Physiker schon vor Zeiten aufgelöst haben, und ich habe Philosophen Regeln herleiten hören, wie Naturgesetze auszusehen haben, ohne dabei in Betracht zu ziehen, wie Naturgesetze wirklich sind. Kurz, es gibt leider viele Philosophen, die nicht bemerken, dass sie keine Ahnung von Physik haben.

Doch dasselbe kann man umgekehrt auch über Physiker sagen, und es würde mich nicht wundern, wenn manche Philosophen mir diesen Vorwurf machen würden. Physiker greifen öfter auf philosophische Argumente zurück, als sie zuzugeben bereit sind, und ich bin da sicher keine Ausnahme. Es ist nur allzu leicht für uns, die Philosophie als nutzlos zu verwerfen – denn sie ist nutzlos.

Naturwissenschaftler sind bei ihrer Arbeit sehr zielorientiert und nur dann daran interessiert, sich neue Kenntnisse anzueignen, wenn die Aussicht besteht, auf diese Weise ihre Forschung voranzubringen. Aber ich habe noch keinen Philosophen gefunden, der etwas vorgelegt hat, mit dem ein Physiker hätte arbeiten können. Selbst die Philosophen, die etwas von Physik verstehen, scheinen sich damit zu begnügen, zu analysieren oder zu kritisieren, was wir machen. Nützlichkeit steht nicht auf ihrer Agenda.

In diesem Punkt ist meine Erfahrung, soweit ich zu sagen vermag, typisch. Ich kann da nur Lawrence Krauss zustimmen, der schrieb: »Als praktizierender Physiker ... haben ich und die meisten Kollegen, mit denen ich über dieses Thema gesprochen habe, festgestellt, dass philosophische Spekulationen über Physik und das Wesen der Naturwissenschaften nicht besonders nützlich sind und nur geringe oder gar keine Auswirkungen auf den Fortschritt in meinem Bereich haben.«[30] Ähnlich bemerkte Steven Weinberg, dass »eine Kenntnis der Philosophie keinen Nutzen für Physiker zu haben scheint«.[31] Und Stephen Hawking ging sogar so weit zu behaupten, dass »die Philosophie tot ist. Sie hat mit den modernen Entwicklungen in den Naturwissenschaften, insbesondere in der Physik, nicht Schritt gehalten. Heute tragen Naturwissenschaftler bei unserer Suche nach Wissen die Fackel der Erkenntnis.«[32]

Einer derjenigen, die darauf reagierten, war Massimo Pigliucci, Philosoph an der *City University* in New York, indem er schlicht erklärte: »Es ist nicht die Aufgabe der Philosophie, die Naturwissenschaften voranzubringen.«[33] Nun, wenn es nicht die Aufgabe der Philosophie ist, die Naturwissenschaften voranzubringen, ist leicht zu verstehen, warum Naturwissenschaftler sie nicht nützlich finden.

Aber natürlich sollte ich nicht einen einzigen Philosophen für die gesamte Community sprechen lassen. Und so freute ich mich, als ich entdeckte, dass Tim Maudlin meine Meinung teilt und der Ansicht ist, »die Physik braucht die Philosophie« und dass Physiker von ihr profitieren, weil »die philosophische Skepsis die Aufmerksamkeit auf die konzeptuellen Schwachpunkte in Theorien und Argumentationen lenkt«.[34] Hervorragend. Aber, verdammt, wo warst du? Wo warst du vor zwanzig Jahren, vor zehn Jahren? Wo warst du, als wir uns in diesen Schlammassel hineingearbeitet haben?

Heute sind die meisten Probleme in der Grundlagenphysik philosophische Bedenken und nicht Konflikte mit Daten, und wir brauchen die Philosophie, um unserem Unbehagen auf den Grund zu gehen. Sollten wir numerischen Zufälligkeiten Aufmerksamkeit schenken? Ist es überhaupt gerechtfertigt, Naturgesetze auf der Basis der ästhetischen Wahrnehmung zu beurteilen? Haben wir Grund zu der Annahme, dass grundlegende Gesetze einfach sein sollten? Und wenn Naturwissenschaftler am laufenden Band Hypothesen produzieren, um die Druckerpressen am Laufen zu halten, was sind dann gute Kriterien, um die Erfolgsaussichten ihrer Ideen einschätzen zu können?

Wir brauchen Philosophen, um die Lücke zwischen präwissenschaftlicher Konfusion und wissenschaftlicher Argumentation zu überbrücken. Doch das bedeutet auch, dass mit dem Fortschritt in den Naturwissenschaften, mit der Erweiterung unseres Wissens der Spielraum für die Philosophie unvermeidlich schrumpft. Wie bei guten Psychologen besteht auch bei den Wissenschaftsphilosophen Erfolg darin, sich selbst überflüssig zu machen. Und wie gute Psychologen sollten sie nicht beleidigt sein, wenn ein Patient heftig bestreitet, dass er Hilfe benötigt.

***

»Meiner Ansicht nach ist Natürlichkeit – also dass eine Theorie keine numerischen Koinzidenzen haben sollte – auch ein philosophisches Kriterium«, sage ich.

»Ja.«

»Sie sagen ja, doch wenn ich mit Leuten aus meiner Generation spreche, stelle ich fest, dass viele die Natürlichkeit einfach als mathematisches Kriterium betrachten. Aber wenn man es zu einem mathematischen Kriterium machen will, braucht man eine Wahrscheinlichkeitsverteilung. Und woher kommt die? Nun, man braucht eine Theorie für die Wahrscheinlichkeitsverteilung oder eine weitere Wahrscheinlichkeitsverteilung für die Wahrscheinlichkeitsverteilung dieser Theorie und so weiter.«

»Ja«, sagt George wieder. »Und im Multiversum kann man für jede Wahrscheinlichkeitsverteilung, die einem gefällt, Gründe vorbringen, aber man kann nicht beweisen, dass die Wahrscheinlichkeitsverteilung auf die Physik zutrifft. [Sie] ist nicht wissenschaftlich überprüfbar: Es handelt sich um eine Ad-hoc-Hypothese, die zu den Daten passt.« George hält einen Augenblick lang inne, dann fügt er hinzu: »Ich glaube, die Welt der theoretischen Physik ist ein sehr merkwürdiger Ort.«

KURZ GESAGT

- Die akademische Welt in ihrer gegenwärtigen Struktur bevorzugt sehr stark Vorschläge, die sich rasch und weit verbreiten, etwa schöne, aber schwer zu überprüfende Theorien.
- Theoretische Physiker haben mittlerweile fest etablierte Praktiken für die Entwicklung neuer Naturgesetze, die für lange Zeit unüberprüfbar bleiben werden.
- Ein Austausch mit der Philosophie könnte Physikern helfen zu bestimmen, welche Fragen zu stellen sich lohnt, aber ein solcher Austausch findet gegenwärtig kaum statt.
- Das blinde Vertrauen der theoretischen Physiker auf Schönheitskriterien und der daraus entstehende Mangel an Fortschritten offenbaren das Versagen der Wissenschaft, sich selbst zu korrigieren.

Zehntes Kapitel
Wissen ist Macht

In welchem ich zu dem Schluss komme, dass die Welt ein besserer Ort wäre, wenn alle auf mich hören würden.

Ich, der Roboter

Es überrascht kaum, dass Physiker in den Naturgesetzen Schönheit entdecken. Wenn Sie im Mathematikunterricht Gleichungen immer nur als unansehnliches Gekritzel wahrgenommen haben, dann ist der Karriereweg des theoretischen Physikers wahrscheinlich nichts für Sie. Es sind kaum Physiker bekannt, die beklagen, Naturgesetze seien abstoßend, und zwar aus demselben Grund, warum es nicht viele Lastwagenfahrer gibt, die große Fahrzeuge hässlich finden: Wir wählen unseren Beruf, weil er uns attraktiv erscheint.

Und natürlich bleibt die Suche nach dem Schönen in unserem ganzen Arbeitsleben motivierend: »Damit ich bei der Arbeit ein gutes Gefühl habe und sie aufregend bleibt«, wie Gordy Kane bemerkte. Oder wie Gian Francesco Giudice es formulierte: »Für mich ist dieser irrationale Aspekt der Grund, warum die Physik so ein Vergnügen und so aufregend ist.« Und die Aussicht, Schönheit zu entdecken, sorgt vielfach für Spannung. So schreibt Dan Hooper in seinem Buch über Supersymmetrie: »Die schönste Theorie könnte einfach und kurz festgehalten werden, vielleicht in einer einzigen Gleichung [...] Während ich diesen Absatz schreibe, spüre ich, wie mein Puls ein wenig hochgeht und meine Handflächen zu schwitzen beginnen.«[1]

Ja, Wissenschaftler sind Menschen mit schwitzigen Handflächen, obwohl uns die Öffentlichkeit nicht gern so sieht. In einer neueren Umfrage wurden Wissenschaftler als »vertrauenswürdiger« eingestuft als ein »normaler Mensch«, aber auch eher »roboterhaft«, »zielorientiert« und »kalt«.[2] Nicht gerade nett. Aber die Beleidigung liegt nicht im Urteil an sich; beleidigend ist, dass der Mensch mit dem Beruf verwechselt wird. Sofern es um die Tätigkeit geht, ist das Klischee korrekt: Wissenschaftler zielen auf Übermenschliches. Wir versuchen, die Defizite der menschlichen Erkenntnis zu transzendieren, und wir tun dies mit Verfahren, die uns daran hindern sollen, andere und uns selbst zu belügen.

Die derzeitigen Verfahren sind jedoch unzureichend. Um gute Wissenschaftler zu sein, müssen wir uns über unsere Wünsche, Sehnsüchte und Schwächen im Klaren sein. Wir dürfen nicht vergessen, dass wir Menschen sind – und wir müssen, wenn nötig, unsere Unzulänglichkeiten korrigieren.

Ich bin sicher, Sie kennen die Mär, wir würden alle als kleine Wissenschaftler geboren und die Welt auf natürliche Weise entdecken, bis eine fehlgeleitete Erziehung in unsere Instinkte eingreift. Ich habe sie auch gehört. Sie klingt romantisch, ist aber falsch. Ja, wir werden neugierig geboren, und menschliche Kleinkinder lernen rasch durch Versuch und Irrtum. Aber unser Gehirn hat sich nicht entwickelt, um der Wissenschaft zu dienen, sondern uns. Und was uns während der Evolution gute Dienste geleistet hat, ist in der Wissenschaft nicht immer hilfreich.

Formeln über Formeln

Physiker sind nicht die einzigen Wissenschaftler, die der Schönheit nachstellen. James Watson erinnert sich zum Beispiel, dass Rosalind Franklin überzeugt war, die DNA sei als Doppelhelix strukturiert, weil es »zu schön war, um nicht wahr zu sein«.[3] Biologen studieren vorzugsweise hübsche Tiere.[4] Und der Mathematiker David Orrell behauptet, Klimawissenschaftler würden auf Kosten der Genauigkeit elegante Modelle bevorzugen.[5]

Aber die Jagd nach dem Schönen ist keine Theorie von Allem. Wenn es keine kognitive Verzerrung zugunsten des Versuchs gibt, mehrere Fliegen mit einer Klappe zu schlagen, dann sollte es eine geben, und ich werde versuchen, ihr nicht zu verfallen. Eine ästhetische Verzerrung ist mir nur in wenigen wissenschaftlichen Disziplinen aufgefallen, und auch in der Physik ist sie hauptsächlich in den Gebieten vorherrschend, über die ich schreibe. Bevor ich mich dem allgemeineren Problem der sozialen und kognitiven Verzerrung zuwende, möchte ich einen Fall beleuchten, in dem die Sehnsucht nach eleganter Mathematik unser Leben noch etwas stärker beeinflusst, als es die Quantengravitation tut: die Wirtschaft.

***

»Die Wirtschaftswissenschaften sind auf Irrwege geraten, weil die Wirtschaftswissenschaftler als Gruppe Schönheit, gekleidet in beeindruckend wirkende Mathematik, mit der Wahrheit verwechselt haben.« So der amerikanische Ökonom Paul Krugman.[6] Wie viele andere theoretische Physiker habe ich mir einmal überlegt, wegen der besseren Berufsaussichten auf Wirtschaftswissenschaften umzusatteln. Die Mathematik hat mich nicht gerade beeindruckt, aber ich staunte über den Mangel an Daten. Als schön habe ich die Wirtschaftswissenschaften nicht empfunden, aber man kann sie durchaus als einfach bezeichnen. Zu einfach, dachte ich. Es ist eine Sache, wenn erwartet wird, dass Elementarteilchen einfachen, universellen Gesetzen gehorchen. Etwas ganz anderes ist es, dieselben Erwartungen an uns Erdenbürger zu stellen.

Natürlich war ich nicht die Erste aus der Zunft der Physiker, die fand, dass die Wirtschaftswissenschaften von einer ausgefeilteren

Mathematik profitieren würden. Doyne Farmer gehört zu den Begründern der Ökonophysik, einer Disziplin, die in der Physik entwickelte mathematische Methoden anwendet, um wirtschaftswissenschaftliche Probleme zu lösen. Als Experte für Chaostheorie und nichtlineare Dynamik leitet Doyne heute das *Complexity Economics* Programm am *Institute for New Economic Thinking* an der *Oxford Martin School*. Ich rufe ihn an, um zu fragen, was er von eleganten wirtschaftswissenschaftlichen Theorien hält.

»Zu den Merkwürdigkeiten der Wirtschaftswissenschaften zählt, dass es eine Schablone gibt, der die Theorien folgen«, erklärt Doyne. »Die Schablone besteht im Wesentlichen daraus, dass man sich ein System wünscht, in dem die Akteure egoistisch ihre Vorlieben maximieren, und wenn das nicht so ist, dann heißt es, die Theorie habe keinen wirtschaftlichen Gehalt. Man hat da diese Vorstellung, alle Theorien müssten aus diesem Grundsatz hervorgehen. Und das wird stark forciert, insbesondere in den sogenannten Topzeitschriften.

In den Wirtschaftswissenschaften herrscht unter den Zeitschriften eine strenge Hierarchie«, betont Doyne. »Es gibt rund 350 Zeitschriften, und sie kennen die Hackordnung – sie wissen, diese ist Nummer zwanzig, jene Nummer dreißig und so weiter. Es gibt fünf Topzeitschriften, und wenn man in einer von ihnen einen Aufsatz unterbringt, ist das eine ganz große Sache. Ein Aufsatz in einer dieser Topzeitschriften kann dir eine Festanstellung an einer guten Universität sichern.«

»Wow«, sage ich. »Das ist ja noch schlimmer als in der Physik.«

»Ja, schlimmer in dem Sinne, dass extremer Konformitätsdruck herrscht. Es werden sehr strenge Kriterien angelegt, wie ein Aufsatz zu schreiben ist, im Hinblick auf Stil und Präsentation und den Theorietyp, ob er mit den Mainstream-Überzeugungen, wie eine Theorie aussehen sollte, übereinstimmt. Darunter wird verstanden, dass man elegante und schöne Argumente vorbringt. Zufällig finde ich aber diese Argumente weder besonders schön noch elegant. Ich meine, vielleicht sind sie in gewisser Hinsicht elegant, aber ich glaube nicht an den zugrundeliegenden Rahmen. Mir erscheint er, ehrlich gesagt, ein bisschen naiv«, sagt Doyne.

»Und es ist nicht wie bei der Stringtheorie. Bezüglich der Stringtheorie könnte man wenigstens behaupten, dass man hübsche, originelle Mathematik herausbekommt. In den Wirtschaftswissenschaften ist es aber keine tiefe oder originelle Mathematik. Es ist, als würden sie die Kurbel mit dem Standardrepertoire der Analysis drehen. Ich finde nicht, dass Wirtschaftswissenschaftler interessante Beiträge zur Mathematik leisten«, stellt er fest.

»Vielleicht stellt sich heraus, dass sie recht haben«, fährt er fort, »und am Ende finden sie, wonach sie suchen. Aber in den Wirtschaftswissenschaften ist es meines Erachtens klar, dass die etablierten Modelle bestenfalls teilweise erfolgreich sind. Und ich glaube, das liegt daran, dass man in den Wirtschaftswissenschaften einige dieser Prinzipien über Bord werfen müsste, die nur da sind, weil man mit ihnen elegante Ergebnisse erhält, und nicht, weil sie erklären würden, wie die Welt beschaffen ist«, erklärt er.

»Zum Beispiel das Gleichgewicht. Das ist beliebt, denn sobald man ein Gleichgewicht annimmt, kann man ganz einfach Ergebnisse ableiten. Aber andererseits, wenn die Welt nicht so funktioniert, wenn das nicht der Wirtschaft zugrunde liegt, dann ist die ganze Geschichte am Ende nichts anderes als Zeitverschwendung. Und in vielen Fällen verhält es sich meines Erachtens genau so.« In den Wirtschaftswissenschaften meint man mit Gleichgewicht einen stabilen Zustand, in dem Angebot und Nachfrage ausgeglichen sind und der Warenwert optimiert ist.

»Ich erinnere mich, dass ich Aufsätze von Ihnen gelesen habe, in denen Sie die Gleichgewichtstheorie kritisieren, aber das ist schon zehn Jahre her«, sage ich.[7] »Ich dachte – hoffte vielleicht – man hätte inzwischen erkannt, dass diese Theorie zu vereinfachend ist. Die Wirtschaftswissenschaften müssen ja, was Daten betrifft, schrecklich schlampig sein. Das ist nicht wie in der Physik, wo ich wenigstens verstehen kann, dass man an Einfachheit glaubt. Ich würde erwarten, wenn man eine echte Volkswirtschaft beschreiben will, dann muss die rechnergestützte Analyse doch sehr umfangreich sein.«

»Da stimme ich vollkommen zu, und ich engagiere mich in dieser Richtung, aber wir sind eine Minderheit.«

»Das überrascht mich«, bemerke ich, »weil ›Big Data‹ doch in aller Munde ist, und ich dachte, die Wirtschaftswissenschaften wären die ersten, die damit arbeiten.«

»Die Wirtschaftswissenschaftler sind hellhörig geworden«, meint Doyne. »Aber sie müssen umlernen, und es wird noch einige Zeit dauern.«

»Wie kommt es, dass Wirtschaftswissenschaftler sich so an die Mathematik klammern?«, frage ich.

»In der Physik wird Mathematik aus gutem Grund eingesetzt«, erklärt er. »Sie erlaubt einem, anhand bestimmter Annahmen Schlussfolgerungen über die Konsequenzen aus diesen Annahmen zu ziehen. Daher ist die Idee, Mathematik in den Gesellschaftswissenschaften zu nutzen, ziemlich aufregend. Das Problem ist nicht die Mathematik an sich. Die heute vorherrschenden Ansätze sind, fürchte ich, deswegen vorherrschend geworden, weil sie elegant sind und weil man Schlussfolgerungen ziehen kann, und nicht weil sie dazu taugen würden, die Welt zu beschreiben. Das ist wie mit dem Mathematiker, der nur unter der Straßenlaterne nach dem Schlüssel sucht«, sagt Doyne.

»Ich finde Schönheit wunderbar, und ich schätze Eleganz«, fährt er fort. »Aber es bereitet mir Sorge, wenn man Formeln über Formeln über Formeln stapelt, selbst wenn es elegante Formeln sind. Auch wenn die Mathematik noch so hübsch ist, wie sicher bist du am Ende, dass du wirklich Wissenschaft betreibst?«

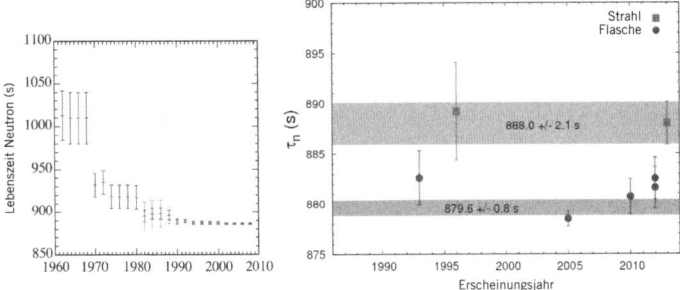

Abb. 15 Messungen der Lebenszeit des Neutrons, nach Jahren geordnet. Fehlerbalken entsprechen der Standardabweichung. *Quellen:* C. Patrignani u. a. (Particle Data Group), »Review of Particle Physics«, *Chin Phys C*, 2016, S. 100001; (Fehlerbalken sind 1σ.) J. D. Bowman u. a., »Determination of the free neutron lifetime«; arXiv:1410 5311 [nucl-ex].

Trau mir nicht, ich bin Wissenschaftler

Kennen Sie die kuriose Geschichte vom Leben der Neutronen? Ein Neutron besteht aus drei Quarks, und gemeinsam mit den Protonen bilden Neutronen den Atomkern. Atomkerne sind glücklicherweise stabil, nimmt man aber das Neutron aus dem Kern heraus, dann zerfällt das Neutron nach einer durchschnittlichen Lebensdauer von rund 10 Minuten. Genauer gesagt 885 Sekunden plus/minus 10. Das Kuriose ist das Plusminus.

Die Lebensdauer des Neutrons wurde seit den 1950er Jahren mit stetig zunehmender Genauigkeit gemessen (Abb. 15, oben links). Gegenwärtig gibt es zwei verschiedene Messtechniken, die unterschiedliche Ergebnisse liefern (Abb. 15, oben rechts). Die Diskrepanz ist größer als die Messunsicherheit zulässt, das heißt, die Wahrscheinlichkeit, dass die Abweichung dem Zufall geschuldet ist, liegt bei weniger als 1 zu 10 000.[8] Diese Situation gibt Rätsel auf, und sie könnte die Vorbotin einer neuen Physik sein. Aber darauf wollte ich nicht hinaus.

Sehen Sie sich noch einmal das Diagramm in Abb. 15 an. Die kleinen Häkchen in der Mitte sind die Messwerte, und die senkrechten Linien stellen die angegebene Unsicherheit dar. Beachten Sie, wie die Daten zunächst auf einer Stufe bleiben und dann plötzlich auf einen neuen Wert springen, der zuvor nicht besonders wahrscheinlich schien und manchmal sogar außerhalb der angegebenen Unsicherheit liegt. Die Experimentatoren hatten offenbar nicht nur die Messunsicherheiten unterschätzt, sondern waren vorzugsweise zu Werten gelangt, die frühere Ergebnisse reproduzierten. Und das ist nicht die einzige Größe, deren Messung im Lauf der Zeit derartige Sprünge aufweist. Ähnliche Sprünge sind in den letzten Jahrzehnten bei mindestens einem Dutzend Lebensdauern, Massen und Streuraten anderer Teilchen aufgetreten.[9]

Warum das passiert ist, werden wir nie mit Sicherheit wissen. Aber eine plausible Erklärung lautet, dass die Experimentatoren unbewusst versuchten, Ergebnisse zu reproduzieren, die sie kannten. Ich spreche nicht von bewusstem Pfusch. Es ist nur, dass man bei einem Ergebnis, das von der vorhandenen Fachliteratur abweicht, eher nach Fehlern sucht, als wenn sich das Ergebnis gut einfügt. Das verzerrt die Analyse und fördert die Reproduktion vorheriger Ergebnisse.

Aber die Experimentatoren haben das Problem erkannt und Schritte unternommen, um es zu beheben. Wie Sie sehen, stimmen die Ergebnisse neuerer Messungen *nicht* überein (Abb. 15, rechts). Wenn Wissenschaftler zusammenarbeiten, ist es heute meist üblich, sich auf eine Analysemethode zu einigen, bevor man sich die Daten überhaupt anschaut (sie, wie man sagt, »entblindet«), und dann hält man sich einfach an das zuvor vereinbarte Verfahren. Das wirkt der Tendenz entgegen, verschiedene Analysemethoden auszuprobieren, wenn man nicht gleich das erwünschte Ergebnis erhält.

Auch in den Biowissenschaften hat die jüngste Krise der Reproduzierbarkeit dazu geführt, dass man sich verstärkt gegen Verzerrungen bei Versuchsanordnung, statistischer Analyse und Publikationspraktiken wappnet.[10] Da führt noch ein weiter Weg hin, aber ein Anfang ist gemacht.

In der Theorieentwicklung ist die Apparatur, mit der wir arbeiten, unser Gehirn. Aber wir unternehmen nichts, um bei seiner Tätigkeit Verzerrungen zu vermeiden. Wir können unsere Fortschritte nicht in einfachen Diagrammen darstellen, aber ich bin sicher, wenn wir es könnten, dann würden wir auch bei Theoretikern eine Neigung zur Reproduktion vorhandener Ergebnisse feststellen. Über manche Themen haben wir so viele Aufsätze verfasst, dass sie in Ermangelung experimenteller Beweise zu sich selbst tragenden Forschungsgebieten geworden sind. Es handelt sich dabei um ausgefeilte theoretische Konstrukte, die gründlich getestet werden – und zwar auf mathematische Widerspruchsfreiheit. Würde man eine andere Lösung vorlegen, die ebenfalls mathematisch konsistent ist, käme das einem Ergebnis gleich, das im Widerspruch zur existierenden Literatur steht.

Zum Beispiel die Verdampfung Schwarzer Löcher. Dazu gibt es keine Daten. Das Feuerwand-Paradoxon (Kap. 8) hat gezeigt, dass der meistuntersuchte Versuch, das Problem des Informationsverlusts in Schwarzen Löchern zu lösen – die Dualität von Eichung und Gravitation –, das Äquivalenzprinzip verletzt. Es löst also das Problem nicht, das es lösen sollte, weil es mit dem Hauptpostulat der Allgemeinen Relativitätstheorie nicht kompatibel ist.[11] Aber es wurde zugunsten dieser mutmaßlichen Lösung so viel Vorarbeit geleistet, dass es undenkbar scheint, sie zu verwerfen. Stattdessen versuchen theoretische Physiker nun, das neue Ergebnis mit früheren Arbeiten kompatibel zu machen, indem sie die Quantenmechanik neu erfinden.

Zum Beispiel haben Juan Maldacena und Leonard Susskind postuliert, dass verschränkte Teilchen durch Wurmlöcher verbunden sind, also Deformationen der Raumzeit, die so stark sind, dass zwei einst weit voneinander entfernte Orte durch einen kurzen Tunnel verbunden werden.[12] Nichtlokalität ist dann nicht länger »unheimlich«, sondern eine Eigenschaft von Raum und Zeit, und unser Universum ist mit Wurmlöchern durchlöchert. Wurmlöcher würden insbesondere Teilchenpaare der Hawking-Strahlung miteinander verbinden und somit sowohl das Feuerwand-Problem als auch den Informationsverlust im Schwarzen Loch beseitigen. Diese Idee wird in einer Raumzeit mit einer negativen kosmologischen Konstante entwickelt, folglich beschreibt sie nicht das Universum, in dem wir leben. Aber man hofft, dass es sich um ein allgemeines Prinzip handelt, das auch in unserem Universum gilt.[13]

Kann sein, dass sie recht haben. Es ist eine aufregende neue Idee. Wenn die Natur so funktioniert, wäre das eine erstaunliche Einsicht. Und sie passt so gut zu den bisherigen Ergebnissen.

Dieses Zelt stinkt

Wertschätzung für Schönes und der Wunsch, sich anzupassen, sind menschliche Züge. Aber sie verzerren unsere Objektivität. Solche kognitiven Verzerrungen hindern die Wissenschaft daran, optimal zu arbeiten, und sie bleiben derzeit ungeklärt. Und diese Verzerrungen sind nicht nur bei Theoretikern anzutreffen. Während sich Experimentatoren größte Mühe geben, um statistische Verzerrungen zu erklären, haben Theoretiker die Ruhe weg und glauben fröhlich, es sei möglich, die korrekten Naturgesetze intuitiv zu erfassen.

Kognitive Verzerrungen sind menschlich und nicht generell schlecht. Meist haben sie sich entwickelt, weil sie, wenigstens bisher, vorteilhaft für uns waren. Zum Beispiel neigen wir dazu, Meinungen zu äußern, von denen wir glauben, dass sie von anderen gut aufgenommen werden. Diese Verzerrung zugunsten eines sozial erwünschten Verhaltens ist eine Nebenwirkung der Notwendigkeit, einer Gruppe anzugehören, um zu überleben. Sie erklären dem Stammeshäuptling nicht, dass das Zelt stinkt, wenn hinter Ihnen ein Dutzend Leute mit einem Speer in der Hand stehen. Wie klug von

Ihnen. Opportunismus mag die Überlebenschancen verbessern, aber der Wahrheitsfindung dient er selten.

Der vorherrschende Denkfehler in der Wissenschaft ist der Bestätigungsfehler *(confirmation bias)*. Wenn man in der Literatur Unterstützung für das eigene Argument sucht, ist er am Werk. Wenn man nach einem Fehler sucht, weil das erzielte Ergebnis nicht den eigenen Erwartungen entspricht, ist er am Werk. Wenn man der Person aus dem Weg geht, die lästige Fragen stellt, ist er am Werk. Der Bestätigungsfehler ist auch der Grund, warum wir fast immer offene Türen einrennen, wenn wir den Nutzen der Grundlagenforschung darlegen. Bestimmt haben Sie gewusst, dass der Strom der Innovationen bald versiegen würde, sofern nicht grundlegend neue Naturgesetze entdeckt werden?

Aber es gibt noch andere, weniger bekannte kognitive und soziale Verzerrungen, die Einfluss auf die Wissenschaft haben.[14] Dazu gehört die motivierte Wahrnehmung *(motivated cognition)*.[15] Sie führt uns zu der Annahme, positive Resultate seien wahrscheinlicher, als sie es tatsächlich sind. Erinnern Sie sich noch, gehört zu haben, der LHC werde wahrscheinlich Beweise für eine Physik jenseits des Standardmodells erbringen? Dass diese Experimente in den nächsten Jahren wahrscheinlich einen Nachweis für Dunkle Materie liefern würden? Ach so, die sagen das immer noch?

Dann gibt es noch den Fehlschluss der irreversiblen Kosten *(sunk cost fallacy)*, besser bekannt unter der Redewendung »dem schlechten Geld gutes hinterherwerfen«. Je mehr Zeit und Mühe man für Supersymmetrie aufgewendet hat, desto weniger wahrscheinlich ist es, dass man einen Strich drunter zieht, obwohl die Chancen zunehmend düster aussehen. Wir machen weiter, was wir einmal angefangen haben, obwohl es längst nicht mehr viel verspricht, weil wir bereits eine Menge investiert haben und wir nur ungern zugeben, dass wir uns geirrt haben. Daher scherzte Max Planck: »Die Wahrheit triumphiert nie, ihre Gegner sterben nur aus.«[16]

Die Eigengruppen-Verzerrung *(in-group bias)* verleitet uns zu glauben, Forscher auf dem eigenen Fachgebiet seien intelligenter als andere. Die Diskussionsverzerrung *(shared information bias)* führt dazu, dass wir immerfort diskutieren, was jeder weiß, jenen Informationen, die nur wenigen bekannt sind, aber kaum Aufmerksamkeit schenken. Wir suchen nach Mustern im Lärm (Apophänie). Wir glauben, Argumente seien stärker, wenn die Schlussfolgerungen plausibel erscheinen (Glaubens-Befangenheit, *belief bias*). Und der Halo-Effekt *(halo effect)* veranlasst Sie, sich mehr dafür zu interessieren, was ein Nobelpreisträger sagt, als dafür, was ich sage – unabhängig vom Thema.

Außerdem gibt es den Falscher-Konsens-Effekt *(false consensus effect)*: Wir neigen dazu, zu überschätzen, wie viele andere Menschen mit uns übereinstimmen und wie sehr dies jeweils der Fall ist. Eine besonders problematische Verzerrung in der Wissenschaft besteht darin, dass wir eine Tatsache für umso wahrscheinlicher halten, je öfter wir davon gehört haben; dies nennt sich Aufmerksamkeitsverzerrung *(attentional bias* oder auch *mere exposure effect)*. Wir zollen Informationen mehr Aufmerksamkeit, wenn sie von anderen Mitgliedern unserer Gemeinschaft wiederholt werden. Diese gemeinschaftliche Verstärkung kann wissenschaftliche Communitys in Echokammern verwandeln, in denen Forscher ihre Argumente einander immer wieder vortragen und sich so ständig versichern, sie seien auf dem richtigen Weg.

Dann wäre da noch die Mutter aller Verzerrungen, der verzerrungsblinde Fleck *(bias blind spot)* – die Überzeugung, wir seien unvoreingenommen. Er ist dafür verantwortlich, dass meine Kollegen nur lachen, wenn ich ihnen erkläre, Verzerrungen seien ein Problem, und dafür, dass sie meine »sozialen Argumente« verwerfen, weil sie angeblich für den wissenschaftlichen Diskurs nicht relevant seien. Die Existenz dieser Verzerrungen wurde jedoch in unzähligen Studien belegt. Und es gibt keinerlei Hinweis darauf, dass Intelligenz uns davor schützen kann; Forschungsergebnisse haben keine Verbindung zwischen kognitiven Fähigkeiten und Denkverzerrungen festgestellt.[17]

Natürlich treten kognitive Verzerrungen nicht nur bei theoretischen Physikern auf. Auf allen Gebieten der Wissenschaft sind ähnliche Probleme zu beobachten. Wir sind nicht in der Lage, Forschungsrichtungen aufzugeben, die sich als fruchtlos erweisen; wir tun uns schwer damit, neue Informationen zu integrieren; wir kritisieren die Ideen unserer Kollegen nicht, weil wir fürchten, dann »sozial unerwünscht« zu sein. Wir ignorieren Ideen außerhalb des Mainstreams, weil sie von Leuten stammen, die »nicht wie wir« sind. Wir fügen uns einem System, das unsere intellektuelle Unabhängigkeit beeinträchtigt, weil jeder es tut. Und wir beharren darauf, unser Verhalten sei gute wissenschaftliche Praxis, die allein auf unvoreingenommenen Urteilen beruht, weil wir doch unmöglich von sozialen und psychologischen Effekten beeinflusst sein können, so gut sie auch belegt sein mögen.

Natürlich hatten wir schon immer mit kognitiven und sozialen Verzerrungen zu tun. Sie sind der Grund, warum Wissenschaftler heute Methoden zur Förderung der Objektivität eingeführt haben, darunter Peer-Reviews, Messungen der statistischen Signifikanz und Richtlinien für gute wissenschaftliche Praxis. Und die wissenschaftlichen Fortschritte können sich sehen lassen, warum also sollten wir jetzt anfangen, uns damit zu beschäftigen? (Das ist übrigens die Status-quo-Verzerrung.)

In größeren Gruppen werden relevante Informationen weniger effektiv geteilt.[18] Überdies ist es, je spezialisierter eine Gruppe ist, desto wahrscheinlicher, dass ihre Mitglieder nur das hören, was ihre Ansicht stützt. Deshalb ist es so wichtig, sich klarzumachen, dass der Wissenstransfer in wissenschaftlichen Netzwerken heute sehr viel wichtiger ist als noch vor einem Jahrhundert oder sogar vor zwei Jahrzehnten. Und objektive Argumentation wird umso bedeutungsvoller, je mehr wir uns auf logische Schlussfolgerungen verlassen, die nicht von Experimenten geleitet werden. Das ist ein Problem, das einige Bereiche der theoretischen Physik stärker betrifft als jedes andere Gebiet der Wissenschaft; daher steht es in diesem Buch im Mittelpunkt.

Experimentatoren verfolgen natürlich ihre eigene Agenda. Ihnen geht es um die Entwicklung neuer Technologien, und die Entscheidung über künftige Experimente überlassen sie nicht den Theoretikern. Dennoch ist es unsere Aufgabe als Theoretiker, auf neue Regionen im Parameterraum zu verweisen, deren Erforschung sich lohnt. Uns obliegt die Verantwortung, unsere Theorien so objektiv wie möglich zu bewerten, um an der Auswahl der vielversprechendsten neuen Experimente mitzuwirken.

Unabhängig vom Gebiet muss, solange Theorien von Menschen entwickelt werden, die Standardannahme lauten, dass Theoriebewertung sowohl kognitiv als auch sozial verzerrt wird, solange man keine Schritte zur Lösung dieses Problems unternimmt. Zur Zeit geschieht nichts dergleichen. Daher ist der Fortschritt mit großer Sicherheit langsamer, als er sein könnte.

Wie konnten wir in so eine Situation geraten? Weil es für uns Wissenschaftler ein Leichtes ist, Regierungsbehörden und Leistungsträgern die Schuld zu geben, und die Klagen reißen tatsächlich nicht ab: In *Nature* und *Times Higher Education* erscheint ungefähr jede zweite Woche eine Tirade über widersinnige Versuche, wissenschaftliche Erfolge zu messen. Wenn ich diese Artikel auf Facebook teile, bekommen sie garantiert eine Menge Likes. Dennoch ändert sich nichts.

Sich über andere zu beklagen hilft nichts, weil wir das Problem selbst geschaffen haben – und es auch selbst lösen müssen. Wir haben es versäumt, uns die Befähigung zu vorurteilsfreien Bewertungen zu bewahren. Wir lassen es zu, dass wir in eine Ecke gedrängt werden, und jetzt sind wir regelmäßig gezwungen zu lügen, wenn wir unsere Arbeit fortsetzen wollen. Dass wir uns mit dieser Situation abfinden, ist ein Versagen der wissenschaftlichen Community, und wir sind dafür verantwortlich, hier korrigierend einzugreifen.

Es ist nicht gerade populär, den eigenen Stamm zu kritisieren. Aber dieses Zelt stinkt.

***

Kritik ist billig, sagen die Kritiker. Ich habe neun Kapitel gebraucht, um zu zeigen, dass theoretische Physiker an Schönheitsidealen der Vergangenheit kleben, aber jetzt fragen Sie sich vielleicht, was die Zunft meiner Meinung nach sonst tun sollte. Habe ich denn keine Alternative im Angebot?

Eine Wunderkur für die Probleme, die theoretische Physiker zu lösen versuchen, habe ich nicht, und wenn ich Ihnen eine versprechen würde, könnten Sie mich ruhig auslachen. Wir stehen vor schwierigen Problemen, und sich über ästhetische Verzerrungen zu beklagen, bringt sie nicht zum Verschwinden. Im nächsten Abschnitt mache ich mir Gedanken darüber, wo man anfangen könnte. Aber natürlich habe ich so wie jeder andere meine persönlichen Vorlieben. Und selbstverständlich bin auch ich befangen.

Was ich beabsichtige, ist allgemeiner und geht über die Grenzen meiner Disziplin hinaus. Kognitive und soziale Verzerrungen stellen eine Bedrohung für die wissenschaftliche Methode dar. Sie stehen dem Fortschritt im Weg. Zwar werden wir nie in der Lage sein, menschliche Vorurteile und Verzerrungen vollkommen abzulegen, aber es ist auch keine Situation, mit der wir uns einfach abfinden müssen. Wenigstens können wir lernen, Probleme zu erkennen, und es vermeiden, sie durch schlechte Praktiken in unserer Gemeinschaft zu verstärken. In Anhang C habe ich einige praktische Vorschläge gesammelt.

Irrungen und Wirrungen der Mathematik

Mathematik sorgt dafür, dass wir ehrlich bleiben, das habe ich bereits ausgeführt. Sie verhindert, dass wir uns selbst und andere belügen. In der Mathematik kann man sich irren, aber lügen kann man nicht. Es ist wahr – in der Mathematik kann man nicht lügen. Aber sie trägt erheblich zur Vernebelung bei.

Erinnern Sie sich an den Tempel der Wissenschaft, in dem die Grundlagen der Physik die unterste Ebene bilden und wir versuchen, zu noch tieferem Verständnis durchzustoßen? Am Ende meiner Reise angekommen, bedrückt mich die Sorge, dass die Risse, die wir im Boden sehen, gar keine Risse sind, sondern nur komplizierte Muster. Wir graben an den falschen Stellen.

Wie Sie gesehen haben, sind die meisten der Probleme, mit denen wir uns zur Zeit in der Grundlagenphysik beschäftigen, numerische Zufälligkeiten. Die Feinabstimmung der Higgs-Masse, das starke CP-Problem, die Kleinheit der kosmologischen Konstante – das sind keine Widersprüche, es sind ästhetische Bedenken.

In der Geschichte unseres Fachs haben mathematische Ableitungen jedoch nur dann den Weg gewiesen, wenn wir tatsächlich ein Problem mit Widersprüchen hatten. Die Unvereinbarkeit der Speziellen Relativitätstheorie mit der Newton'schen Gravitation führte zur Allgemeinen Relativitätstheorie. Der Widerspruch zwischen Spezieller Relativitätstheorie und Quantenmechanik brachte die Quantenfeldtheorie hervor. Das Versagen der Wahrscheinlichkeitsinterpretation des Standardmodells erlaubte uns den Schluss, dass der LHC-Teilchenbeschleuniger eine neue Physik finden müsse, die in Gestalt des Higgs-Bosons erschien. Das waren Fragen, die mathematisch angepackt werden konnten. Aber die meisten der Probleme, mit denen wir heute zu tun haben, sind anderer Art. Die einzige Ausnahme ist die Quantifizierung der Gravitation.

Die erste Lehre, die ich daraus ziehe, lautet daher: Wenn du ein

Problem mit Hilfe der Mathematik lösen willst, achte darauf, ob es tatsächlich ein Problem ist.

Theoretische Physiker sind stolz auf ihre Erfahrung und Intuition. Und ich bin wirklich dafür, mittels Intuition Annahmen aufzustellen, die sich erst später als gerechtfertigt erweisen (oder auch nicht). Aber wir müssen diese Annahmen weiterhin prüfen, sonst laufen wir Gefahr, dass sie akzeptiert werden, obwohl sie nicht zu rechtfertigen sind. Intuitive Annahmen sind häufig vorwissenschaftlich und gehören in die Domäne der Philosophie. Wenn das der Fall ist, sollten wir mit Philosophen in Kontakt treten, um zu sehen, wie unsere intuitiven Annahmen in den Bereich der Wissenschaft geholt werden können.

Aus diesem Grund lautet meine zweite Lehre: Nenne deine Annahmen.

Natürlichkeit ist eine solche Annahme. Ebenso die Einfachheit; Reduktionismus impliziert nicht ein stetes Anwachsen der Einfachheit auf dem Weg zu kleineren Größenordnungen. Vielmehr kann es sein, dass wir eine Phase (im Sinne von Größenordnungen) durchlaufen müssen, in der unsere Theorien wieder komplizierter werden. Das Vertrauen auf Einfachheit, im Kleide der Vereinheitlichung oder einer abnehmenden Zahl von Axiomen, könnte uns in die Irre führen.

Aber selbst mit wohldefinierten Problemstellungen und klar formulierten Annahmen kann es zahlreiche mathematisch mögliche Lösungen geben. Herausfinden, welche Theorie richtig ist, kann man am Ende nur, indem man prüft, ob sie die Natur beschreibt; nichtempirische Theoriebewertung eignet sich dafür nicht. Bei der Suche nach einer Theorie der Quantengravitation und nach einem besseren Formalismus der Quantenphysik kann es nur vorangehen, wenn wir unterschiedliche Voraussagen ableiten und prüfen.

Folglich lautet meine dritte und letzte Lehre: Die Orientierung an der Beobachtung ist notwendig.

Physik ist nicht Mathematik. Es ist die richtige Auswahl der Mathematik.

Die Suche geht weiter

22. Juni 2016: Erste Gerüchte besagen, dass sich die Diphoton-Resonanz angesichts neuer LHC-Daten in Luft auflöst.

21. Juli 2016: Das LUX-Experiment zur Dunklen Materie wird beendet und meldet keine Signale von schwach wechselwirkenden massereichen Teilchen (WIMPs).

29. Juli 2016: Das Gerücht, dass die Diphoton-Anomalie weg ist, greift um sich.

4. August 2016: Die neuen LHC-Daten werden veröffentlicht. Sie bestätigen, dass die Diphoton-Resonanz endgültig vom Tisch ist. In den acht Monaten seit ihrer »Entdeckung« wurden mehr als 500 Aufsätze über eine statistische Fluktuation verfasst. Viele von ihnen erschienen in führenden Fachzeitschriften. Die beliebtesten wurden bereits über 300-mal zitiert. Wenn wir daraus irgendetwas lernen, dann dass die derzeitige Praxis theoretischen Physikern ermöglicht, rasch Hunderte von Erklärungen für alle möglichen Daten zu finden, die ihnen zufällig vorgesetzt werden.

In den darauffolgenden Wochen verliert Frank Wilczek seine Wette gegen Garrett Lisi, man werde die Supersymmetrie im LHC entdecken. Eine ähnliche Wette, die auf einer Konferenz im Jahr 2000 abgeschlossen wurde, wird zugunsten der Anti-Susy-Seite entschieden.[19]

Unterdessen gewinne ich eine Wette gegen mich selbst, indem ich auf das fortgesetzte Scheitern meiner Kollegen setze, während ich mein Buch zu Ende schreibe. Meine Chancen standen gut – sie haben dreißig Jahre damit zugebracht, auf andere Ergebnisse zu hoffen, während sie immer wieder dasselbe versuchten.

Im Oktober meldet das Gemeinschaftsprojekt CDEX-1, dass keine Axionen gesichtet wurden.

Wann ist der Zeitpunkt gekommen, an dem man zu lange darauf gewartet hat, dass eine Theorie durch Beweise gestützt wird? Ich weiß es nicht. Ich glaube nicht einmal, dass diese Frage sinnvoll ist. Vielleicht sind die Teilchen, nach denen wir suchen, gleich um die nächste Ecke, und es ist wirklich nur eine Frage der technologischen Perfektion, ob wir sie finden.

Aber ob wir nun etwas finden oder nicht, schon jetzt steht fest, dass die alten Regeln für die Theorieentwicklung ein Auslaufmodell sind. Fünfhundert Theorien, um ein Signal zu erklären, das keines war, und 193 Modelle für das junge Universum beweisen überdeutlich, dass die heutigen Qualitätsstandards für die Bewertung unserer Theorien nicht mehr zu gebrauchen sind. Um künftig vielversprechende Experimente auszuwählen, brauchen wir neue Regeln.

Im Oktober 2016 startet der Großversuch KATRIN in Karlsruhe. Angestrebt wird, die bisher unbekannten absoluten Massen von Neutrinos zu messen. 2018 wird das Square Kilometer Array, ein Radioteleskop, das in Australien und Südafrika gebaut wird, seine Suche nach Signalen aus den frühesten Galaxien aufnehmen. In den kommenden Jahren werden das g-2-Experiment am Fermilab in Chicago und das J-PARC-Experiment in Tokio das magnetische Moment des Muons mit noch nie dagewesener Präzision messen und damit einem langjährigen Konflikt zwischen Experiment und Theorie auf den Grund gehen. Die Europäische Raumfahrtagentur hat das Terrain für eLISA sondiert, eine Detektoranlage aus mehreren Raumsonden im Weltall, die Gravitationswellen in unerforschten Frequenzbereichen messen und damit neue Details zu den Ereignissen während der Inflation liefern könnte. Ein Großteil der LHC-Daten muss noch analysiert werden, und wir könnten immer noch Anzeichen für eine Physik jenseits des Standardmodells finden.

Wir wissen, dass die Naturgesetze, die wir heute haben, unvollständig sind. Um sie zu vervollständigen, müssen wir das Quantenverhalten von Raum und Zeit verstehen und entweder die Gravitation oder die Quantenphysik generalüberholen, vielleicht auch beide. Und die Antwort wird zweifellos neue Fragen aufwerfen.

Die Physik, so könnte es scheinen, war die Erfolgsgeschichte des vergangenen Jahrhunderts, aber jetzt ist das Jahrhundert der Neurowissenschaften oder des Bioengineering oder der künstlichen Intelligenz angebrochen (abhängig davon, wen man fragt). Meiner Meinung nach ist das eine Fehleinschätzung. Ich habe ein neues Forschungsstipendium bekommen. Es wartet eine Menge Arbeit auf uns. Der nächste Durchbruch in der Physik wird in diesem Jahrhundert stattfinden.

Er wird schön sein.

Anhang A:
Die Teilchen des Standardmodells

Die Teilchen des Standardmodells (siehe Abb. 6) werden nach den Eichsymmetrien unterteilt.[1] Die Fermionen der starken Kernkraft sind die Quarks, von denen wir sechs gefunden haben: das Up-, Down-, Strange-, Charm-, Bottom- und Top-Quark. Up-, Charm- und Top-Quarks haben eine gebrochenzahlige elektrische Ladung von $^2/_3$; die anderen drei Quarks haben eine elektrische Ladung von $-^1/_3$. Die Wechselwirkung der Quarks wird vermittelt über acht masselose Gluonen, die Eichbosonen der starken Kernkraft. Ihre Zahl folgt aus der Symmetriegruppe der starken Kernkraft, der $SU(3)$.

Die verbleibenden Fermionen sind nicht der starken Kernkraft unterworfen und werden als Leptonen bezeichnet. Von diesen gibt es ebenfalls sechs: das Elektron, das Muon und das Tau (jeweils mit der elektrischen Ladung -1) und die dazugehörigen Neutrinos, das Elektron-Neutrino, das Muon-Neutrino und das Tau-Neutrino (die elektrisch neutral sind). Die elektroschwache Wechselwirkung wird vermittelt über das masselose, neutrale Photon und die massereichen Z-, W$^+$- und W$^-$-Bosonen mit der elektrischen Ladung 0, +1 beziehungsweise -1. Auch hier folgt die Zahl der Eichbosonen aus der Symmetriegruppe, die für die elektroschwache Wechselwirkung $SU(2) \times U(1)$ ist.

Die Fermionen werden in drei Generationen unterteilt, und zwar, grob gesprochen, geordnet nach Masse. Genauer gesagt sortieren die einzelnen Generationen die Fermionen so, dass jede Generation dieselbe Anzahl von Quarks und Leptonen enthalten muss, da sonst das Standardmodell nicht konsistent wäre. Die Zahl der Generationen ist nicht durch Konsistenzanforderungen bestimmt, vielmehr weisen die vorhandenen Daten stark darauf hin, dass es nur drei sind.[2]

Abgesehen von den Fermionen (Quarks plus Leptonen) und den Eichbosonen gibt es im Standardmodell nur ein weiteres Teilchen, nämlich das Higgs-Boson. Es ist massereich und kein Eichboson. Das Higgs-Teilchen ist elektrisch neutral, und seine Aufgabe besteht darin, den Fermionen und massereichen Eichbosonen Masse zu verleihen.

Enttäuscht, dass es so hässlich ist?

Anhang B:
Das Problem mit der Natürlichkeit

Die Annahme einer gleichmäßigen Verteilung beruht auf dem Eindruck, dass es sich intuitiv um eine naheliegende Wahl handelt. Aber es existiert kein mathematisches Kriterium, aus dem sich diese Wahrscheinlichkeitsverteilung ergibt. Ja, jeder Versuch, sie abzuleiten, führt einen lediglich zu der Annahme zurück, dass am Anfang wiederum eine Wahrscheinlichkeitsverteilung vorzuziehen ist. Der einzige Weg, diesen Kreis zu durchbrechen, besteht darin, einfach eine Wahl zu treffen. Daher ist Natürlichkeit im Grunde auch ein ästhetisches Kriterium.[1]

Ein erster Versuch, die gleichmäßige Wahrscheinlichkeitsverteilung für das Natürlichkeitskriterium zu rechtfertigen, könnte darin bestehen, dass man sagt, es würden keine zusätzlichen Parameter eingeführt. Das aber ist sehr wohl der Fall: Mit diesem Kriterium wird die Zahl 1 als eine typische Skala eingeführt. »Ach«, sagen Sie, »aber die Zahl 1 ist die einzige, die die Natürlichkeit mir zu verwenden erlaubt.« Das hängt jedoch davon ab, wie man Natürlichkeit definiert. Und man hat Natürlichkeit so definiert, dass man das Vorkommen einer Zahl mit einem zufälligen Auftreten vergleicht. Und was ist die Wahrscheinlichkeitsverteilung für dieses zufällige Auftreten? So dreht sich die Sache im Kreis.

Um zu verdeutlichen, warum dieses Kriterium zirkulär ist, stelle man sich eine Wahrscheinlichkeitsverteilung auf dem Abstand zwischen 0 und 1 vor, deren Maximum bei einem Wert von, sagen wir, 10^{-10} liegt. »Damit haben Sie«, rufen Sie aus, »eine kleine Zahl eingeführt! Das ist Feinabstimmung!« Halt, nicht so schnell. Es handelt sich zwar um Feinabstimmung bezüglich einer gleichmäßigen Wahrscheinlichkeitsverteilung. Aber ich verwende keine gleichmäßige Verteilung; ich verwende eine, die ein schmales Maximum hat. Und wenn man mit dieser Verteilung arbeitet, ist es sehr wahrscheinlich, dass sich zwei zufällig gewählte Zahlen in einem Abstand von 10^{-10} befinden. »Aber«, wenden Sie ein, »das ist ein zirkuläres Argument.« Richtig, doch das war ja vorher mein Einwand, nicht Ihrer. Die Wahrscheinlichkeitsverteilung mit der schmalen Spitze rechtfertigt sich selbst genauso gut oder schlecht wie die gleichmäßige Verteilung. Welche ist also vorzuziehen?

Ja, ich weiß, manchmal hat man den Eindruck, als wäre eine konstante Funktion etwas Besonderes, irgendwie einfacher. Und man hat das Gefühl, die 1 sei eine besondere Zahl. Aber ist das ein mathematisches Kriterium oder ein ästhetisches?

Man kann auf einer Metaebene an dieses Problem herangehen und sich fragen, ob es eine höchstwahrscheinliche Wahrscheinlichkeitsverteilung gibt. Das setzt eine Wahrscheinlichkeitsverteilung im Raum der Wahrscheinlichkeitsverteilungen voraus und so weiter, was zu einer Rekursionsgleichung führt. Die Zahl 1 ist tatsächlich insofern etwas Besonderes, als sie das neutrale Element der multiplikativen Gruppe ist. Daher kann man versuchen, eine Rekursionsgleichung zu konstruieren, die sich einer Verteilung mit einer Breite von 1 als Grenzfall nähert. Ich habe mit diesem Gedanken gespielt und bin, um es kurz zu machen, zu dem Schluss gelangt, dass die Antwort negativ ist: Man benötigt stets zusätzliche Annahmen, um eine Wahrscheinlichkeitsverteilung auszuwählen.

Für die Experten hier noch eine etwas längere Antwort, die das Problem verdeutlicht: Es gibt unendlich viele Basen im Funktionenraum, von denen keine aus mathematischen Gründen bevorzugt wird. Wir haben uns nur zufällig sehr an Monome gewöhnt, daher unsere Vorliebe für konstante, lineare und quadratische Funktionen. Aber man könnte sich genauso gut für eine gleichmäßige Verteilung im Fourierraum entscheiden (von welchem Parameter auch immer). Tatsächlich gibt es eine gleichmäßige Verteilung für jede mögliche Basis, die man wählen kann, und sie sind alle unterschiedlich. Wenn man also mit einer Rekursion arbeiten möchte, kann man die Wahl einer Verteilung mit der Wahl einer Basis vertauschen, doch in beiden Fällen muss man immer eine Wahl treffen. (Die Rekursion würde ebenfalls zusätzliche Annahmen erfordern.)

Ob man nun meiner Schlussfolgerung vertraut oder nicht, dass wir es bei der Natürlichkeit nicht mit einem mathematischen, sondern einem ästhetischen Kriterium zu tun haben, das in der Mathematik verlorengegangen ist: Es sollte einem zu denken geben, dass die Frage, wie die Wahrscheinlichkeitsverteilung gewählt wird, in der Literatur nicht diskutiert wird – und das, obwohl in einem der ersten Artikel, in denen diese Methoden eingeführt wurden, sorgfältig darauf hingewiesen wurde, dass »jede Methode der Feinabstimmung« eine Wahl notwendig macht, die »notwendigerweise ein Element der Willkür in die Konstruktion einführt«.[2]

In einer modernen Version der technischen Natürlichkeit wird auf Bayes'sche Inferenz zurückgegriffen. In diesem Fall wird die Notwendigkeit der Entscheidung nur von der Wahrscheinlichkeitsverteilung zur A-priori-Verteilung (dem Bayes'schen *Prior*) verschoben.[3]

Anhang C:
Was man tun kann

Um der gegenwärtigen Situation abzuhelfen, sind sowohl Bottom-up- als auch Top-down-Maßnahmen notwendig. Wir haben es hier mit einem interdiszplinären Problem zu tun, für dessen Lösung Beiträge aus der Wissenschaftssoziologie, der Philosophie, der Psychologie und – am wichtigsten – der praktizierenden Wissenschaftler selbst notwendig sind. Die Details unterscheiden sich je nach Forschungsbereich, es gibt kein für alle geeignetes Einheitskonzept. Im Folgenden ein paar Ratschläge, was man tun kann.

Als Wissenschaftler

Befassen Sie sich mit sozialen und kognitiven Verzerrungen der Urteilskraft. Machen Sie sich klar, worin sie bestehen und welche Umstände sie begünstigen können. Sprechen Sie mit Ihren Kollegen darüber.

Verhindern Sie soziale und kognitive Verzerrungen. Wenn Sie Konferenzen veranstalten, fordern Sie die Vortragenden auf, nicht nur über Motive zu sprechen, sondern auch über Missstände. Diskutieren Sie auch »bekannte Probleme«. Laden Sie Forscher von Konkurrenzprojekten ein. Wenn Sie Artikel rezensieren, achten Sie darauf, dass offene Fragen in angemessener Weise angesprochen und diskutiert werden. Kennzeichnen Sie Marketing als unwissenschaftlich. Tun Sie Forschungsprojekte nicht ab, nur weil sie nicht spannend genug dargestellt werden oder nur wenige Kollegen daran arbeiten.

Denken Sie an den Einfluss der Medien und sozialen Netzwerke. Was Sie lesen und worüber sich Ihre Freunde austauschen, beeinflusst Ihre Interessen. Wählen Sie sorgfältig aus, was Sie in Ihren Kopf lassen. Wenn Sie ein Thema für zukünftige Forschungen in Erwägung ziehen, berücksichtigen Sie, dass Ihre Wahl davon bestimmt sein könnte, wie oft Sie andere in positiver Weise darüber haben sprechen hören.

Schaffen Sie eine Kultur der Kritik. Man bringt schlechte Ideen nicht zum Verschwinden, indem man sie ignoriert; sie werden weiterhin Geldmittel verschlingen. Befassen Sie sich mit der Arbeit anderer Forscher und machen Sie Ihre Kritik öffentlich zugänglich. Rügen Sie Kollegen nicht, wenn sie andere kritisieren, und halten Sie sie nicht für unproduktiv oder aggressiv. Bestimmten Ideen ein Ende zu bereiten ist ein notwendiger Bestandteil der Wissenschaft. Betrachten Sie es als Dienst an der Gemeinschaft.

Sagen Sie nein. Wenn Ihre Arbeitsbedingungen Ihre Objektivität beeinträchtigen, beispielsweise weil eine anhaltende Finanzierung Ihrer Forschung von der Popularität Ihrer Forschungsergebnisse abhängt, weisen Sie darauf hin, dass dies einem guten wissenschaftlichen Verfahren zuwiderläuft und korrigiert werden muss. Wenn sich Ihre Universität ihrer Produktivität aufgrund der Anzahl veröffentlichter Artikel ihrer Mitarbeiter rühmt und Sie den Eindruck haben, dass damit der Quantität gegenüber der Qualität mehr Bedeutung beigemessen wird, bringen Sie zum Ausdruck, dass Sie solche Äußerungen missbilligen.

Als Mitglied der höheren Verwaltungsebene im Bildungsbereich, Wissenschaftspolitiker, Zeitschriftenredakteur oder Vertreter einer Institution, die Fördermittel bereitstellt

Tun Sie, was Sie selbst für richtig halten. Überlassen Sie Entscheidungen nicht anderen. Beurteilen Sie Wissenschaftler nicht danach, wie viele Forschungsgelder sie erhalten oder wie populär ihre Forschungsarbeit ist – dies sind Urteile anderer, die selbst wiederum von anderen abhängig sind. Bilden Sie sich Ihre eigene Meinung. Tragen Sie Verantwortung. Finden Sie Ihre eigenen Maßstäbe. Noch besser: Fordern Sie die Wissenschaftler auf, ihre Maßstäbe darzulegen.

Folgen Sie klaren Leitprinzipien. Wenn Sie auf externe Gutachter angewiesen sind, geben Sie Empfehlungen, wie man möglichst weitgehend Verzerrungen entgegenwirken kann. Gutachter sollten ihr Urteil nicht aufgrund der Popularität eines Forschungsbereichs oder einer Person fällen. Wenn die anhaltende Finanzierung eines Rezensenten oder Gutachters vom Wohl eines Forschungsbereichs abhängt, so hat diese Person einen Interessenkonflikt und sollte keine Artikel aus diesem Bereich besprechen. Das wird nicht einfach sein, da solche Interessenkonflikte überall bestehen. Zur Entschärfung dieser Problematik siehe die nächsten drei Punkte.

Gehen Sie Verpflichtungen ein. Verabschieden Sie sich von der Vorstellung, dass alle wissenschaftliche Arbeit von Postdoktoranden mit einer zweijährigen Förderung erledigt werden kann. Festanstellungen wurden aus gutem Grund institutionalisiert, und dieser Grund besteht immer noch. Wenn das bedeutet, dass weniger Personal für die Forschung zur Verfügung steht, dann ist das eben so. Man kann entweder tonnenweise Artikel produzieren, die in zehn Jahren niemanden mehr interessieren, oder man kann Ideen säen, über die man auch in tausend Jahren noch reden wird. Entscheiden Sie sich. Kurzfristige Finanzierung bedeutet auch kurzfristiges Denken.

Fördern Sie einen Wechsel des Forschungsfelds. Wissenschaftler haben die natürliche Neigung, bei dem zu bleiben, was ihnen bereits vertraut ist. Wenn die Aussichten eines Forschungsgebiets abnehmen, brauchen Sie eine Möglichkeit hinauszufinden. Bieten Sie daher Unterstützung für Umschulungen an sowie ein- oder zweijährige Stipendien, die Wissenschaftlern erlauben, die Grundlagen eines neuen Gebiets kennenzulernen und Kontakte zu knüpfen. In dieser Zeit sollte man nicht erwarten, dass sie Artikel produzieren oder Vorträge halten.

Stellen Sie hauptberufliche Gutachter ein. Schaffen Sie sichere Stellen für Wissenschaftler, die sich auf objektive Gutachten in bestimmten Forschungsbereichen spezialisiert haben. Diese sollten nicht selbst auf dem in Frage stehenden Gebiet arbeiten und keinen persönlichen Anreiz haben, Partei zu ergreifen. Treffen Sie Vereinbarungen mit anderen Institutionen über die Zahl solcher Stellen.

Unterstützen Sie die Veröffentlichung kritischer Artikel und negativer Ergebnisse. Kritik an der Arbeit anderer oder negative Ergebnisse werden gegenwärtig nicht ausreichend gewürdigt. Doch sie sind absolut wichtige Beiträge zur wissenschaftlichen Methode. Suchen Sie Mittel und Wege, die Publizierung entsprechender Artikel zu fördern, zum Beispiel durch spezielle Sonderausgaben.

Bieten Sie Kurse zum Thema soziale und kognitive Verzerrung an. Diese sollten für jeden verpflichtend sein, der in der wissenschaftlichen Forschung arbeitet. Wir sind Mitglieder von Gemeinschaften und müssen die damit verbundenen Fallstricke kennen. Setzen Sie sich mit Leuten aus den Sozialwissenschaften, der Psychologie und der Wissenschaftsphilosophie zusammen und machen Sie Vorschläge für Vorträge zu diesem Thema.

Ermöglichen Sie Arbeitsteilung durch Spezialisierung. Niemand ist in allen Dingen gut, deshalb sollten Sie dies auch nicht von Wissenschaftlern erwarten. Manche sind gute Rezensenten, andere gute Mentoren, manche sind gute Führungspersonen, andere sind gut in Wissenschaftskommunikation. Ermöglichen Sie den Wissenschaftlern, in den Bereichen zu glänzen, in denen sie gut sind, und das Beste daraus zu machen, aber verlangen Sie nicht, dass derjenige, der abends meist Fragen von Studenten beantwortet, auch massenhaft Fördergelder eintreibt. Bieten Sie den Wissenschaftlern bestimmte Titel, Grade oder Auszeichnungen.

Als wissenschaftlicher Autor oder Mitglied der Öffentlichkeit

Stellen Sie Fragen. Sie sind es gewohnt, nach möglichen Interessenkonflikten aufgrund von Finanzierungen durch die Industrie zu fragen. Aber Sie sollten auch nach möglichen Interessenkonflikten aufgrund kurzfristiger Fördermittel oder Anstellungen fragen. Hängt die zukünftige Förderung von Wissenschaftlern davon ab, ob sie die Resultate liefern, über die sie Sie gerade eben informiert haben?

Ebenso sollten Sie die Frage stellen, ob die Chance der Wissenschaftler, ihre Forschung fortzusetzen, davon abhängt, ob ihre Arbeit unter Kollegen angesehen oder populär ist. Bietet ihre gegenwärtige Stellung ihnen angemessenen Schutz vor Druck seitens ihrer Kollegen?

Und ebenso, wie Sie daran gewöhnt sind, Statistiken genau unter die Lupe zu nehmen, sollten Sie schließlich auch fragen, ob die Wissenschaftler Schritte gegen mögliche Verzerrungen unternommen haben. Haben sie ausgewogen über das Für und Wider ihrer Arbeit berichtet oder nur für ihre eigene Forschung geworben?

Sie werden feststellen, dass beinahe für die gesamte Forschung in der Grundlagenphysik die Antwort auf eine dieser Fragen negativ ist. Das bedeutet, dass Sie den Schlussfolgerungen dieser Wissenschaftler nicht vertrauen können. Traurig, aber wahr.

Danksagung

Ich möchte allen danken, die mir durch die Gespräche, die ich mit ihnen führen durfte, ermöglichten, ein lebendiges Bild der Physikergemeinschaft zu zeichnen: Nima Arkani-Hamed, Doyne Farmer, Gian Francesco Giudice, Gerard 't Hooft, Gordon Kane, Michael Krämer, Garrett Lisi, Katherine Mack, Keith Olive, Chad Orzel, Joe Polchinski, Steven Weinberg, Xiao-Gang Wen und Frank Wilczek. Ich danke Ihnen allen – Sie waren einfach phantastisch!

Einer Reihe von Menschen, die mir im Lauf der Jahre geholfen haben, verschiedene in diesem Buch angeschnittene Themenbereiche besser zu verstehen, bin ich sehr verpflichtet: Howie Baer, Xavier Calmet, Richard Dawid, Richard Easther, Will Kinney, Stacy McGaugh, John Moffat, Florin Moldoveanu, Ethan Siegel, David Spergel, Tim Tait, Tilman Plehn, Giorgio Torrieri und zahllosen anderen, von deren Seminaren, Vorlesungen, Büchern und Artikeln ich profitiert habe.

Auch denen, die aus freien Stücken Entwürfe dieses Manuskripts durchgesehen haben, möchte ich meinen Dank aussprechen: Niayesh Afshordi, George Musser, Stefan Scherer, Lee Smolin und Renate Weineck.

Mein besonderer Dank gilt Lee Smolin, der am Ende einsah, dass er mich nicht von diesem Buch abbringen konnte, außerdem meinem Agenten Max Brockman und den Leuten von Basic Books, vor allem Leah Stecher und Thomas Kelleher für ihre Unterstützung.

Schließlich möchte ich Stefan danken, dass er zwei Jahre des Fluchens und Schimpfens über dieses »verdammte Buch« über sich hat ergehen lassen, sowie Lara und Gloria für die dringend benötigte Ablenkung.

Dieses Buch ist meiner Mutter gewidmet, die, als ich zehn war, zuließ, dass ich ihre Schreibmaschine zugrunde richtete. Siehst du, Ma, letztlich war es doch für etwas gut.

Anmerkungen

Erstes Kapitel: Die verborgenen Regeln der Physik

1. R. Barbieri, G. F. Giudice GF, »Upper bounds on supersymmetric particle masses«, *Nucl. Phys. B.* 306, 1988, S. 63.
2. D. Hooper, *Nature's blueprint*, New York: Harper Collins 2008.
3. J. Forshaw, »Supersymmetry: is it really too good not to be true?«, *Guardian*, 9. Dezember 2012.
4. J. Lykken J, M. Spiropulu, »Supersymmetry and the crisis in physics«, *Scientific American*, 1. Mai 2014.
5. Das ist das Coleman-Mandula-Theorem. S. Coleman, J. Mandula, »All possible symmetries of the S matrix«, *Phys. Rev.* 159, 1967, S. 1251.
6. R. Haag, J. Łopuszański, M. Sohnius, »All possible generators of supersymmetries of the S-matrix«, *Nucl. Phys. B.* 88, 1975, S. 257. Die Voraussetzungen können sogar noch weiter gelockert werden, aber auch dabei scheint nichts herausgekommen zu sein, was physikalisch interessant wäre; siehe z. B. J. Lykken, *Introduction to supersymmetry*. FERMILAB-PUB-96/445-T. arXiv: hep-th/9612114.
7. Beispielsweise die Hemmung flavor-verändernder neutraler Ströme und das elektrische Dipolmoment. Siehe z. B. A. G. Cohen, D. B. Kaplan, A. E. Nelson, »The more minimal supersymmetric standard model«, *Phys. Lett. B.* 38, S. 588–598, arXiv:hep-ph/9607394, 1996.
8. G. F. Giudice, *Naturally speaking: the naturalness criterion and physics at the LHC*, arXiv:0801 2562 [hep-ph], 2008.
9. N. Arkani-Hamed, S. Dimopoulos, G. Dvali, »The hierarchy problem and new dimensions at a millimete«, *Phys. Lett. B.* 429 (1998), S. 263–272, arXiv:hep-ph/9803315.

10 Oder noch früher mit Nordströms Arbeit 1905, obwohl er gewöhnnlich Kaluza and Klein zugeschrieben wird, da sich Nordström nicht mit der Allgemeinen Relativität(stheorie) beschäftigte, die damals noch unbekannt war.

Zweites Kapitel: What a Wonderful World

1 S. Chandrasekhar, *Truth and beauty: aesthetics and motivations in science* Chicago: University of Chicago Press 1990; D. Orrell, *Truth or beauty: science and the quest for order*, New Haven, CT: Yale University Press, 2012; I. Steward, *Why beauty is truth: a history of symmetry*, New York: Basic Books 2008; H. Kragh, *Higher speculations*, Oxford, UK: Oxford University Press 2011; J. W. McAllister, *Beauty and revolution in science*, Ithaca, NY: Cornell University Press 1996.
2 G. Galileo, *Dialogo sopra i due massimi sistemi del mondo Tolemaico e Copernicano*, Padua: Antenore 1998.
3 Zitiert bei J. W. McAllister, *Beauty and revolution in science*. Ithaca, NY: Cornell University Press 1996, S. 178.
4 I. Newton, *The general scholium*, übers. v. A. Motte, 1729, https://isaacnewton.org/general-scholium (aufgerufen am 1. 5. 2018).
5 G. Leibniz, *Discourse on metaphysics*, übers. v. G. R. Montgomery GR, in: Leibniz, La Salle, IL: Open Court, 1902, *Discours de métaphysique*, 1686; (Orig.: *Disputatio Metaphysica De Prinzipio Individui*, Leipzig 1663).
6 Man bezeichnet es als das «Prinzip der kleinsten Wirkung«.
7 Zitiert bei Freeman Dyson im Nachruf auf Weyl, *Nature*, 10. März 1956.
8 S. Rebsdorf und H. Kragh, «Edward Arthur Milne – the relations of mathematics to science«, *Studies in History and Philosophy of Modern Physics* 33, 2002, S. 51–64.
9 Zitiert bei H. Kragh, *Dirac: a scientific biography*, Cambridge, UK: Cambridge University Press 1990, S. 277.
10 R. H. Dalitz, »A biographical sketch of the life of Professor P. A. M. Dirac, OM, FRS«, in: J. G. Taylor und A. Hilger (Hg.), *Tributes to Paul Dirac*, Bristol, UK: Adam Hilger 1987, S. 20. Zitiert in J. W. McAllister, *Beauty and revolution in science,* Ithaca, NY: Cornell University Press 1996, S. 16.
11 H. Kragh, *Dirac: a scientific biography,* Cambridge, UK: Cambridge University Press 1990, S. 292.

12 A. Einstein Mein Weltbild, Zürich: Europa Verlag 1953.
13 H. Poincaré, *The value of science: the essential writings of Henri Poincaré*, hg. v. S. J. Gould, New York: Modern Library 2001, S. 369.
14 Ebd., S. 396–398.
15 Brief Heisenbergs an Einstein in W. Heisenberg, *Der Teil und das Ganze: Gespräche im Umkreis der Atomphysik,* München: Piper 1971, S. 96.
16 E. Heisenberg, *Das politische Leben eines Unpolitischen,* München: Piper 1980, S. 172.
17 A. Zee, *Fearful symmetry: the search for beauty in modern physics.* New York: Macmillan 1986 (dt. *Magische Symmetrie,* Basel, Berling: Birkhäuser 1990, S. 15, 21 f., 27)
18 L. Lederman, *The God particle.* Boston: Mariner Books 2006, S. 15 (dt. *Das schöpferische Teilchen,* München: C. Bertelsmann 1993, S. 31).
19 Das Quark-Modell wurde unabhängig fast zur gleichen Zeit von George Zweig entdeckt.
20 M. Gell-Mann in einem TED-Talk vom März 2007. www.ted.com/talks/murray_gell_mann_on_beauty_and_truth_in_physics (aufgerufen am 30. 4. 2018). Die von mir zitierte Version steht auf seiner Folie. Wörtlich sagt er: »Auf dem Gebiet der Grundlagenphysik machen wir diese bemerkenswerte Erfahrung, dass Schönheit ein höchst erfolgreiches Kriterium für die Wahl der richtigen Theorie darstellt.«
21 L. Lederman, »The God particle et al.«, *Nature* 448, 2007, S. 310 ff.
22 S. Weinberg, Interview mit *Nova* (PBS), geführt von Joe McMaster, 2003; www.pbs.org/wgbh/nova/elegant/view-weinberg.html (aufgerufen am 20. 4. 2018).
23 F. Wilczek, *A beautiful question: finding nature's deep design*, New York: Penguin Press 2015, S. 9.
24 Interview mit der Autorin.
25 B. Greene, *The elegant universe: superstrings, hidden dimensions, and the quest for the ultimate theory*, New York: WW Norton 1999, S. 167 (dt. *Das elegante Universum,* München: Siedler 2000, S. 198 f.).
26 E. Heisenberg, *Das politische Leben eines Unpolitischen,* München: Piper 1980, S. 173.
27 E. Schrödinger, »Über das Verhältnis der Heisenberg-Born-Jordanschen Quantentheorie zu der meinen«, *Ann Physik* 4(7), S. 734–756.
28 W. Pauli, »Wissenschaftlicher Briefwechsel mit Bohr, Einstein, Heisenberg u. a.: Band 1: 1919–1929«, in: A. Hermann, K. v. Meyenn, V. F. Weiss-

kopf (Hg.), *Sources in the History of Mathematics and Physical Sciences*, New York: Springer 1979, S. 336.

29 G. Lemaître, »Rencontres avec A. Einstein«, *Revue des Questions Scientifiques* 129, 1958, S. 129-132, zitiert in H. Nussbaumer, »Einstein's conversion from his static to an expanding universe«, *EPJH* 39, 2014, S. 37-62.

30 Nachruf für Professor Sir Fred Hoyle, *Telegraph*, 22. August 2001.

31 A. Curtis, »A mile or two off Yarmouth«, *Adam Curtis: the medium and the message*, 24. Februar 2012. www.bbc.co.uk/blogs/adamcurtis/entries/512cde83-3afb-3048-9ece-dba774b10f89 (aufgerufen am 20.4.2018).

32 Mit der Wirbeltheorie beschäftigt sich H. Kragh, »The vortex atom: a Victorian theory of everything«, *Centaurus* 44, 2002, S. 32-114; H. Kragh, *Higher speculations*. Oxford, UK: Oxford University Press 2011.

33 O. Lodge, »The ether and its functions«, *Nature* 34, 1883, S. 304 ff., 328 ff., zitiert in J. W. McAllister, *Beauty and revolution in science*. Ithaca, NY: Cornell University Press 1996, S. 91.

34 A. A. Michelson, *Light waves and their uses*, Chicago: University of Chicago Press 1903, zitiert in H. Kragh, *Higher speculations*, Oxford, UK: Oxford University Press 2011, S. 52.

35 J. C. Maxwell, »Atoms«, in: *Encyclopaedia Britannica*, 1875, 9. Aufl., zitiert in J. C. Maxwell, *The scientific papers of James Clerk Maxwell*, Bd. 2, hg. v. W. D. Niven, Cambridge, UK: Cambridge University Press 2011, S. 592.

36 Zitiert in H. Kragh, *Higher speculations*, Oxford, UK: Oxford University Press 2011, S. 87.

37 M. J. Klein, »Mechanical explanation at the end of the nineteenth century«, *Centaurus* 17, 1973, S. 72, zitiert in J. W. McAllister, *Beauty and revolution in science*, Ithaca, NY: Cornell University Press 1996, S. 88.

38 P. Dirac, »A new classical theory of electrons«, *Proc R Soc Lond A*, 209, 1951, S. 251.

39 Zitiert in H. Kragh, *Dirac: a scientific biography*, Cambridge, UK: Cambridge University Press 1990, S. 184.

40 Nur zwei Physiker haben zweimal den Nobelpreis erhalten, und zwar hauptsächlich für ihre experimentelle Arbeit: Maria Sklodowska-Curie, im Jahr 1903 für die Entdeckung der Radioaktivität und im Jahr 1911 für die Isolierung reinen Radiums (beim zweiten Preis handelte es sich um den Chemienobelpreis), und John Bardeen 1956 für die Erfindung des Transistors und noch einmal 1972, zusammen mit Leon Cooper und John Schrieffer, für die gemeinsam entwickelte Theorie der Supraleitfähigkeit.

Manche meiner Kollegen meinen, Bardeen dürfte als theoretischer Physiker durchgehen. Bardeen war studierter Elektroingenieur, und beide Nobelpreise wurden ihm für angewandte Wissenschaft verliehen, ich meine also, das ist ziemlich weit hergeholt. Aber weil »theoretischer Physiker« kein klar definierter Begriff ist, denke ich auch, dass es sich um eine rein akademische Frage handelt. So oder so, für meinen Punkt spielt es keine Rolle. Bardeens Leistungen basierten eindeutig nicht auf den Argumenten der Schönheit und Natürlichkeit, von denen dieses Buch handelt.

41 R. Dawid, *String theory and the scientific method*, Cambridge, UK: Cambridge University Press 2013.

42 H. Kragh, »The vortex atom: a Victorian theory of everything«, *Centaurus* 44, 2002, S. 32–114; H. Kragh, *Higher speculations*, Oxford, UK: Oxford University Press 2011.

43 G. Ellis und J. Silk, »Scientific method: defend the integrity of physics«, *Nature* 516, 2014, S. 321 ff.

44 R. Dawid, *String theory*, Rückseite des Umschlags.

45 C. E. M. Wagner, »Lectures on supersymmetry (II)«, PowerPoint-Präsentation, Fermilab, Batavia, IL, 23. und 30. Juni 2005, www-cdf.fnal.gov/physics/lectures/Wagner_Lecture2.pdf (aufgerufen am 2. 5. 2018).

46 L. Lederman, »The God particle et al.«, *Nature* 448, 2007, S. 310 ff.

Drittes Kapitel: Zur Lage der Nation

1 F. J. O'Brien, *The diamond lens*, 1858, Project Gutenberg, www.gutenberg.org/ebooks/23169 (dt. »Die Diamantlinse«, in: *Phantastische Träume*, hg. v. Franz Rottensteiner, Frankfurt a. M.: Suhrkamp 1983, S. 305, 315).

2 Strenggenommen ist es nicht das Higgs-Boson, das den anderen Elementarteilchen Masse verleiht, sondern der nichtverschwindende Hintergrundwert des Higgs-Feldes. Die Massen zusammengesetzter Teilchen wie Neutronen oder Protonen bestehen größtenteils aus gebundener Energie und sind nicht auf Higgs-Teilchen zurückzuführen.

3 Glashow S., *Interactions: a journey through the mind of a particle physicist and the matter of this world*. New York: Warner Books 1988.

4 Einen hervorragenden Überblick zur Teleskoptechnologie und -entwicklung bietet F. Graham-Smith, *Eyes on the sky: a spectrum of telescopes*, Oxford, UK: Oxford University Press 2016.

5 Das erstaunlichste Beispiel dürfte das Hubble Ultra Deep Field sein. Siehe S. V. W. Beckwith u. a., »The Hubble Ultra Deep Field«, *Astron J.* 132, S. 1729–1755; arXiv:astroph/0607632. Oder Sie suchen im Internet nach »Hubble Ultra Deep Field«.

6 Kosmologen bezeichnen das Konkordanzmodell teilweise auch als das »Standardmodell der Kosmologie«. Ich vermeide diese Bezeichnung, um Verwechslungen mit dem Standardmodell der Teilchenphysik zu vermeiden, das normalerweise einfach »Standardmodell« genannt wird.

7 Eine Temperatur von 10^{17} Kelvin entspricht weitgehend 10^{17} Grad Celsius beziehungsweise 10^{17} Grad Fahrenheit.

8 Über das Konkordanzmodell und seine Entwicklung könnte noch viel gesagt werden, aber ich will nicht zu weit vom Thema abschweifen. Zur weiterführenden Lektüre empfehle ich E. Gates, *Einstein's telescope: the hunt for dark matter and dark energy in the universe*, New York: WW Norton 2010; E. Siegel, *Beyond the Galaxy: how humanity looked beyond our Milky Way and discovered the entire universe*, Hackensack, NJ: World Scientific Publishing 2015.

9 Warum sprechen wir einerseits von Modell und andererseits von Theorie? Hier gibt es keine strenge Sprachregelung; manche Namen halten sich einfach, andere nicht. Aber grob gesagt ist eine Theorie ein mathematisches Grundgerüst, während ein Modell all die Einzelheiten enthält, die man für Berechnungen benötigt. Zum Beispiel gibt es viele verschiedene Quantenfeldtheorien, aber das Standardmodell spezifiziert exakt welche. Und die Allgemeine Relativitätstheorie allein verrät Ihnen nicht, was Sie berechnen sollen; dafür müssen Sie auch wissen, welche Formen von Materie und Energie die Raumzeit bevölkern, wie Sie es dem Konkordanzmodell entnehmen können.

10 X. Portell, »SUSY searches at the Tevatron and the LHC«, Talk given at Physics in Collision, Vancouver, Canada, August / September 2011, slide 41; http://indico.cern.ch/event/117880/contributions/1330772/attachments/58548/84276/portell_SUSYsearches.pdf (aufgerufen am 9. 5. 2018).

11 B. Allanach, »Hint of new particle at CERN's Large Hadron Collider?«, *Guardian*, 16. Dezember 2015.

12 Zitiert in A. Cho, »Physicists' nightmare scenario: the Higgs and nothing else«, *Science* 315, 2007, S. 1657–1658.

13 D. Gross, »Closing remarks«, Presentation at Strings 2013, Sogang Univer-

sity, Seoul, South Korea, 24.-29. Juni 2013; www.youtube.com/embed/ vtXAwk1vkmk (aufgerufen am 9.5.2018).

Viertes Kapitel: Risse im Fundament

1 M. Kaku, *Hyperspace: a scientific odyssey through parallel universes, time warps, and the tenth dimension*. Oxford, UK: Oxford University Press 1994, S. 126; S. Hawking, »Gödel and the end of the universe«, Öffentliche Vorlesung, Cambridge, GB, 20. Juli 2002; M. Strassler, »Looking beyond the standard model«, Vorlesung beim Higgs Symposium, University of Edinburgh, Edinburgh, Schottland, 9.-11. Januar 2013; https://higgs.ph.ed.ac.uk/sites/default/files/Strassler_Looking%20Beyond%20SM.pdf; B. Greene *The elegant universe: superstrings, hidden dimensions, and the quest for the ultimate theory*. New York: WW Norton 1999, S. 143 (dt., Das elegante Universum: Superstrings, Verborgene Dimensionen und die Suche nach der Weltformel, aus d. Amerik. v. Hainer Kober, Siedler: Berlin 2000, S. 172); P. Davies, *The Goldilocks enigma: why is the universe just right for life?* New York: Penguin 2007, S. 101.
2 Y. Koide, »Should the renewed tau mass value 1777 MeV be taken seriously?«, *Mod Phys Lett.* A8 1993, S. 2071.
3 In den Mischmatrizen werden eigentlich die Amplituden aufgezeichnet, nicht die Wahrscheinlichkeiten. Es gibt eine Mischmatrix für Neutrinos und eine für Quarks vom Down-Typ. Letztere wird als Cabibbo-Kobayashi-Maskawa-Matrix bezeichnet (CKM).
4 R. D. Peccei, H. R. Quinn, »CP conservation in the presence of pseudoparticles«, *Phys Rev Lett.* 38(25) 1977, S. 1440-1443.
5 T. Brahe, *Astronomiae instauratae progymnasmata*, 1602, zit. in A. Blair, »Tycho Brahe's critique of Copernicus and the Copernican system«, *Journal of the History of Ideas* 51(3) 1990, S. 364.
6 Einen guten Überblick bietet J. D. Barrow, »The lore of large numbers: some historical background to the anthropic principle«, *QJl R Astr Soc.* 22, S. 388 ff.
7 Dies ist eine verdrehte Art zu sagen, dass die Koeffizienten nahe bei 1 liegen sollten.
8 G. Steigman, »A crucial test of the Dirac cosmologies«, *Ap J.* 221, 1978, S. 407-411.

9 Obwohl dies erst erklärt werden konnte, als Physiker lernten, mit den harmlosen Unendlichkeiten der Quantenfeldtheorien umzugehen.
10 Die Definition der »technischen Natürlichkeit« geht zurück auf Gerard 't Hooft, der die These aufstellte, wann immer eine auffallend kleine Zahl in einer Quantentheorie auftrete, müsse eine Symmetrie in Erscheinung treten, wenn man die Zahl auf null setzt, so dass die faktische Kleinheit der Zahl durch diese Symmetrie geschützt werde. Allerdings wurde diese ursprüngliche Definition inzwischen dahingehend verallgemeinert, dass es immer eine Erklärung für kleine Zahlen geben muss – entweder eine Symmetrie oder sonst etwas. Siehe G. 't Hooft u. a., *Recent developments in gauge theories,* New York: Plenum Press 1980, S. 135.
11 S. L. Glashow, J. Iliopoulos und L. Maiani, »Weak interactions with lepton-hadron symmetry«, *Phys Rev.* 2(7) 1970, S. 1285–1292.
12 S. Nadis und S.-T. Yau, *From the Great Wall to the great collider: China and the quest to uncover the inner workings of the universe,* Somerville, MA: International Press of Boston 2015, S. 75.
13 L. Randall, *Warped passages: unraveling the mysteries of the universe's hidden dimensions,* New York: Harper Perennial 2006, S. 253.
14 Interview der Autorin.
15 Eines der supersymmetrischen Teilchen, ein Superpartner des Standardmodell-Teilchens namens Gluon.
16 H. D. Thomas, »Beyond the Higgs: from the LHC to China«, *The Institute Letter,* Sommer 2015, Princeton, NJ: Institute for Advanced Study, S. 8.

Fünftes Kapitel: Ideale Theorien

1 R. F. Voss und J. Clarke, »›$1/f$ noise‹ in music and speech«, *Nature* 258, 1975, S. 317 f.
2 Bach hat nicht mit dem Urknall angefangen zu komponieren, und wir Menschen hören nur einen kleinen Frequenzbereich. Dass es Korrelationen über »alle« Zeitskalen gibt, heißt also nur während der Dauer der Komposition und im hörbaren Frequenzbereich. Echte Musik hat kein perfektes 1/f-Spektrum, nähert sich ihm aber in einem bestimmten Frequenzbereich an. Trotzdem ist die Universalität ein interessantes Ergebnis.
3 Nicht zu verwechseln mit der Phänomenologie als Teilbereich der Philosophie, mit der sie nur den Namen gemeinsam hat.

4. B. Kuznecov, *Einstein: Leben – Tod – Unsterblichkeit*, S. 284.
5. S. Weinberg, *To explain the world: the discovery of modern science*, New York: Harper 2015.
6. N. Wolchover und P. Byrne, »How to check if your universe exists«, *Quanta Magazine*, 11. Juli 2014.
7. P. Davies, »Universes galore: where will it all end?«, in: B. Carr (Hg.), *Universe or multiverse*, Cambridge, UK: Cambridge University Press 2007, S. 495.
8. G. Ellis, »Does the multiverse really exist?«, *Scientific American*, August 2011, S. 40.
9. »Lawrence Krauss owned by David Gross on the multiverse religion«, YouTube video, veröffentlicht am 26. Juni 2014; www.youtube.com/watch?v=fEx5rWfz2ow (aufgerufen am 15.5.2018).
10. P. Wells, »Perimeter Institute and the crisis in modern physics«, *MacLean's*, 5. September 2013.
11. J. Horgan, »Is speculation in multiverses as immoral as speculation in subprime mortgages?«, *Cross-check* (blog); *Scientific American*, 28. Januar 2011; https://blogs.scientificamerican.com/cross-check/is-speculation-in-multiverses-as-immoral-as-speculation-in-subprime-mortgages/.
12. A. Gefter, »Is string theory in trouble?«, *New Scientist*, 14. Dezember 2005.
13. B. Carr, »Defending the multiverse«, *Astronomy & Geophysics* 49(2), 2008, S. 2.36–2.37.
14. C. F. Naff, »Cosmic quest: an interview with physicist Max Tegmark«, TheHumanist.com, 8. Mai 2014.
15. T. Siegfried, »Belief in multiverse requires exceptional vision«, ScienceNews.org, 14. August 2013.
16. Die ewige Inflation wurde erstmals 1983 von Paul Steinhardt und Alexander Vilenkin vorgeschlagen. Ein anderes Modell wurde einige Jahre später von Alan Guth und Andrei Linde präsentiert.
17. Siehe zum Beispiel V. Mukhanov, »Inflation without selfreproduction«, *Fortschr Phys.* 63(1), 2015, arXiv:1409 2335 [astro-ph.CO].
18. R. Bousso und L. Susskind, »The multiverse interpretation of quantum mechanics«, *Phys Rev D.* 85, 2012, 045007. arXiv:1105 3796 [hep-th].
19. M. Tegmark, »The mathematical universe«, *Found Phys.* 38, 2008, S. 101–150. arXiv:0704 0646 [gr-qc].
20. J. Garriga, A. Vilenkin, J. Zhang, »Black holes and the multiverse«, *JCAP* 02, 2016, S. 064. arXiv:1512.01819 [hep-th].

21 S. Weinberg, »Living in the multiverse«, Talk presented at Expectations of a Final Theory, Trinity College, Cambridge, UK, September 2005. arXiv:hep-th/0511037.

22 Für das Multiversum läuft diese Frage unter der Bezeichnung »Maßproblem«. Siehe zum Beispiel A. Vilenkin, »Global structure of the multiverse and the measure problem«, *AIP Conf Proc* 1514, 2012, S. 7. arXiv:13010121[hep-th].

23 F. Hoyle, »On nuclear reactions occurring in very hot stars. I. The synthesis of elements from carbon to nickel«, *Astrophys J Suppl Ser.* 1, 1954, S. 121.

24 H. Kragh, »When is a prediction anthropic? Fred Hoyle and the 7.65 MeV carbon resonance«, Vorabdruck 2010. http://philsci-archive.pitt.edu/5332 (aufgerufen am 18.5.2018).

25 Siehe zum Beispiel J. D. Barrow und F. J. Tipler, *The anthropic cosmological principle,* Oxford, UK: Oxford University Press 1986; P. Davies, *Cosmic jackpot: why our universe is just right for life,* Boston: Houghton Mifflin Harcourt 2007.

26 R. D. Harnik, G. D. Kribs und G. Perez, »A universe without weak interactions«, *Phys Rev D.* 74, 2006, S. 035006; arXiv:hep-ph/0604027.

27 A. Loeb, »The habitable epoch of the early universe«, *International Journal of Astrobiololgy,* 13(4), 2014, S. 337 ff.; arXiv:1312.0613 [astro-ph.CO].

28 F. C. Adams und E. Grohs, »Stellar helium burning in other universes: a solution to the triple alpha fine-tuning problem«, 2016; arXiv:1608.04690 [astro-ph.CO].

29 Mich überrascht das nicht. Dass Theorien mit Dutzenden nichtlinearen wechselwirkenden Komponenten komplexe Strukturen hervorbringen, dürfte wohl eher die Regel und nicht die Ausnahme sein.

30 Don Page argumentiert hier dagegen: D. N. Page, »Preliminary inconclusive hint of evidence against optimal fine tuning of the cosmological constant for maximizing the fraction of baryons becoming life«, 2011; arXiv:1101.2444.

31 H. Martel, P. R. Shapiro und S. Weinberg, »Likely values of the cosmological constant«, *Astrophysical Journal* 492, 1998, S. 29; arXiv:astro-ph/9701099.

32 Gerüchte, die kosmologische Konstante betrage nicht null und habe stattdessen einen positiven Wert, kursierten bereits seit einem Jahrzehnt, basierend auf anderen Messungen, die sich jedoch als nicht sehr

beweiskräftig herausstellten. Siehe zum Beispiel G. Efstathiou, W. J. Sutherland und S. J. Maddox, »The cosmological constant and cold dark matter«, *Nature* 348, 1990, S. 705 ff.; L. M. Krauss und M. S. Turner, »The cosmological constant is back«, *Gen Rel Grav.* 27, 1995, S. 1137–1144. arXiv:astro-ph/9 504 003. Weinberg hatte schon früher über eine anthropische Erklärung für die kosmologische Konstante nachgedacht; siehe S. Weinberg, »The cosmological constant problem«, *Rev Mod Phys.* 61(1), 1989, S. 1–23.

33 G. Johnson, »Dissonance: Schoenberg«, *New York Times*, Video, 30. Mai 2014; www.nytimes.com/video/arts/music/100000002837182/dissonance-schoenberg.html (aufgerufen am 28. 5. 2018).

34 J. H. McDermott, A. F. Schultz, E. A. Undurraga und R. A. Godoy, »Indifference to dissonance in native Amazonians reveals cultural variation in music perception«, *Nature* 535, 2016, S. 547–550.

Sechstes Kapitel: Die unbegreifliche Begreifbarkeit der Quantenmechanik

1 Die Überschrift dieses Abschnitts paraphrasiert eine Äußerung des Komikers Louis C. K., der einmal sagte: »Im Moment ist alles erstaunlich, und niemand ist glücklich.« Siehe »Louis CK everything is amazing and nobody is happy«; YouTube video, veröffentlicht am 24. Oktober 2015; www.youtube.com/watch?v=q8LaT5Iiwo4.

2 S. Popescu, »Nonlocality beyond quantum mechanics«, *Nature Physics* 10 2014, S. 264–270.

3 Zitiert in N. Wolchover, »Have we been interpreting quantum mechanics wrong this whole time?«, *Wired*, 30. Juni 2014.

4 S. Weinberg, *Lectures on quantum mechanics*. Cambridge, UK: Cambridge University Press 2012 (dt. Quantenmechanik. Eine Einführung, Hallbergmoos: Pearson 2015).

5 T. Scheidl u. a., »Violation of local realism with freedom of choice«, *Proc Nat l Acad Sci USA.* 107, 2010, S. 19 708; arXiv:0811 3129 [quant-ph].

6 Ein hervorragendes Buch zur weiteren Lektüre ist G. Musser, Spooky action at a distance: the phenomenon that reimagines space and time – and what it means for black holes, the big bang, and theories of everything, New York: Farrar, Straus and Giroux 2015.

7 N. D. Mermin ND, »What's wrong with this pillow?«, *Physics Today*, April

1989. Und nein, es war nicht Feynman, der das sagte; siehe N. D. Mermin, »Could Feynman have said this?«, *Physics Today*, Mai 2004.

8   L. Vaidman, »Time symmetry and the many worlds interpretation«, in: S. Saunders, J. Barrett, A. Kent, D. Wallace, (Hg.), *Many worlds? Everett, quantum theory, and reality*. Oxford, UK: Oxford University Press, S. 582; M. Tegmark, »Parallel universes«, *Scientific American*, Mai 2003.

9   N. D. Mermin, *Why quark rhymes with pork and other scientific diversions*, Cambridge, UK: Cambridge University Press 2016; S. Carroll, »Why the many-worlds formulation of quantum mechanics is probably correct«, *Preposterous Universe*, 30. Juni 2014; http://www.preposterousuniverse.com/blog/2014/06/30/why-the-many-worlds-formulation-of-quantum-mechanics-is-probably-correct/(aufgerufen am 03.06.2018).

10 Die verschiedenen Interpretationen lassen vermuten, dass die Bedingungen für eine messbare Übereinstimmung mit der Kopenhagener Interpretation vielleicht nicht immer erfüllt sind. In diesem Fall könnten beide durch Experimente unterschieden werden. Das aber ist bisher nicht geschehen.

11 M. Bell, K. Gottfried, M. Veltman, *John S. Bell on the foundations of quantum mechanics*, River Edge, NJ: World Scientific Publishing 2001, S. 199.

12 J. Polkinghorne, *Quantum theory: a very short introduction*. Oxford, UK: Oxford University Press 2002, S. 89.

13 M. Tegmark, *Our mathematical universe: my quest for the ultimate nature of reality*. New York: Vintage 2015, S. 187; M. Tegmark, »Parallel universes«, *Scientific American*, Mai 2003.

14 A. Kent, »Our quantum problem«, Aeon, 28. Januar 2014.

15 Er erwähnte, dass er an einem Artikel darüber arbeite, der dann zwei Monate später erschien. Siehe »What happens in a measurement?«, Phys Rev A. 93, S. 032 124; arXiv:1603 06008 [quant-ph].

16 Dass ein Zustand quantenmechanisch »rein« bleibt, bedeutet, dass die Quanteneigenschaften nicht den Prozess der Dekohärenz durchlaufen.

17 J. W. McAllister, Beauty and Revolution in Science, Ithaca, New York: Cornell University Press 1996.

18 C. Orzel, How to teach quantum physics to your dog, New York: Scribner 2010.

19 Chads Doktorvater war William Daniel Phillips, der 1997 zusammen mit Claude Cohen-Tannoudji und Steven Chu den Physik-Nobelpreis für die Laserkühlung erhielt, eine Technik zur Verlangsamung von Atomen.

20 A. Sparkes u. a., »Towards robot scientists for autonomous scientific discovery«, *Automated Experimentation* 2, 2010, S. 1.
21 M. Schmidt und H. Lipson, »Distilling free-form natural laws from experimental data«, *Science* 324, 2009, S. 81–85.
22 M. Krenn, M. Malik, R. Fickler, R. Lapkiewicz, A. Zeilinger, »Automated search for new quantum experiments«, *Phys Rev Lett.* 116, 2016, S. 090 405.
23 Zitiert in P. Ball, »Focus: computer chooses quantum experiments«, *Physics* 9, 2016, S. 25.
24 E. Powell, »Discover interview: Anton Zeilinger dangled from windows, teleported photons, and taught the Dalai Lama«, *Discover Magazine*, Juli–August 2011.
25 Unter www.scienceathome.org/games/quantum-moves/game kann man das Spiel herunterladen.
26 J. J. W. H. Sorensen u. a., »Exploring the quantum speed limit with computer games«, *Nature* 532, 2016, S. 210–213.
27 Dies geht auf folgendes Zitat zurück: »Wir diskutierten oft über seine Auffassungen von objektiver Realität. Ich kann mich noch erinnern, dass Einstein bei einem Spaziergang plötzlich stehen blieb, sich zu mir wandte und fragte, ob ich wirklich glaube, dass der Mond nur existiere, wenn ich ihn anschaue.« In: A. Pais, »Einstein and the quantum theory«, *Rev Mod Phys.* 51, 1979, S. 907.
28 E.P Wigner, »The unreasonable effectiveness of mathematics in the natural sciences,« *Comm Pure Appl Math.* 13, 1960, S. 1–14.

Siebtes Kapitel: Eine für Alles

1 Siehe Kapitel 2.
2 D. Hooper, *Nature's blueprint*. New York: Harper Collins 2008, S. 193.
3 D. Castelvecchi, »Is supersymmetry dead?«, *Scientific American*, Mai 2012.
4 D. Gross, »Einstein and the search for unification«, *Current Science* 89(12), 2005, S. 25.
5 Zitiert in A. Cholinesterase, »Physicists' nightmare scenario: the Higgs and nothing else«, *Science* 315, 2007, S. 1657 f.
6 F. Wilczek, »Power over nature«, *Edge*, 20. April 2016. https://www.edge.org/conversation/frank_wilczek-power-over-nature (aufgerufen am 24. 5. 2018).

7   J. W. McAllister, *Beauty and revolution in science,* Ithaca, NY: Cornell University Press 1996.
8   P. J. Mulvey, S. Nicholson, »Trends in physics PhDs«, *Focus On*, Februar 2014, College Park, MD: AIP Statistical Research Center.
9   P. Forman, J. L. Heilbron, S. Weart, »Physics circa 1900«, in: R. McCormmach (Hg.), *Historical Studies in the Physical Sciences,* Bd. 5, Princeton, NJ: Princeton University Press 1975.
10 R. Sinatra u. a., »A century of physics«, *Nature Physics* 11, 2015, S. 791–796.
11 P. O. Larsen, M. von Ins, »The rate of growth in scientific publication and the decline in coverage provided by Science Citation Index«, *Scientometrics* 84(3), 2010, S. 575–603.
12 R. Sinatra u. a., »A century of physics«.
13 C. L. Palmer, M. H. Cragin, T. P. Hogan, »Information at the intersections of discovery: Case studies in neuroscience«, *Proceedings of the Association for Information Science and Technology* 41, 2004, S. 448–455.
14 B. Uzzi, S. Mukherjee, M. Stringer, B. Jones, »Atypical combinations and scientific impact«, *Science* 342 (6157), 2013, S. 468–472.
15 R. Sinatra u. a., »A century of physics«.
16 C. King, »Single-author papers: a waning share of output, but still providing the tools for progress«, *Science Watch*, 2016; http://sciencewatch.com/articles/single-author-papers-waning-share-output-still-providing-tools-progress (aufgerufen am 25. 5. 2018).
17 B. Maher, M. S. Anfres, »Young scientists under pressure: what the data show«, *Nature* 538, 2016, S. 44 f.
18 T. von Hippel, C. von Hippel, »To apply or not to apply: a survey analysis of grant writing costs and benefits«, *PLoS One* 10(3), 2015, S. e0 118 494.
19 J. Chubba, R. Watermeyer, »Artifice or integrity in the marketization of research impact? Investigating the moral economy of (pathways to) impact statements within research funding proposals in the UK and Australia«, *Studies in Higher Education* 42(12), 24. Feb. 2016, S. 2360–2372.
20 Eine Festanstellung ist zeitlich unbegrenzt und kann nur gekündigt werden, wenn sehr gute Gründe vorliegen. Sehr gute Gründe sind zum Beispiel Fehltritte und Fehlverhalten, nicht aber eine unliebsame wissenschaftliche Meinung. Das ist in den meisten Ländern ähnlich geregelt. Sinn und Zweck der Festanstellung ist (oder sollte ich sagen »war«?), Akademiker vor Kündigung zu schützen, sollten sie unpopuläre oder pro-

vokative Forschungsfragen untersuchen. Manchmal stoße ich auf Leute (vor allem Amerikaner), die in der Arbeitsplatzsicherheit für Akademiker ein unfaires Privileg sehen. Diese Kritik ist jedoch nicht stichhaltig, denn ohne diese Sicherheit steigt die Gefahr, dass wissenschaftliche Forschung Steuergelder verschwendet.

21 S. Shulman, B. Hopkins, R. Kelchen, S. Mastracci, M. Yaya, J. Barnshaw, S. Dunietz, »Higher education at a crossroads: the economic value of tenure and the security of the profession«, *Academe*, März-April 2016, S. 9-23. https://www.aaup.org/sites/default/files/2015-16EconomicStatusReport.pdf (aufgerufen am 4.6.2018).

22 B. Brembs, »Booming university administrations«, *Björn.Brembs.Blog*, 7. Januar 2015; http://bjoern.brembs.net/2015/01/booming-university-administrations/(aufgerufen am 4.6.2018).

23 J. G. Foster u. a., »Tradition and innovation in scientists' research strategies«, *Am Sociol Rev.* 80(5), 2015, S. 875-908.

24 K. Weaver, S. M. Garcia, N. Schwarz, D. T. Miller, »Inferring the popularity of an opinion from its familiarity: a repetitive voice can sound like a chorus«, *J Pers Soc Psychol.* 92(5), 2007, S. 821-833.

25 S. Odenwald, »The future of physics«, *Huffington Post*, 26. Januar 2015. https://www.huffingtonpost.com/dr-sten-odenwald/the-future-of-physics_b_6506304.html/(aufgerufen am 4.6.2018).

26 J. Lykken, M. Spiropulu, »Supersymmetry and the crisis in physics«, *Scientific American*, 1. Mai 2014.

27 G. B. Khosrovshahi, An Interview with Alain Connes; www.freewebs.com/cvdegosson/connes-interview.pdf (aufgerufen am 4.6.2018).

28 M. Kaczyński, »Can one hear the shape of a drum?« *Amer Math Monthly* 73 (4), 1966, S. 1-23.

29 A. H. Chamseddine, A. Connes, M. Marcolli, »Gravity and the standard model with neutrino mixing«, *Adv Theor Math Phys.* 11, 2007, S. 991-1089; arXiv:hep-th/0610241.

30 A. Connes, »Irony«, *Noncommutative Geometry*, 4. August 2008. http://noncommutativegeometry.blogspot.de/2008/08/irony.html (aufgerufen am 29.5.2018).

31 A. H. Chamseddine, A. Connes, »Resilience of the spectral standard model«, *J High Energy Phys.* 1209, 2012, S. 104; arXiv:1208.1030 [hep-ph].

32 A. Hebecker, W. Wetterich, »Spinor gravity«, *Phys Lett B.* 574, 2003, S. 269-275; arXiv:hep-th/0307109; F. Finster, J. Kleiner, »Causal fermion

systems as a candidate for a unified physical theory«, *J Phys. Conf Séralini* 626, 2015, S. 012 020; arXiv:1502.03587 [math-ph].
33 Die Theorie mit zusätzlichen Raumdimensionen aus den 1930er Jahren, die uns in Kapitel 1 kurz begegnet ist.
34 A. G. Lisi, »An exceptionally simple theory of everything«, 2007; arXiv:0711.0770 [hep-th].
35 A. G. Lisi, J. O. Weatherall, »A geometric theory of everything«, *Scientific American*, Dezember 2010.

Achtes Kapitel: Der Weltraum, unendliche Weiten

1 Die unphysikalischen Zustände (»Geisterzustände«) nicht mitgezählt.
2 S. Kachru, R. Kallosh, »De Sitter vacua in string theory«, *Phys Rev.* D68, 2003, S. 046 005. arXiv:hep-th/0 301 240.
3 S. Hossenfelder, »Whatever happened to AdS/CFT and the quark gluon plasma?« *Backreaction*, 12. September 2013. http://backreaction.blogspot.com/2013/09/whatever-happened-to-adscft-and-quark.html (aufgerufen am 7. 6. 2018)
4 J. Conlon, *Why string theory?* Boca Raton, FL: CRC Press 2015, S. 135.
5 F. Dyson, »Birds and frogs«, *Notices of the AMS* 56(2), 2009, S. 221.
6 Ein wunderbares Buch über die Verbindung zwischen Strings und Mathematik ist S-T. Yau und S. Nadis, *The shape of inner space: string theory and the geometry of the universe's hidden dimensions*. New York: Basic Books 2012.
7 Eine einigermaßen verständliche Schilderung dieser Relation findet sich in M. Ronan, *Symmetry and the monster: the story of one of the greatest quests of mathematics,* Oxford, UK: Oxford University Press 2006.
8 Diese Relation wird häufig spezifischer als AdS/CFT-Dualität bezeichnet, um zu verdeutlichen, dass die Gravitationstheorie in einem Anti-de-Sitter-(AdS) Raum ist (eine Raumzeit mit einer negativen kosmologischen Konstante), während die Eichtheorie eine (supersymmetrische) konforme Feldtheorie (CFT) in einem Raum ist, der eine Dimension weniger hat, ähnlich wie in den Theorien des Standardmodells, aber nicht genauso.
9 J. Polchinski, »String theory to the rescue«, 2015, arXiv:1512.02477 [hep-th].

10 Der Wirkungsquerschnitt von W-Bosonen, die aneinandergestreut werden.
11 J. Polchinski, »Monopoles, duality, and string theory«, *Int J Mod Phys.* A19S1, 2004, S. 145–156; arXiv:hep-th/0304042.
12 Der Begriff »Informationen« ist gewissermaßen eine Fehlbezeichnung, da das Problem nichts mit der eigentlichen Bedeutung des Worts zu tun hat. Vielmehr entsteht die Schwierigkeit dadurch, dass die Verdampfung des Schwarzen Lochs grundsätzlich unumkehrbar ist.
13 A. Almheiri, D. Marolf, J. Polchinski, J. Sully, »Black holes: complementarity or firewalls?«, *J High Energy Phys.* 2013(2), S. 62; arXiv:1207.-3123 [hep-th]. Besser gesagt, sie behaupteten, es zeigen zu können – ihr Beweis beruht jedoch auf einer unnötigen verborgenen Annahme, die fallengelassen werden kann, womit sich das ganze Problem in Luft auflöst. Siehe S. Hossenfelder S. 2015. »Disentangling the black hole vacuum.« *Phys Rev D.* 91:044015. arXiv:14010288.
14 Die anderen drei sind Tod, Einsamkeit und Freiheit. Siehe I. D. Yalom, *Existential psychotherapy,* New York: Basic Books 1980 (dt. Existenzielle Psychotherapie, Edition Humanistische Psychologie, Köln 2010).
15 A. Greene, »Stephen King: the Rolling Stone interview«, *Rolling Stone,* 31. Oktober 2014.
16 J. Conlon, *Why string theory?* Boca Raton, FL: CRC Press 2015, S. 236.
17 E. Witten, »Viewpoints on string theory«, *Nova: The Elegant Universe.* PBS; http://www.pbs.org/wgbh/nova/elegant/viewpoints.html
18 L. Brink, M. Henneaux, *Principles of string theory,* Boston: Springer 1988.
19 B. Greene, *The elegant universe: superstrings, hidden dimensions, and the quest for the ultimate theory.* New York: WW Norton, S. 82 (dt. Das Elegante Universum. Superstrings, Verborgene Dimensionen und die Suche nach der Weltformel, Berlin: Siedler 1999, S. 166).
20 Am unpopulärsten ist meine Behauptung, dass wir das falsche Problem zu lösen versuchen – was wir verstehen müssen, ist nicht das, was in kurzen Entfernungen mit der Gravitation passiert, sondern das, was in kurzen Entfernungen bei der Quantisierung geschieht. Siehe S. Hossenfelder, »A possibility to solve the problems with quantizing gravity«, *Phys Lett B.* 725, 2013, S. 473–476; arXiv:12085874 [gr-qc].
21 Z. Cheng, X-G Wen, »Emergence of helicity +/- 2 modes (gravitons) from qubit models«, *Nuclear Physics B.* 863, 2012; arXiv:0907.1203 [gr-qc].
22 Dies ist nicht das einzige mathematische Problem beim Standardmodell

oder überhaupt bei den Quantenfeldtheorien. Ein weiteres Problem dieser Art ist das Haag'sche Theorem, nach dem alle Quantenfeldtheorien trivial und physikalisch irrelevant sind. Das ist ziemlich beunruhigend, und deshalb ignorieren Physiker dieses Theorem.

Neuntes Kapitel: Das Universum, alles, was da ist, und der ganze Rest

1   C. H. Vinkers, J. K. Tijdink, W. M. Otte, »Use of positive and negative words in scientific PubMed abstracts between 1974 and 2014: retrospective analysis«, *BMJ* 351, 2015, S. h6467.
2   In den Vereinigten Staaten ist die Einkommensungleichheit im Wissenschaftsbereich inzwischen größer als in der Industrie oder der Verwaltung. Siehe C. Lok, »Science's 1 %: how income inequality is getting worse in research«, *Nature* 537, 2016, S. 471 ff.
3   Interessanterweise bedeutet das, dass sich schlechte wissenschaftliche Praktiken durchsetzen können, obwohl kein einzelner Wissenschaftler sein Verhalten ändert. Siehe beispielsweise P. E. Smaldino und R. McElreath, »The natural selection of bad science«, *Royal Society Open Science* 3, 2016, S. 160 384; arXiv:1605.09511 [physics.soc-ph].
4   F. Hoyle, »Concluding remarks«, *Proc Royal Soc A.* 301, 1967, S. 171. Hoyle berichtet darin auch, dass Baade die Gelegenheit nutzte, um mit Pauli zu wetten, dass das Neutrino entdeckt werde. Baade gewann schließlich die Wette in Form von Sekt, als Cowen und Reines Erfolg bei ihrer Suche nach dem Neutrino meldeten.
5   K. Freese, *Cosmic cocktail: three parts dark matter.* Princeton, NJ: Princeton University Press 2014.
6   J. L. Feng, »Collider physics and cosmology«, *Class Quant Grav.* 25, 2008, S. 114 003; arXiv:0801.1334 [gr-qc]; R. B. Buckley und L. Randall, »Xogenesis«, *J High Energy Phys.* 1109, 2008, S. 9; arXiv:1009.0270 [hep-ph].
7   L. Baudis, »Dark matter searches«, *Ann Phys (Berlin)* 528(1–2), 2015, S. 74–83; arXiv:1509.00869 [astro-ph.CO].
8   M. W. Goodman und E. Witten, »Detectability of certain dark-matter candidates«, *Phys Rev D.* 31(12) 1985, S. 3059–3063.
9   G. Gelmini, »Bounds on galactic cold dark matter particle candidates and solar axions from a Ge-spectrometer«, in I. Hinchliffe (Hg.), *Proceedings of the theoretical workshop on cosmology and particle physics: July 28–Aug.15,*

1986, Lawrence Berkeley Laboratory, Berkeley, California, Singapur: World Scientific 1987.

10 Das DAMA-Team entdeckte statistisch signifikante Ereignisse unbekannten Ursprungs, deren Häufigkeit sich in periodischen Abständen im Lauf des Jahres veränderte (R. Bernabei, »First results from DAMA/LIBRA and the combined results with DAMA/NaI«, *Eur Phys J.* C56, 200, 2008, S. 333–355; arXiv:0804.2741 [astro-ph]). Diese Signale wurden über einen Zeitraum von mehr als zehn Jahren beobachtet. Eine solche jährliche Modulation ist das, was wir von Dunkler Materie erwarten würden, weil die Wahrscheinlichkeit, dass ein Dunkle-Materie-Signal entdeckt wird, von der Richtung abhängt, aus der Dunkle-Materie-Teilchen einfallen. Da sich die Erde auf ihrer Bahn um die Sonne durch die vermutlich existierende Wolke Dunkler Materie hindurchbewegt, verändert sich die Richtung des hereinkommenden Dunkle-Materie-Flusses im Lauf des Jahres. Leider haben andere Experimente gezeigt, dass das DAMA-Signal nicht von Dunkler Materie herrühren kann, weil es dann auch bei anderen Detektoren hätte auftauchen müssen, was nicht der Fall war. Zur Zeit weiß niemand, was DAMA da eigentlich misst.

11 A. Benoit u.a., »First results of the EDELWEISS WIMP search using a 320 g heat-and-ionization Ge detector«, *Phys Lett B.* 513, 2001, S. 15–22; arXiv:astro-ph/0106094.

12 Xenon100 Collaboration, »Limits on spin-dependent WIMP- nucleon cross sections from 225 live days of XENON100 data«, *Phys Rev Lett.* 111, 2013, S. 021 301; arXiv:1301.6620 [astro-ph.CO].

13 Manche Kollegen bestreiten, dass der Parameterbereich des WIMP-Wunders ausgeschlossen wurde, und argumentieren, dass Teile dieses Bereichs nach wie vor zugelassen seien. Dieser Einwand beruht darauf, dass es nicht nur ein Modell für WIMPs gibt, sondern mehrere verschiedene. Das ursprüngliche WIMP wechselwirkte über ein schwaches Boson und war einer spezifischen Symmetriegruppe zugeordnet. Diese Variante wurde zwar verworfen, doch andere Wechselwirkungsformen und Teilchenarten stehen immer noch im Einklang mit den gegenwärtig vorhandenen Daten.

14 Das gilt für den Fall, dass Axionen noch vor der Inflation erzeugt wurden. Nimmt man stattdessen an, sie seien erst nach der Inflation entstanden, könnte das Axion-Kondensat gerade die richtige Dichte haben, um Dunkle Materie zu bilden. Das Kondensat ist jedoch ein Fleckenteppich von

Regionen, die durch Grenzen, die sogenannten Domänenwände, voneinander getrennt sind, und diese wiederum haben eine Energiedichte, die viel zu hoch ist, als dass sie mit den Beobachtungen übereinstimmen würde.

15 M. Milgrom, »A modification of the Newtonian dynamics – implications for galaxies«, *Astrophys J.* 270, 1983, S. 371.

16 Siehe beispielsweise J. W. Moffat und S. Rahvar, »The MOG weak field approximation and observational test of galaxy rotation curves«, *Mon Notices Royal Astron Soc.* 436, 2013, S. 1439; arXiv:1306.6383 [astroph.GA]; siehe auch andere Artikel dieser Autoren.

17 L. Berezhiani und J. Khoury, »Theory of dark matter superfluidity«, *Phys Rev D.* 92, 2015, S. 103 510; arXiv:1507.01019 [astro-ph.CO]. Ein ähnlicher Gedanke wurde bereits früher vorgeschlagen in J. P. Bruneton, S. Liberati, L. Sindoni und B. Famaey, »Reconciling MOND and dark matter?« *JCAP* 3, 2009, S. 21; arXiv:0811.3143 [astro-ph].

18 Wenn man den Wert für die kosmische Konstante Λ nachschlägt, wird er gegenwärtig mit etwa $10^{-52}/m^2$ angegeben. Das ist nicht, was Teilchenphysiker mit der Größe der kosmischen Konstante meinen. Vielmehr rechnen sie mit dem Verhältnis von Energiedichte zu kosmischer Konstante, was $c^4\Lambda/G$ ergibt (wobei G die Newton'sche Gravitationskonstante und c die Lichtgeschwindigkeit ist), multiplizieren dies mit $\hbar^3$ und ziehen daraus die vierte Wurzel, sodass etwa $10^4/m$ herauskommen oder, wenn man den Kehrwert nimmt, ein Abstand von etwa 1/10 Millimeter. Hinsichtlich des Abstands beträgt die Diskrepanz zur Plancklänge etwa 30 Größenordnungen (siehe Abb. 14). Hinsichtlich der Energiedichte muss man dies zur vierten Potenz nehmen, was zur – häufiger zitierten, aber leicht irreführenden – Diskrepanz von 120 Größenordnungen führt.

19 L. A. Boyle, P. J. Steinhardt und N. Turok, »Inflationary predictions for scalar and tensor fluctuations reconsidered«, *Phys Rev Lett.* 96, 2006, S. 111 301; arXiv:astro-ph/0 507 455.

20 Gaußverteilung und TE-Korrelationen, um nur die wichtigsten zu nennen.

21 J. Martin, C. Ringeval, R. Trotta und V. Vennin, »The best inflationary models after Planck«, *JCAP* 1403, 2014, S. 039; arXiv:1312.3529 [astro-ph.CO].

22 F. Azhar und J. Butterfield, »Scientific realism and primordial cosmology«, in J. Saatsi (Hg.), *The Routledge handbook of scientific realism,* New York: Routledge 2017; arXiv:1606.04071 [physics.hist-ph].

23 J. Silk, »The dark side of the universe«, *Astron Geophys.* 48 (2) 2007, S. 2.30–2.38.
24 A. Ijjas, P. J. Steinhardt und A. Loeb, »Pop goes the universe«, *Scientific American*, Januar 2017.
25 S. W. Hawking und G. F. R. Ellis, *The large scale structure of space-time*, Cambridge, UK: Cambridge University Press 1973.
26 G. F. R. Ellis, »Cosmology and verifiability«, *QJRAS* 16, 1975, S. 245–264.
27 S. Stepnes, »Detector challenges at the LHC«, *Nature* 448, 2007, S. 290–296.
28 G. F. R. Ellis und G. B. Brundrit, »Life in the infinite universe«, *QJRAS* 20, 1979, S. 37–41.
29 D. Hilbert, »Über das Unendliche«, *Mathematische Annalen 95*, Berlin: Springer 1925/1926.
30 L. Krauss, »The consolation of philosophy«, *Scientific American*, 27. April 2012.
31 S. Weinberg, Dreams of a final theory: the scientist's search for the ultimate laws of nature, New York: Vintage 1994.
32 S. Hawking und L. Mlodinow, *The grand design*, New York: Bantam 2010 (dt. *Der große Entwurf*, Reinbek: Rowohlt 2010).
33 M. Pigliucci, »Lawrence Krauss: another physicist with an anti-philosophy complex«, *Rationally Speaking*, 25. April 2012. http://rationallyspeaking.blogspot.de/2012/04/lawrence-krauss-another-physicist-with.html (aufgerufen am 20.06.2018).
34 T. Maudlin, »Why physics needs philosophy«, auf *The Nature of Reality* (Blog), 23. April 2015. PBS. http://www.pbs.org/wgbh/nova/blogs/physics/2015/04/physics-needs-philosophy/ (aufgerufen am 20.06.2018).

Zehntes Kapitel: Wissen ist Macht

1 D. Hooper, *Nature's blueprint*, New York: Harper Collins 2008, S. 5.
2 B. T. Rutjens, S. J. Heine, »The immoral landscape? Scientists are associated with violations of morality«, *PLoS ONE* 11(4), 2016, S. e0152798.
3 J. D. Watson, *The double helix: a personal account of the discovery of the structure of DNA*, New York: Touchstone 2001, S. 210.
4 P. A. Fleming, P. W. Bateman, »The good, the bad, and the ugly: which Australian terrestrial mammal species attract most research?«, *Mammal Rev.* 46(4), 2001, S. 241–254.

5 »Ich wage zu behaupten, dass der Hauptgrund, warum diese statistischen Zeitreihentechniken nicht für den Gebrauch in offiziellen Klimavoraussagen herangezogen wurden, mit Ästhetik zu tun hat – ein Thema, das bei Treffen des IPCC wohl kaum zur Sprache kommen dürfte.« D. Orrell, *Truth or beauty: science and the quest for order*, New Haven, CT: Yale University Press 2012, S. 214.

6 P. Krugman, »How did economists get it so wrong?« *New York Times*, 2. September 2009.

7 Siehe zum Beispiel J. D. Farmer, J. Geanakoplos, »The virtues and vices of equilibrium and the future of financial economics«, 2008, arXiv:0803.2996 [q-fin.GN].

8 Derzeit 3,8 σ. Siehe A. T. Yue u. a., »Improved determination of the neutron lifetime«, *Phys Rev Lett.*, 111, 2013, S. 222 501; arXiv:1309.2623 [nucl-ex].

9 C. Patrignani u. a. (Particle Data Group), »Review of particle physics«, *Chin Phys C* 40, 2016, S. 100 001.

10 M. Baker, »1,500 scientists lift the lid on reproducibility«, *Nature* 533, 2016, S. 452 ff.

11 Ich glaube, das Feuerwand-Paradoxon basiert ganz einfach auf einem fehlerhaften Beweis. Siehe S. Hossenfelder, »Disentangling the black hole vacuum«, *Phys Rev D.* 91, 2015, S. 044 015; arXiv:1401.0288. Unabhängig von seinem Status ist es jedoch interessant zu beobachten, welche Konsequenzen meine Kollegen gezogen haben.

12 J. Maldacena, L. Susskind, »Cool horizons for entangled black holes«, *Fortschr Physik* 61(9), 2013, S. 781–811. arXiv:1306.0533 [hep-th].

13 Das Wurmloch ist auch als Einstein-Rosen-Brücke (ER-Brücke) bekannt, und verschränkte Teilchen nennt man auch EPR-Paare, weil sie erstmals von Einstein, Podolsky und Rosen diskutiert wurden (A. Einstein, B. Podolsky, N. Rosen, »Can quantum-mechanical description of physical reality be considered complete?«, *Phys Rev.* 47, 1935, S. 777). Die Annahme, dass beide Phänomene auf dieselbe Verbindung zurückzuführen sind, ist deshalb als »ER = EPR« in die Literatur eingegangen.

14 Weiterführende Literatur: M. R. Banaji, A. G. Greenwald, *Blindspot: hidden biases of good people*, New York: Delacorte 2013; D. Kahneman, *Thinking, fast and slow*, New York: Penguin 2012.

15 E. Balcetis, »Where the motivation resides and self-deception hides: how motivated cognition accomplishes self-deception«, *Social and Personality Psychology Compass* 2(1), 2008, S. 361–381.

16 So hat er das nicht gesagt, es handelt sich um die Kurzversion folgender Aussage: »Eine neue wissenschaftliche Wahrheit pflegt sich nicht in der Weise durchzusetzen, daß ihre Gegner überzeugt werden und sich als belehrt erklären, sondern vielmehr dadurch, daß ihre Gegner allmählich aussterben und daß die heranwachsende Generation von vornherein mit der Wahrheit vertraut gemacht ist.« M. Planck, *Wissenschaftliche Selbstbiographie. Mit einem Bildnis und der von Max von Laue gehaltenen Traueransprache*, Leipzig: Johann Ambrosius Barth Verlag 1948, S. 22.

17 K. E. Stanovich, R. F. West, »On the relative independence of thinking biases and cognitive ability«, *J Pers Soc Psychol.* 94(4), 2008, S. 672–695.

18 M. G. Cruz, F. J. Boster, J. I. Rodriguez, »The impact of group size and proportion of shared information on the exchange and integration of information in groups«, *Communic Res.* 24(3), 1997, S. 291–313.

19 N. Wolchover, »Supersymmetry bet settled with cognac«, *Quanta Magazine*, 22. August 2016.

Anhang A: Die Teilchen des Standardmodells

1 Es viele hervorragende Bücher über Standardmodell und Teilchenbeschleuniger, die mehr ins Detail gehen, als für meine Zwecke notwendig ist. Um nur zwei der jüngeren Veröffentlichungen zu nennen, siehe S. Carroll, *The particle at the end of the universe: how the hunt for the Higgs boson leads us to the edge of a new world*, New York: Dutton 2013; J. Moffat, *Cracking the particle code of the universe: the hunt for the Higgs boson*, Oxford, UK: Oxford University Press 2014.

2 O. Eberhart u. a., »Impact of a Higgs boson at a mass of 126 GeV on the standard model with three and four fermion generations«, *Phys Rev Lett.* 109, 2012, S. 241 802. arXiv:1209.1101 [hep-ph].

Anhang B: Das Problem mit der Natürlichkeit

1 Das Vertrauen der Physiker in die Entkopplung der Skalen geht zum Teil auf einen Artikel aus dem Jahr 1975 zurück, in dem die Entkopplung in Quantenfeldtheorien unter bestimmten Bedingungen bewiesen wurde. Der Beweis beruht jedoch auf der Renormierbarkeit und erfolgte unter

Anwendung eines masseabhängigen Renormierungsschemas. Beides aber sind fragwürdige Annahmen. Siehe T. Appelquist und J. Carazzone, »Infrared singularities and massive fields«, *Phys Rev.* D11, 1975, S. 28 565.

2 G. Anderson, D. Castano, »Measures of fine tuning« *Phys Lett B.* 347, 1995, S. 300–308; arXiv:hep-ph/9 409 419.

3 Genaueres hierzu findet sich in S. Hossenfelder, »Screams for explanation: finetuning and naturalness in the foundations of physics«, 2018; arXiv:1801.02176.

Register

Abkürzungen: ART (Allgem. Relativitätstheorie); → (kosmolog. Konstante); SM (Standardmodell); Susy (Supersymmetrie)

Abhandlungen, physikalische 203
Adam (Roboter) 175
Adams, Fred 153
ADD-Modell 29
ADMX (Axion Dark Matter Experiment) 266
Äquivalenzprinzip 297
Ästhetik 10, 14, 30, 32, 36f., 43ff., 47, 50, 53, 103, 171f., 196, 216, 232, 253, 267, 286, 304, 312f.
– ästhetische Verzerrung 291, 303
→ Attraktivität
Äther (5. Element nach Aristoteles) 183
Albert, David 284
Alchemisten 183
Allanach, Ben 87
Allgemeine Relativitätstheorie (ART) 20, 34f., 41, 45f., 81, 83, 99 (SM), 140 (Theorie von Allem), 142 (Multiversum), 160, 185f., 212, 229 (Eichtheorien), 233 (Quantentheorie), 240 (Ereignishorizont), 272
ALPS-I/-II 266
Altarelli, Guido 87
Amati, Daniele 245
American Association of University Professors 204
American Physical Society 202
ANAIS 263
Anaximander 131
Angebot und Nachfrage 293
Anomalien 117, 132, 146, 196, 235, 306
anthropisches Prinzip 150f., 152 (Multiversum), 153, 274
Antimaterie 91
Aristoteles 130, 183f.
Arkani-Hamed, Nima 28ff., 91, 93, 95f., 102f., 109–115, 213, 236
arXiv.org (Open-Access-Server) 117
Astrologie 131
Astronomen 79ff., 104, 147, 238
Astrophysik 16, 259, 261
ATLAS 116f., 192
Atome 47, 63ff., 84, 136, 150f., 152 (große), 163 (Zerfall, Halb-

wertzeit), 173 (kalte Wolken), 174 (Zenon), 177, 184, 185 (Licht), 219, 262 (Kollision)
Atomhüllenmodell 63 (Abb.)
Atomkern/Nukleus 24, 39 f., 62, 63 (Abb.), 75, 84 f., 188, 226, 252 (aus Quarkverbindungen), 295
Atomspektren 185, 207
Attraktivität, ästhetische 23, 32, 42, 49, 175
Auflösung, geringere/höhere 64 f., 68, 72, 113
– Abb. 66 f., 69
Auflösung von Mikroskopen 70 f.
Aufmerksamkeitsverzerrung (attentional bias/mere exposure effect) 206, 300
Axiome 122, 125, 142, 196, 305
– Quantenmechanik 159, 163, 165
Axionen 98, 193, 258, 264, 265 (unsichtbare), 266 (Dunkle-Materie-Axionen), 271, 306 (CDEX-1)

Baade, Walter 258
Bach, Johann Sebastian 119 f.
Bacon, Francis 194
Baer, Howard 108
Baryonen 40
Baryonen-Dekuplett 41 (Abb.)
Bayes'sche Inferenz 313
Beautiful Question, A (Wilczek) 193
Beauty and Revolution in Science (McAllister) 170
Bell, John S. 167
Berners-Lee, Timothy »Tim« 257
Bestätigungsfehler (confirmation bias) 299

Biochemie/Biowissenschaften 151, 219, 296
Bioengineering 308
Bit, klassisches 248
Blasen/Blasenuniversen 139 f., 143 (Blasenkollision), 280
Bohr, Niels 17, 93, 170
Boltzmann, Ludwig 49
Bondi, Hermann 47
Borcherds, Richard 228
Bose, Satyendranath 24
Bose-Einstein-Kondensate 173
Bosonen 24 ff., 174 (Kollision), 209, 213 f., 235
Bostrom, Nick 280
Bousso, Raphael 242
BPRS 263
Brahe, Tycho 105
Branes (höherdimensionale Membranen) 228
Branonen 258
Braune Zwerge 260
Brown'sche Bewegung 64
Butterfield, Jeremy 284

Calabi-Yau-Mannigfaltigkeiten 228
Candelas, Philip 170
Carr, Bernard 135
Carroll, Sean 166, 242
Cartan, Élic 214
CAST (CERN Axion Solar Telescope) 266
CCD-Sensoren 80
CDEX 263, 306
CDM (kalte Dunkle Materie) 86
CDMS/SuperCDMS 263

CERN 13, 54, 87, 109, 112, 116, 192, 266 (CAST), 281
Chamäleonfelder 274
Chaos 36 (deterministisches), 206
Chaostheorie 19
Charm-Quark 108, 309
Clarke, John 119f., 156
CMB (kosmische Mikrowellenhintergrundstrahlung) 86
CMS 116
CoGeNT 263
Coma-Galaxienhaufen 259
Computersimulation 280
Conlon, Joseph 226, 245
Connes, Alain 207
Cornuciponen 258
COSME 262
Cox, Brian 264
CP-Problem / -Verletzung 98f., 265f., 304
CP-Symmetrie 98
CP-Transformation 98
Creative Machines Lab, Cornell University, Ithaca 175f.
CRESST I/II 263
CUORE 263
Cuscutonen 258

DAMA 263
Davies, Paul 97, 135
Dawid, Richard 50f., 53f., 127, 195f., 230, 236
De-Broglie-Bohm-Theorie 167
Deep-Learning-Algorithmen 176
Dekohärenz 164, 168 (Theorie), 169, 180
DEMOS 263

Denkökonomie 36, 39
Descartes, René 171
Detektoren 9, 16, 73, 76, 88, 161 (Abb.), 192 (ATLAS), 232, 258, 262f., 307 (eLISA)
Deutsche Forschungsgemeinschaft (DFG) 23
Deutsche Physikalische Gesellschaft 202
Digitalkamera 93
Dilatonfelder 274
Dimension 11 (höhere), 28f., 77, 246 (Dimension 6)
– Extradimension 29, 116, 213, 224, 228 (kompaktifizierte)
Dimopoulos, Savas 28
Diphoton-Anomalie 116, 235, 306
Diphoton-Resonanz 306
Diphoton-Überschuss 117
Dirac, Paul 35f., 49f., 105f., 235
Diskussionsverzerrung (shared information bias) 300
Dissonanz, emanzipierende 156
Distler, Jacques 218
DNA 283 (endlicher Code), 290 (Doppelhelix)
Doppelpendel, chaotisches 176
Doppelspaltexperiment 179, 181
DRIFT 263
Dualitätstransformationen 227
Duff, Michael 206
Dunkle-Materie-Wolken / -Teilchen 260, 270f.
Dunkle Energie 83f., 85 (Abb.), 99, 139, 176, 181, 186, 261, 269, 274 (Λ)
Dunkle Materie 16, 25, 84, 85 (Abb.), 87, 91, 99, 114, 139, 146,

176, 186, 191, 259f., 261 (Gesamtmasse), 262 (Teilchen), 263ff., 268f., 306 (LUX-Experiment)
Dvali, Giorgi »Gia« 28
Dyonen 258
Dyson, Freeman 226

Eddington, Arthur Stanley 46
EDELWEISS 263
Ehrenfest, Paul 49
Eichbosonen 75, 76 (W-, W+, Z-Boson, Photon, Gluonen, Higgs, Abb.), 78, 219 (SM), 309f.
Eichkopplung 190
– Vereinigung/Vereinheitlichung 113f., 190, 197
Eichsymmetrie 74f., 99, 113, 309
– SM 73, 77
Eichtheorie 112, 229 (ART), 240 (reversible Verdampfung)
Eichtheorie-Gravitation-Dualität 228f., 236, 240 (Informationsverlust), 297
Eichwechselwirkungen 208
Eigengruppen-Verzerrung (in-group bias) 300
Einfachheit 12, 36ff., 44, 120 (theoretische Physik), 121 (Theorieentwicklung), 122 (neue Naturgesetze), 123, 127 (und Überraschung), 128 (mathematische Grundlage), 131, 141 (multiple Universen), 148, 157 (Theorienbewertung), 194, 267, 294, 305
1/f-Spektrum 119
Einstein, Albert 20, 34, 36f., 41, 77, 121f., 130, 136, 142, 162, 180, 185, 249
Einsteins Hund ... Relativitätstheorie (nicht nur) für Vierbeiner (Orzel) 77
Einsteins Mond-Argument 180
elegante Universum, Das (Greene) 95
ELEGANTS 263
Eleganz 9, 12, 13 (einer Theorie), 26 (Susy), 42f., 58, 60, 96, 120 (theoretische Physik), 127 (Theorieentwicklung), 128 (mathematische Grundlage), 131, 157 (Theorienbewertung), 167, 181f. (Gesetze), 191, 236, 267, 291–294
Elektrodynamik 48, 49 (Maxwell), 107, 185 (Quantisierung)
Elektromagnetismus 172, 184
Elektron 49, 50 (Masse und Ladung), 63 (Abb.), 81, 107 (Masse), 108 (Selbstenergie), 185, 211f., 233 (Gravitationskraft), 309
Elektronenmikroskope 71
Elektronenschalen 63 (Abb.)
Elektronik 93
Elementarteilchen → Teilchen
Elemente, chemische 125 (Zahl), 185
eLISA 307
Ellis, George F. R. 51, 135, 276f., 279, 281f., 284, 287
Ellis, Jonathan 87
Empedokles 183
Energie 16f. (leerer Raum), 25, 27f., 30, 39, 57f., 72, 82–88, 107f. (Selbstenergie), 112f., 114 (Abb.),

174, 185, 187 (Rotation), 188 f., 224 f., 230 f., 252, 258
– Vereinigungsenergie 114, 188, 190
→ Dunkle Energie
→ Vakuumenergie
Energiefelder, Dunkle 274
Energien, gegenwärtig erreichbare 113, 232 (Abb.), 233 (LHC)
Entplausibilisierung 60
epistemologische / ontologische Betrachtung 179 f.
Erde 32 f., 80, 103 ff., 134, 151
Erebonen 258
Ereignishorizont 136, 138 (Universum), 237 (Licht), 238, 240
Eta 39
Europäische Raumfahrtagentur 307
Evolution 199, 290
Exoplanet 264
Extrapolation 114 (Stärken der Wechselwirkung, Abb.), 139 (Vergangenheit)
E8-Theorie 216, 218, 247

Fabricius, David 32 f.
Fach-/Forschungsliteratur, physikalische 202–207
Falscher-Konsens-Effekt (false consensus effect) 300
Farmer, Doyne 292 ff.
Fehlschluss der irreversiblen Kosten (sunk cost fallacy) 299
Feinabstimmung 57, 90, 106 f., 108 (vs. Natürlichkeit), 266 f., 304 (Higgs-Masse), 312

Felder, elektrische / magnetische 48 f., 71 f., 172, 265 f.
Feldtheorie 66
Feng, Jonathan 261
Fermi, Enrico 24, 39, 42
Fermilab, Chicago 25, 307
Fermionen 24 ff., 62, 76 (Leptonen, Quarks, Abb.), 174 (Kollision), 209 (Umwandlung zu Bosonen), 212 ff., 219 (geometrische Beschreibung), 235, 309
– Generationen 76, 78, 97, 99 (SM), 116, 215, 309 f.
Fermionensysteme, kausale 209
Fernwirkung, spukhafte 162
Feuerwand Schwarzer Löcher 240 f., 243 f.
– Paradox 297 f.
Feynman, Richard 17, 49
Flaxionen 258
Forschungsgelder / Fördermittel 69, 203 f., 210, 218, 255, 257, 315–318
Forshaw, Jeffrey »Jeff« Robert 26
Fotoplatte 80
Fourierraum 313
Franklin, Rosalind 290
Freese, Katherine 261
Friedman, Art 77

g-2-Experiment 307
Galaxien 85 f., 105 (Entfernungen), 135, 138 (Verteilung), 151, 238 (supermassereiche Schwarze Löcher), 259 (Rotation)
– Galaxienhaufen 16, 260
Galilei, Galileo 32
Gammastrahlen 80

Ganzheitlichkeit 131
GEDEOn 263
Gell-Mann, Murray 40 ff.
GENIUS 263
GERDA 263
Geschlossenheit, explanatorische 236
Gezeitenkraft 147 (der Sonne), 237
Gitter als Weltraumbeschreibung 249
Gitter im Atomkern 63
Giudice, Gian Francesco 13 ff., 27, 68, 206, 289
Glashow, Sheldon 78
Glaubensbefangenheit (belief bias) 300
Gleichgewicht, wirtschaftliches 293
Gleichmaß, geziemendes 105
Gluinos 110, 149, 217
Gluonen 64, 226 (Plasma), 309
Gold, Thomas 47
Goodman, Mark 262
Gott 31, 33 f., 105, 149, 278 ff.
Gravitation 79 (kurze/weite Distanzen), 83 (Quelle), 85, 99, 101, 136, 142 (Konstante), 184 f., 209 (Spinor-Gravitation), 247 (asymptotisch sichere), 307
– Kraft 212, 233
– Quantisierung 102, 208, 236, 247 f., 304
Gravitation and Cosmology (Weinberg) 128, 130
Gravitationslinseneffekte 86, 260
Gravitationsmessung 232 f.
Gravitationstheorie, modifizierte 269 ff.

Gravitationstheorie (Einstein) 20, 142
Gravitationstheorie (Newton) 20, 33, 142, 184, 304 (ART)
Gravitationswellen 22, 81, 307 (eLISA)
Graviton (Quantum des Gravitationsfelds) 232, 248
Greene, Brian 43, 95, 97, 128, 280
Grobe Körnung 65, 66 (Abb.)
Grohs, Evan 153
Gross, David J. 43, 54, 135, 191, 193
Große Vereinheitlichte Theorie (Grand Unified Theory, GUT) 44, 186, 189 f., 247
Grundlagenphysik 12, 18, 37, 42, 52, 61, 65, 146, 175, 204, 242, 255 ff., 286, 304, 318

Halbwertzeit 163
Halo-Effekt (halo effect) 300
Halos 260
Harmonices mundi libri V (Kepler) 33
Harmonie 31, 33, 34 (Universum), 37
Harnik, Roni 153
Hawking, Stephen 96, 238, 277 f., 286
Hawking-Strahlung 238, 298 (Teilchenpaare)
– Informationsverlust 239 f.
HDMS 263
Heaviside, Oliver 172
Heisenberg, Werner 45, 93, 130
heliozentrisches Modell 103 ff., 171
Hierarchieproblem 99

Higgs / Higgs-Boson 16, 22, 78 (Spülklo), 87, 109, 115, 187, 197 (Susy), 233, 304, 310
– Feinabstimmung 268, 304
– Masse 55 f., 57 (SM), 58, 68, 88 ff., 97, 107, 109, 134, 146, 189, 208, 217, 234
Hilbert, David 283
Hintergrundstrahlung, kosmische (CMB) 47, 86 (Durchschnittstemperatur), 143, 260, 262, 281 (Temperaturschwankungen)
Hochenergiephysik 62, 72, 96, 113, 252 f., 258
Hologramm 229, 236
Hooker-Teleskop 259
Hooper, Daniel »Dan« Wane 25 f., 191, 207, 289
Horgan, John 135
Hoyle, Fred 47, 151 ff.
Hubble, Edwin 46
Hume, David 279
Hyperladung 40 f.

IGEX 263
Ijjas, Anna 276
Inflation 275, 280 (chaotische), 307
– ewige 139, 141, 143, 246
Inflationskosmologie 276
Inflaton 139, 275
– Feld 139, 274 f.
– Potentiale 275 f.
Informationsverlust 239 (Hawking-Strahlung), 240 (Schwarze Löcher)
Infrarotwellen 80
innerer Raum 73 f., 155
International Linear Collider 112

Intuition 177 f., 182 (Quantenmechanik), 305
Ionen 174, 226
Ionisierung 262
Isospin 40
Isotop 174
    J-PARC-Experiment 307

Joule, James Prescott 184

K* 39
K-0-2 (Teilchen) 39, 42
Kado, Marumi 117
Kakophonie 156
Kaku, Michio 96
Kaluza-Klein-Theorie 213 f.
Kalziumatome 62
Kane, Gordon »Gordy« 54 f., 58 ff., 116, 217, 289
Kant, Immanuel 279
Kaonen 39 (neutrale / geladene)
KATRIN-Großversuch 307
Kelvin 82, 84
Kent, Adrian 167
Kepler, Johannes 32 f., 45, 147
Kernfusion 151
Kernkraft, starke / schwache 75, 98, 152 (große Atome), 185, 309
Kernzerfall → Zerfall
Killing, Wilhelm 214
King, Ross 175
King, Stephen 244 f.
Klangmuster 119 (Korrelationen), 120
Knotentheorie 47
Kohlenstoff 151 (Leben), 153
Koide, Yoshio (Formel) 97

Kollaps (Wellenfunktion) 160, 166, 167 (spontaner), 180 (diskontinuierlicher)
Kollisionsenergie 72, 82, 112, 226
Kompaktifizierung 224 (von Dimensionen), 225, 228 (von Extradimensionen)
Konkordanzmodell, kosmologisches 69, 81, 83, 86 (als Λ-CDM-Modell), 270 f.
– SM 99, 139
Konsistenzprobleme 253
Kopenhagener Interpretation 166 f.
Kopernikus, Nikolaus 104, 171
Kopplungskonstante 112 f., 190 f.
Korrelationen 119, 176, 269
Kosmologie 16, 46 f., 143, 196, 265, 277
kosmologische Konstante (Λ) 4, 8, 46, 83, 85, 109, 153 ff., 232 (Abb.), 234 f., 241 f., 272, 274 (Dunkle Energie)
– negative 225, 298
Krämer, Michael 23, 26, 28 ff.
Kragh, Helge 35, 50
Krauss, Lawrence 193, 278 f., 285
Kreisel 186, 187 (Abb.)
Krenn, Mario 176
Kribs, Graham 153
Krugman, Paul 291
künstliche Intelligenz (KI) 178, 308
– Voraussagen 176 f.
künstliche neuronale Netze 176
Kuhn, Thomas S. 171, 200

La Palma 160
Lamb, Willis Eugene 49

Lambda 39
Large Scale Structure of Space-Time, The (Ellis/Hawking) 277
Laser 93, 160
Leben (Voraussetzungen/Entstehung) 150, 151 (Kohlenstoff), 152 f., 155, 157, 219, 283
LED 93
Lederman, Leon Max 39, 42, 58
Leeuwenhoek, Antoni van 69
Leibniz, Gottfried Wilhelm 33 f.
Lemaître, Georges 45 f., 47 (Urknallmann)
LEP 1/2 (Large Electron Positron Collider) 27, 110
– Susy-Partner 112 f.
Leptonen 76 (Elektron, Muon, Tau, Neutrinos, Abb.), 132, 145, 310
– Muon/Tau 97, 309
LHC (Large Hadron Collider) 13–16, 23, 27 f., 30, 54, 58, 68, 82, 87 f., 90, 95, 109 f., 112 (Super-LHC), 146 (SM), 187 (Protonenkollision), 190, 217, 232 (Abb.), 233 (erreichbare Energiemenge), 268 (Higgs-Masse), 281 (Proton-Proton-Kollisionen), 304
– Superpartner 54 f., 58 f., 110, 144, 217
Licht 70, 72, 77, 80, 84, 85 (Wellenlänge des ersten Lichts), 86, 105, 136, 237 (Ereignishorizont), 266
Lichtbosonen 262
Lichtgeschwindigkeit 77, 89, 136, 162 f.
Lichtmikroskope 71 f.
Lie, Sophus 214

Lie-Gruppe, einfache 214 f.
– Ausnahme-Lie-Gruppen 214 (E8), 215 (G2, F4, E6, E7, E8), 216, 220 (E8, Abb.)
Linde, Andrei 144, 280
Lisi, Garrett 183, 209–221, 236, 247, 306
Lloyd, Seth 159
Lodge, Oliver 47
Loeb, Abraham 276
Loeb, Avi 276
Lokalität / Nichtlokalität 162
LUX-Experiment 306
Lykken, Joseph 26, 206

M-Theorie 227
Mach, Ernst 36
Mack, Katherine »Katie« (»Astrokatie«) 263 f., 266 f.
Macronen 258
Magische Symmetrie (Zee) 37
MAJORANA 263
Maldacena, Juan 297
Marswasser 264
Martel, Hugo 154
Masse-Energie-Bilanz 83 f.
Materie, gewöhnliche / normale 85 (Abb.), 99, 209 (aus Fermionen), 237 (Konzentrationsgrad), 252 (Verhalten im jungen Universum)
Materie, kondensierte 248
Mathematik 9, 18–22, 74 f., 102, 125 f., 138, 141 f., 173, 211, 224 (Stringtheorie), 228 (Monstergruppe), 243 (unbestreitbare Schlussfolgerungen), 283 (Unendlichkeit), 284, 294 (Wirtschaftswissenschaften), 304
Mathematiken 141, 142 (Multiversum)
Matrixdarstellung von Connes 207
Maudlin, Tim 284, 286
Maximonen 258
Maxwell, James Clerk 48 f., 172, 184
McAllister, James 170 f., 200
Medien 315
Melvin (Software) 176
Membranen höherer Dimensionen 228 f.
Mere Exposure Effect 206
Merkur 147 (Rotationsperiode)
Mermin, David 166
Mesonen 40 (Omega-Minus), 107
Messproblem 167, 282 (Quantenfeldtheorie)
Michelson, Albert A. 48
Mikrochip 93
Mikrometerwellen 80
Mikroskop 69 f., 71 (Elektronen-, Lichtmikroskop)
Mikrowellenhintergrundstrahlung, kosmische (CMB) 86, 275
→ Hintergrundstrahlung
Mikrozustände 240
Milchstraße 105, 135, 232, 237 (supermassives Schwarzes Loch), 262, 270
Milne, Edward Arthur 35
Mischungsmatrizen 97 f.
Mischungswinkel, schwacher 190
Modulifelder 274
Mond 180, 185
Monopole, magnetische 258

Monstergruppe 125, 228 (Mathematik)
Monstrous-Moonshine-Vermutung 228
Monstrum - Tommyknockers, Das (King) 244 f.
Münchener Konferenz 54, 223, 236
Multipletts 40
Multiversum 11, 135 f., 138 (Theorie), 141, 142 (ART), 144 (experimentelle Überprüfung), 145, 147, 152 (anthropisches Prinzip), 154 f., 157 f., 167 (Paralleluniversen), 226, 241 (Stringtheorie), 242, 267, 272 (Natürlichkeit), 280, 282
– Wahrscheinlichkeitsberechnung 137, 150
Musik 119, 156 f.

NaI32 263
Nanometer 70
Natürlichkeit 27 f., 29 (Prinzip), 30, 43 f., 57 (Zahlen nahe 1), 58 (Superpartner), 59, 68, 87, 90 f., 95, 103 (Naturgesetze), 107, 108 (SM), 109 f., 117 (Theorieentwicklung), 118, 120 (theoretische Physik), 123 (Art der Annahmen), 123 (allgemeine), 125, 126 (Nutzen), 128 (mathematische Grundlage), 130, 134, 157 (Theorienbewertung), 158, 216 (geometrische), 272 (Multiversum), 287, 305, 311 (Wahrscheinlichkeitsverteilung), 311 (Zahl 1), 313 (ästhetisches Kriterium)
– grundlegende Theorie 146 f.

– technische 103, 107, 123, 313
– theoretische 103
Natürlichkeitstheorie 28
Naturgesetz, ultimatives, einziges, grundlegendes 117, 133 f., 137 (fundamentales), 226
Naturgesetze 10, 12, 73 f., 77, 91, 100, 103 (Natürlichkeit), 149
– neue/erfundene 11 f., 15 ff., 23, 122 (Einfachheit)
– schöne 206, 289
Naturkonstanten 106, 134
Naturwissenschaften 254, 279 ff., 284–288
Nazis 94
Neurowissenschaften 308
Neutrinos 22, 81, 258 (sterile), 260, 272, 309 (Elektron-, Muon-, Tau-Neutrino)
– Masse 78, 97, 307 (KATRIN-Großversuch)
Neutronen 40, 62, 63 (Abb.), 64, 185, 295 (Lebensdauer, Abb.)
Neutronenstern 232
Newton, Isaac 142, 171, 184, 194
Newton'sche Dynamik, modifizierte 270
Nicht-Lokalität 297
Nichtteilchen (unparticles) 258
Niels-Bohr-Institut, Kopenhagen 93 f.
Nordita, Stockholm 94 f.
Null-Ereignis 263
Nullpunkt, absoluter 86

O'Brien, Fitz-James 69 f.
Ökonophysik 292

Olive, Keith 87–91
Olsen, James »Jim« 116
Omega 39
Omega-Minus 40, 41 (Abb.)
Optik, adaptive 80
Ordnung 38, 105, 243
Origins Project 193
ORPHEUS 263
Orrell, David 291
Orzel, Chad 77, 173 ff., 178–182

Pacific Science Institute, Maui, Hawaii 209
PandaX 263
Parallaxe 103 f.
Paralleluniversen 167
Parmenides 130
Pauli, Wolfgang 45, 258
Peer-Reviews 301
Perez, Gilad 153
Periodensystem 63
Peskin, Michael 191
Phänomenologie 122, 173, 230 f.
Phantomfelder 274
Phi-Meson 39
Philosophie 279 f., 284–288
Photonen 77, 160 f., 262, 282
– Polarisierung 160 f.
Physiker/-in (/Berufsbild) 200
PICASSO 263
Pigliucci, Massimo 286
Pionen, neutrale/geladene 39, 107, 108 (Masse)
Planck, Max 34, 230 f., 299
Planck-Energie 231, 233, 249, 273, 281 (Daten)
Planckonen 258

Planetenbahnen 32 f., 45, 64, 80, 104 (Problem), 121, 147 (nichts Natürliches)
Plasma 226
Plato 44
Platonische Körper 32, 45, 147
Poincaré, Henri 36
Pokermetapher 148 ff.
Polarisierung/Polarisation 161 (Abb.), 162, 174 (Fermionen)
Polchinski, Joseph »Joe« 223, 229 ff., 234 ff., 240–244
Politzer, Hugh David 43, 193
Polkinghorne, John 167
Popescu, Sandu 159
Popper, Karl 59
Preonen 209, 258
Proton-Proton-Kollision 281
Protonen 14 (Beschleunigung), 40, 62, 63 (Abb.), 64, 81, 185, 187 (Kollision)
– Lebensdauer/Zerfall 188 f.
Psi-Epistomologie 166
psi-ontische Methode/Interpretation 166
Psychologie 21, 318
ptolemäisches System 171
Ptolemäus, Claudius 147
PVLAS 266

QBismus 166
QSQUAR 266
Quadratabstandsgesetz 171
Quantenbits/Qubits 248, 250 (SRT), 251 (statt Strings), 253
– Matrix 249 f.
Quantenchromodynamik 224, 227

Quantencomputer 280
Quanteneffekte 173, 174 (Kollision), 175
Quantenelektrodynamik 49 f., 98, 107
Quantenfeldtheorie 19, 76 f., 101, 123 (Natürlichkeit), 130, 163, 208, 212, 245 (Stringtheorie), 272, 282 (Messproblem)
Quantenfluktuationen 55 ff., 139
Quantengravitation 15, 99, 173, 230 (Phänomenologie), 249
– Theorie 239, 245 ff., 305
Quantenintuition 177 f.
Quantenmechanik 17 f., 45 f., 48, 70, 101, 136, 141, 160 ff., 166, 170, 172, 174 f., 182 (Intuition), 188, 200, 240 (Kombination mit ART), 304 (Quantenfeldtheorie)
– Axiome 159, 163
– Grundlagenphysik 181 f., 282
– Interpretation 165, 168, 173
– Theorie 164 f.
→ Kopenhagener Interpretation
Quantenmechanik (Weinberg) 168
Quantenphysik 17, 307
Quantenschwankungen 231 (Planck-Energie), 238
Quantentheorie 71, 167, 239 (Informationserhalt)
Quantenverhalten von Raum und Zeit 307
Quantum Moves (Videospiel) 177, 178 (Abb.)
Quark-Gluon-Plasma 226, 229
Quarkmodell 39
Quarks 40, 64, 76 (Up, Down, Charm, Strange, Top, Bottom, Abb.), 78 (Top, Bottom), 97 (Top), 132, 145, 226 (Plasma), 252 (Verbindung zu Atomkernen), 309 (Wechselwirkungen), 310
Quasi-Teilchen 248
Quintessenz (dunkles Energiefeld) 274

R-Parität (Symmetrie) 225
Radiowellen 80
Randall, Lisa 108
Raumdimensionen 81, 90, 218 (extradimensionaler Raum), 224
Raumzeit 34, 65, 77 (Drehungen), 81 (Verzerrung), 84, 101, 139, 208, 212 (Geometrie), 249, 298 (mit negativer →)
– gekrümmte 81 f., 102, 208, 212, 233, 260, 273, 297
Rauschen, weißes 116, 119
Rechenkomplexität 122
Reduktionismus 65, 184 f., 305
Rees, Martin 144, 280
Religion 31, 33, 279
Renormalisierung 50
Reproduktion / Reproduzierbarkeit 19 ff., 54, 68, 208, 228, 250, 296 f.
Revolution, wissenschaftliche 171, 200
Rho-Meson 108
Rho-Teilchen 39
Riesenmagnonen 258
Rigidität 100 ff., 236
Röntgenstrahlen 70, 80
Rosebud 263

Rotationssymmetrie 186, 187 (Abb.)
Rowling, Joanne K. 264
Rubin, Vera 259

Sagittarius A* 238
Saxe, John Godfrex 258
Schleifenquantengravitation 247, 249
Schönberg, Arnold 156
Schönheit/das Schöne 13, 15, 23, 26, 31 (Rolle in der Wissenschaft), 32 (Schöpfung), 34, 35 f. (mathematische), 38 (Symmetrie), 40 (vs. S-Matrix), 42 ff., 53, 60, 88, 92, 95 f., 110, 127, 130, 131 (Strenge), 158, 171, 172 (Mittel zum Zweck), 193 f., 222, 235, 236 (Stringtheorie), 243, 271 f., 291 (Theorie von Allem), 294, 298, 303
Schönheitssinn 34, 131, 199 ff.
Schrödinger, Erwin 93, 163
Schrödingers Katze 163 f., 180
Schwarz, John 246
Schwarze Löcher 81 (Kollisionen), 116, 143, 228 (Stringtheorie), 236, 238 (Spaghettisierung), 260
– Feuerwand 240, 244, 297 (Paradox)
– Informationsverlust 240, 297 f.
– Masse 147, 237 f., 241
– Verdampfung 239 ff., 297
Schwerkraft 237, 273
Schwinger, Julian Seymour 49
Seiberg, Nathan 108
Selbstenergie 107, 108 (Elektron)
Sfermionen 258

Shapiro, Paul 154
Siegfried, Tom 136
Sigma-Teilchen 39
Silk, Joseph »Joe« 51, 276
SIMPLE 263
SIMPs 258
Skalentrennung (große/kleine Skalen) 64, 66
Skyrmionen 258
Smoot, George F. 47
Sokal, Alan David (Affäre) 284
Sonne/Sonnensystem 32 f., 82, 85, 103 ff., 134 f., 147 (Gezeitenkräfte), 171, 238, 262, 266
soziale Netzwerke 315
Spaghettisierung 238
Special Relativity and Classical Field Theory (Susskind/Friedman) 77
Spektralgeometrie 208
Spezielle Relativitätstheorie (SRT) 41, 81, 185, 304 (Newton'sche Gravitation)
– Symmetrien 77, 102, 244
Spin 169
Spinor-Gravitation 209
Spiralgalaxien-Rotation 259
Spiropulu, Maria 26, 206
Split Susy 109
Square Kilometer Array 307
Squarks und Gluinos 58
Standardmodell (SM) 8 f., 27 f., 35, 41, 57 (hässliche Higgs-Masse), 58, 65, 68, 69 (Fluss im Theorienraum, Abb.), 76 (Abb.), 78 f., 88, 90 f., 96, 98 (Symmetrien), 99 (Fermionengenerationen), 112 (Kopplungskonstante), 116, 117

(Diphoton-Anomalie), 131, 139, 140 (Theorie von Allem), 186 (25 Teilchen), 187, 188 (Symmetriegruppen), 208 (Eichwechselwirkungen), 219 (Eichbosonen), 222, 246 (Vereinheitlichung der Wechselwirkungen), 304 (Wahrscheinlichkeitsinterpretation)
- Eichsymmetrie 73, 75, 77
- Hässlichkeit 97, 201
- in Einklang mit Stringtheorie 54 f.
- Natürlichkeit 107 f.
Status-quo-Verzerrung 301
Steady-State-/Gleichgewichtstheorie 45, 47
Steady-State-Universum 200
Steinhardt, Paul 135, 276
Stenger, Victor 279
Sterne/Fixsterne 85, 103 (Positionsveränderung), f.105, 126, 134, 152 f., 238 (kollabierende), 259
Störungstheorie 251
Streumatrix, S-Matrix 40
String Theory and the Scientific Method (Dawid) 50
Strings 50, 54 f. (in Einklang mit SM), 224 f., 227, 231 (Phänomenologie)
Stringtheorie 50 f., 59, 102, 128, 140 (endgültige Theorie), 141 (ewige Inflation), 195, 223, 224 (Mathematik), 225, 227 (starke Wechselwirkung), 228 (Schwarze Löcher), 230, 240 (Mikrozustände Schwarzer Löcher), 241 (Multiversum), 242 (Voraussagen), 245 (Nützlichkeit), 245 (Quantenfeldtheorie), 249, 280
- Schönheit 236, 246
SU(2) Symmetriegruppe für die elektroschwache Wechselwirkung 188, 190, 214, 309
SU(3) Symmetriegruppe für die starke Kernkraft 188, 214, 309
SU (10) 189
SU (5)-Vereinheitlichung 189, 201
Super-LHC 112
Superposition 163 f.
Supersymmetrie (Susy) 24–27, 28 (unnatürliche), 54 f., 58, 87, 90 (Feinabstimmung), 102 f., 109 (Split Susy), 113 (Kopplungen), 114 (Stärken der Wechselwirkung, Abb.), 146 (Voraussagen), 189 (große Vereinheitlichung), 190 (gebrochene), 191, 206 f., 213, 227, 234, 235 (Bosonen-Fermionen-Verbindung), 249, 261, 268, 299, 306
- Partnerteilchen/Superpartner 24 f., 55, 57, 58 (Squarks und Gluinos), 87 f., 109, 114, 116, 146, 189, 213, 225
Susskind, Leonard 77, 135, 206, 297
Symmetrie 38 f., 44, 75, 88, 186
- SM 98, 187
Symmetrie, vereinheitlichte 188
Symmetrieanforderung 74 f.
Symmetriegruppen 188 (SM)
Symmetrien, gebrochene 187
Symmetrieprinzipien 41, 91
Symmetrietransformation 39
Szintillation 262

Technicolor 209, 234
Tegmark, Max 135, 142, 157, 166, 211, 280
Teilchen/Elementarteilchen 18, 23f., 39, 41, 55, 71 (Elementardinge), 74 (Vermischung), 91 (seltsame), 98 (Oszillation), 186, 207 (Aufenthaltsort), 219, 220 (Abb.), 296 (Lebensdauer), 309 (SM)
– Kollisionen 73, 82
– Masse 79, 97
– supersymmetrische 191, 217
– Teilchenzoo 40, 185
– unentdeckte 23f., 27, 30, 258, 261
– Wechselwirkungen 108, 262
Teilchenbeschleuniger/Beschleuniger 9, 30 (China), 39, 72, 115, 185
→ LHC
Teilchenphysik 11, 14, 19, 27, 64, 76 (Abb.), 91, 145, 173, 181
Teilchensuppe/Ursuppe 82, 84ff.
Teleskope 79, 80 (satellitengestützte)
Teneriffa 162
Tetravon 27
TeV-Bereich 29, 58f., 112
TeV-Ringspeicher 29
Theorie 15, 47 (schöne/natürliche) 122 (fundamentale), 132 (sich selbst erklärende), 229 (duale)
– vereinheitlichte 45, 50 (Wechselwirkung), 131
Theorie der Führungswelle 167, 179
Theorie mit nicht beobachtbaren Elementen 136f., 138 (Multiversum)
Theorie von Allem 66, 131, 140f. (endgültige Theorie), 141 (ultimative endgültige Theorie), 142 (einzige endgültige Theorie), 183, 209, 215, 218, 220 (Abb.), 225, 244, 291
Theoriebewertung 51, 157, 279, 302, 305
Theorieentwicklung 117, 121 (Einfachheit), 124, 127 (Eleganz), 307
Theorien/Hypothese und experimentelle Überprüfung 277
Theorienfluss 67f., 69 (Abb.)
Theorienraum 68, 113 (Fluss)
– Abb. 67, 69
Theta-Parameter 98
Thomson, William, 1. Baron Kelvin 49
't Hooft, Gerard 43
Tommasini, Anthony 156
Transformation 38 (Symmetrie), 74
Transgressing the Boundaries (Sokal) 284
Trialität 220 (Abb.)
Triangulation, kausale dynamische 247
Tully-Fisher-Beziehung 269
Turok, Neil 135

$U(1)$ Symmetriegruppe des Kreises 186, 188, 190, 309
Überprüfbarkeit/Unüberprüfbarkeit 12, 22, 42, 46, 52f., 95, 126, 135, 143f., 176, 189, 194, 211, 230, 232f., 241, 255f., 264, 267, 272, 276f., 282, 287f.

Uncertain Principles (Wissenschaftsblog von Orzel) 173
Unendlichkeiten 137 f., 139 (Raum), 282 f.
Universe Without Weak Interactions, A (Harnik, Kribs, Perez) 153
Universum 17, 24, 26, 28 (Schleifen), 31 (Harmonie), 32 (Ordnung), 45 (Gleichgewichtstheorie), 46 (statischer Zustand), 48 (mechanisches), 50 (Strings), 52, 71 (Wellenfunktion), 85 (Energiegehalt, Abb.), 104 (mit Erde als Mittelpunkt), 121, 124 (Stabilität des Vakuums), 133, 138 (Ereignishorizont), 138 (geschlossenes), 143, 150 (Leben), 212, 2239 (als Hologramm), 249 (Endlichkeit), 259 f., 280
– Alter 105, 188
– Ausdehnung / Expansion 46 f., 82 ff., 86, 139, 272
– frühes/junges Universum 81 f., 84, 85 (Ursuppe), 134, 138, 153, 191, 248, 252 (Verhalten der Materie), 275 (Dichteschwankungen), 307
– mathematisches Universum 141 f., 211
Unschärferelation 177
Urknall 46 f., 155
– Urknalle 134

Vaidman, Lev 166
Vakuum 124 (Stabilität), 224, 272
– Energie 181, 272 f.
Vereinheitlichung 87 f., 114, 122 (neue Naturgesetze), 185, 246 (Wechselwirkungen des SM), 249
– große 189, 222
Verzerrungen, kognitive/soziale 298 f., 301 ff., 314, 316 ff.
Verzerrungen der Raumzeit 81
verzerrungsblinder Fleck (bias blind spot) 300
Viele-Geschichten-Ansatz 169
Viele-Welten-Interpretation 141, 167, 170, 179
vier Elemente des Empedokles/Aristoteles 183, 184 (Abb.)
Volkswirtschaft 294
Voraussagen 17, 19 f., 22, 54, 58 f., 78 f., 108, 116 f., 126, 134, 142–146, 154, 176 f. (durch KI), 197, 208 f., 217 f., 233, 242 f., 275 f., 305
Vorhersagbarkeit, fehlende 140 f.
Voss, Richard 119 f., 156

Wagner, Carlos E. M. 58
Wahrheit 36 f., 101, 134, 143, 201, 207, 243 (hässliche), 246, 291, 299
Wahrnehmung, motivierte (motivated cognition) 299
Wahrscheinlichkeitstheorie 19, 137 (Multiversum)
Wahrscheinlichkeitsverteilung 123 f., 126, 287 (Theorie), 311 (für Natürlichkeit), 313
Wassermolekül 188
Watson, James 290
Wechselwirkungen 34, 49, 50 (vereinheitlichte Theorie), 74 f., 79, 99, 108 (Teilchen), 164, 221

– elektromagnetische/-schwache 41, 112 f., 185 (Vereinigung), 188, 309
– starke 43, 224, 227 (Stringtheorie)
Weinberg, Steven 98, 128, 132 ff., 143, 145 f., 148 ff., 154 f., 159, 164, 167–172, 198, 236, 241 ff., 274, 285
Wellenfunktion 71 (Welle-Teilchen), 136, 160 (Kollaps/Reduktion), 162, 166–169, 179, 233
Weltformel 66, 68, 100
Wen, Xiao-Gang 220 f., 248 f., 251 ff., 272
Weyl, Hermann 35
Widerspruchsfreiheit, mathematische 132 f.
Wigner, Eugene 181
Wilczek, Frank 43, 98, 183, 192–195, 197, 199, 201, 217, 306
WIMP-Wunder 261, 263
WIMPs (weakly interacting massive particles) 258, 261, 262 (Masse), 265, 271, 306
WIMPzillas 258
Wirbeltheorie 47 f., 50, 245
Wirkungsfunktional 216
Wirtschaftswissenschaften 291–294
Wissenschaftsbetrieb 204 f., 254–257
Wissenstransfer in wissenschaftlichen Netzwerken 301
Witten, Edward 227, 262
World Wide Web 257
Wunschdenken 115, 201, 243
Wurmlöcher 11, 297 f.

Wurzeldiagramm der Lie-Gruppe E8 220

XELPLin 263
Xenon-Atome 173 f. (Kollision)
XENON10 263
XENON100/XENON1T 263
XMASS 263

Yalom, Irvin 243

Z-Boson 55
Zahl 1 311 (Natürlichkeit), 312
Zahlen, dimensionsbehaftete/dimensionslose 89 f., 97, 106, 124
– große 27, 56, 89, 104 ff., 273
– kleine 27, 57, 68, 89, 98 f., 106, 188
– unnatürliche 117
Zahlen nahe bei 1 57, 60, 90, 125
Zee, Anthony 37 f.
Zeilinger, Anton 160, 176 f.
Zeilingers Experiment 160, 161 (Abb.), 162
Zeit 18, 52, 56, 68, 76 f., 81 (Dimension), 83, 105, 224, 249, 297, 307
ZEPLIN I/II/III 263
Zerfall, radioaktiver 75, 88, 107, 117, 163, 185, 258, 295
– Protonen 188, 196 f.
Zufälligkeit/Zufall 15, 56, 89, 116 f., 123, 129, 134, 140, 148, 149 (und Aufmerksamkeit), 219, 239, 241 f., 261, 304, 311 f.
Zwicky, Fritz 259
Zwölftonmusik 156

Richard A. Muller
Jetzt
Die Physik der Zeit

Sie lesen jetzt das Wort »jetzt« – und schon ist es vergangen. Das flüchtige Dasein der Gegenwart hat Philosophen und Physiker vor die größten Rätsel gestellt: Was ist die Zeit? Und warum fließt sie? Generationen von Wissenschaftlern haben sich vergeblich um Antworten bemüht, einige haben es aufgegeben. Nicht so Richard A. Muller. Er hat eine Theorie der Zeit aufgestellt, die neu ist und experimentell überprüfbar. Um sie vorzustellen, erklärt er mit großem Geschick die physikalischen Grundkonzepte und entfaltet dann seine provozierend neue Sicht mit all ihren Folgen u. a. für die Frage nach der Willensfreiheit. Eine kraftvolle und überzeugende Vision für die Lösung des alten Rätsels der Zeit.

Aus dem Amerikanischen
von Sebastian Vogel
480 Seiten, gebunden

Weitere Informationen finden Sie auf
www.fischerverlage.de

AZ 10-002536/1

Lisa Randall
Verborgene Universen
eine Reise in den extradimensionalen Raum
550 Seiten. Gebunden

Eine Harvard-Physikerin sorgt mit ihrem Buch über verborgene Dimensionen des Universums für Furore. Die beobachtbare Welt, so ihre Hypothese, ist nur eine von vielen Inseln inmitten eines höherdimensionalen Raums. Nur ein paar Zentimeter weiter könnte es ein anderes Universum geben, das für uns unerreichbar bleibt, da wir in unseren drei Dimensionen gefangen sind. Ausgehend von den Theorien der Stringphysiker kommt sie zu einer völlig neuartigen Theorie, in der erstmals Quantenphysik und Gravitation zusammengebracht werden.

Lisa Randall gehört zu einer neuen Generation von Wissenschaftlern, die mit ihren spannenden und höchst lesbaren Arbeiten drastisch unsere Vorstellungen von der Welt verändern werden. Eine spannende Reise durch die Grenzregionen der heutigen Teilchenphysik und eine Begegnung mit einer erstklassigen Denkerin.

»Lisa Randall zählt zu den führenden
Theoretikern der Kosmologie.«
Sir Martin Rees, Präsident der Royal Society

S. Fischer